21世纪高职高专规划教材

计算机专业基础系列

计算机数学

（第三版）

周忠荣 编著

清华大学出版社
北京

内 容 简 介

本书是为高职高专院校计算机类各专业开设“计算机数学”课程编写的。本书以高职教育突出“以应用为目的，以必需、够用为度”的原则，根据计算机类各专业的需要选择内容、把握尺度，尽可能将数学知识和计算机类的专业问题结合，尤其适合较少学时的需要。

本书包括一元函数微积分、线性代数、概率论、离散数学(集合论、数理逻辑、图论)、数学软件工具等方面的基础知识。书末附有公式表、综合习题答案和标准正态分布表。

本书突出数学概念的准确，运用典型实例和图形来说明数学概念及基本方法，尽可能联系数学知识在计算机领域的实际应用。本书既可作为高职高专院校计算机类各专业的教材，也可作为工程技术人员的参考书。

图书在版编目(CIP)数据

计算机数学/周忠荣编著. --3版. --北京：清华大学出版社，2014 (2025.1重印)
21世纪高职高专规划教材. 计算机专业基础系列
ISBN 978-7-302-35855-8

Ⅰ. ①计… Ⅱ. ①周… Ⅲ. ①电子计算机—数学基础—高等职业教育—教材 Ⅳ. ①TP301.6

中国版本图书馆CIP数据核字(2014)第060938号

责任编辑：孟毅新
封面设计：常雪影
责任校对：刘 静
责任印制：刘 菲

出版发行：清华大学出版社
网 址：https://www.tup.com.cn，https://www.wqxuetang.com
地 址：北京清华大学学研大厦A座 邮 编：100084
社 总 机：010-83470000 邮 购：010-62786544
投稿与读者服务：010-62776969，c-service@tup.tsinghua.edu.cn
质量反馈：010-62772015，zhiliang@tup.tsinghua.edu.cn
课件下载：https://www.tup.com.cn，010-62795764
印 装 者：三河市铭诚印务有限公司
经 销：全国新华书店
开 本：185mm×260mm **印 张**：15.5 **字 数**：351千字
版 次：2006年8月第1版 2014年8月第3版 **印 次**：2025年1月第11次印刷
定 价：46.00元

产品编号：059102-03

第三版前言

本书自2006年8月出版以来,受到了读者的普遍欢迎,有许多学校选它作为教材。本书2006年8月和2010年3月两次出版共11次印刷。

8年来,我和多所学校的老师进行了认真的沟通。他们需要电子课件和全书的习题解答,我都及时提供。他们对本书提出的许多修改意见,我也认真听取。也有读者询问具体问题,我都尽可能解答。这样有效的沟通促使本书很好地发挥了它的作用。

为了进一步对我国高职教育作出贡献,更好地为广大读者服务,周忠荣、黎银华、张华娟对原书认真地作了修订,出版了第三版。无锡南洋职业技术学院教师张华娟参与了第4章的第4.2节计数和附录A公式表的编写工作。在这次修订前,编者广泛地征求了大家的意见。这次修订后,本书介绍的知识系统性更强,并有利于学生复习巩固。

这本书很难完全满足不同的愿望。编者在主观上希望本书以浅显而精辟的叙述、典型而连贯的例题(及习题)、简洁而完整的风貌奉献给读者。

这次虽尽力进行了修改、补充,但还会有不尽如人意之处,恳请读者继续批评指正。

吉林工商学院信息工程分院杨明莉、柳州师范高等专科学校李靖云、无锡南洋职业技术学院张华娟等老师对本书提出了许多修改意见,编者在此向他们表示衷心感谢。编者的E-mail地址是:zzr@tsinghua.org.cn。

编　者

2014年6月

第一版前言

高职高专院校的计算机系各专业都需要一定的数学知识，包括一元微积分、线性代数、概率论、离散数学等方面的内容。根据高职高专教育的培养目标，不可能给数学课程安排较多的学时。因此，将这些数学知识整合为计算机数学一门课是恰当的。

2001年以来，陆续出版了一些计算机数学方面的教材。或许是因为各专业对数学知识有不同的要求，已经出版的不同版本的计算机数学教材不仅包含的数学分支内容不尽相同，而且各部分的广度差别较大，难度有显著区别。诚然，各种版本《计算机数学》的编者都为计算机数学的教学做出了有益的探索和贡献。本教材就是在已出版的同类教材的基础上继续进行的探索。所以，在此对这些作者表示真诚的感谢。

高职高专院校的专科与普通高校的本科培养目标不同。计算机系各专业(包括不同的高职高专院校间和同一所院校)对数学知识的要求不尽相同，有的差别还较大。因此，编写一本完全适合各专业需要的《计算机数学》几乎是不可能的。本教材作者对计算机系各专业所需数学知识进行了广泛的调查，对高职高专院校学生的数学基础和认知能力比较了解。在此基础上确定了本教材的下列编写原则：

(1) 根据计算机系各专业对数学知识的基本要求确定内容以及广度和深度。

本教材中，线性代数、集合论、数理逻辑是重点；概率论和图论只作一般要求；一元微积分仅作简单介绍。每个分支，包括重点分支，都严格确定其广度和深度。凡是要求学生掌握的知识则一定讲透彻，不要求掌握的知识则一定不涉及。

为了满足对数学知识有较高要求的部分学生的需要，本教材在满足最基本要求的基础上编入了一些拓宽的内容。不同的专业有不同的要求，教师应根据实际需要选定讲授内容。

正如本教材书名所体现的，高职高专院校的专科生所需的数学知识，无论哪个分支，都只是该分支最基本的内容。因此，每一章本应该是“……基础”或“……初步”。为了避免累赘，本教材各章的标题一概省略“基础”或“初步”字样。

(2) 便于专科学生阅读理解。

针对专科学生的实际水平和认知能力，本教材采取了以下一些措施帮助阅读理解：①尽可能先通过实例提出问题，再介绍有关定义、定理和概念；或者随后补充实例对有关概念的各个方面进行补充说明。②对较难理解的概念，充分利用图形、图像和通俗的文字予以说明。③弱化定理的证明和公式的推导；但对基本概念和重要公式、解题方法，则不惜篇幅，叙述清楚。

本教材力求做到：深入浅出、概念准确、知识结构完整。

(3) 所授内容尽量与专业知识相结合。

尽可能在各章节介绍与计算机专业相关的实例，编写与计算机专业有关的例题和习题，使数学亲近专业，突出培养学生运用数学知识解决有关计算机专业实际问题的能力。

本教材的前3章中采用了周忠荣主编、清华大学出版社出版的《应用数学》中的有关内容，特此说明。

为了便于读者理解和注意，本教材使用了一些特殊的表达方式：

(1) 重要数学名词都在第一次出现时以黑体字标出，如，**集合**。

(2) 重要的问题以**【说明】**的方式给出。

(3) 定理、推论、说明和重要概念都用楷体字表述。*如，一个关系可以既不是对称的，也不是反对称的。*

本教材的编写得到了广州大学华软软件学院邹婉玲副院长、徐祥副院长的全力支持。基础部主任林伟初副教授、各系领导和多位专业老师、数学教研室全体老师对教材的框架结构、各章节的内容安排提出了许多宝贵意见。林伟初副教授、数学教研室多位老师提供了许多资料并对初稿提出修改意见。黎永浩老师绘制了大部分插图。作者对他们表示感谢。

黎银华老师对书稿的结构、各章的内容安排提出了许多宝贵意见，对初稿作了许多修改，并认真演算了初稿的例题，是本书实际上的第二作者。

作者在主观上期望本教材能得到广大教师和学生的欢迎，对计算机数学课程的改革做点贡献。本教材虽经多次修改，但因编写时间紧迫、编者水平有限，书中疏漏、差错难免，恳请读者批评指正。作者将衷心感谢，并在再版时采纳致谢。希望本教材在广大教师和学生的建议和帮助下得到不断的改进和完善。编者的E-mail地址是zzr@tsinghua.org.cn。

作　者

2006年1月

目 录

第1章 微分学

本章要点

(1) 函数、反函数、复合函数、函数的定义域和值域等概念。

(2) 数列的极限和函数的极限的概念,极限的四则运算法则;自变量趋向无穷大或有限值时函数极限存在的条件。

(3) 函数连续的概念、连续函数的性质。

(4) 导数的概念及其几何意义,微分的概念。

(5) 函数可导的充分必要条件、函数可导与连续的关系。

(6) 导数的四则运算法则、复合函数的求导法则、隐函数求导法。

(7) 基本初等函数的导数公式和微分公式。

(8) 利用微分进行近似计算。

1.1 函数

1.1.1 函数概念

1. 区间和邻域

在介绍函数概念以前,有必要先介绍区间和邻域的概念。

在数学中,某些指定的数集在一起就成为一个**数集**。显然,数集是关于数的集合。常用的数集及其代号是:**自然数集 N**(包括 0 和所有正整数)、**整数集 Z**、**有理数集 Q** 和**实数集 R**。其中,涉及最多的是实数集 **R**。

区间是 **R** 的一个连续子集。中学阶段已经学过区间及其表示方法,例如,$[a,b]=\{x|a\leqslant x\leqslant b\}$、$(a,b)=\{x|a<x<b\}$、$(-\infty,+\infty)=\mathbf{R}$、$[a,+\infty)=\{x|x\geqslant a\}$和$(-\infty,b)=\{x|x<b\}$等。本书将用字母 I 泛指任何一种区间。

【说明】 在无穷区间表示方法中,$-\infty$和$+\infty$都不是数。它们的实际含义将在1.2.2小节介绍,现在仅把它们当做符号,而且在它们的两侧只能用圆括号,不能用方括号。$-\infty$和$+\infty$分别读做“负无穷大”和“正无穷大”。有时,$-\infty$和$+\infty$统一记为∞。

设 x_0 与 δ 是两个实数,且 $\delta>0$,数集$\left\{x \,\middle|\, |x-x_0|<\delta\right\}$称为点 x_0 的**δ 邻域**,记作

$U(x_0,\delta)$；点 x_0 和数 δ 分别称为这个邻域的**中心**和**半径**。数集$\{x \mid 0<|x-x_0|<\delta\}$称为点 x_0 的**空心δ邻域**，记作$\mathring{U}(x_0,\delta)$；点 x_0 和 δ 也分别称为$\mathring{U}(x_0,\delta)$的中心和半径。δ 邻域和空心 δ 邻域在数轴上的表示，如图 1-1 所示。

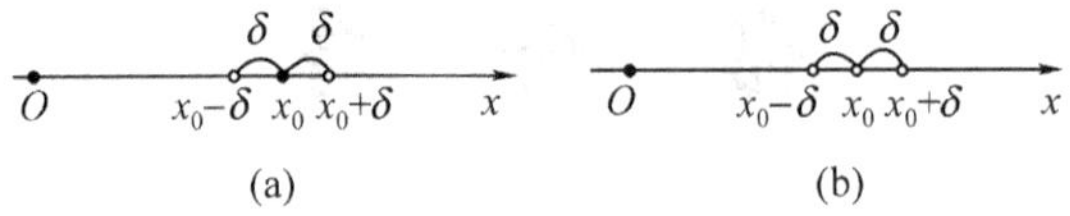

(a) (b)

图 1-1

2. 函数

在一个实际问题中，往往同时存在着几个变量。一般情况下它们之间有确定的相依关系，即一个变量的变化受其他变量变化的影响。先看两个实例。

实例 1-1 圆面积 A 与它的半径 r 之间的相依关系。

根据几何学知识，圆面积 A 与它的半径 r 之间的关系是

$$A=\pi r^2$$

当半径 r 在区间$(0,+\infty)$内任意取定一个数值时，由上式就可以确定圆的面积 A。

实例 1-2 某地一昼夜时间内温度 T 与时间 t 之间的相依关系。

图 1-2 是某地气象站自动记录仪记录的该地某日一昼夜时间内温度 T(℃)随时间t(h)变化的曲线。对于这个时间范围内的每一时刻 t，都可以在图 1-2 中量出对应的温度 T 的值。

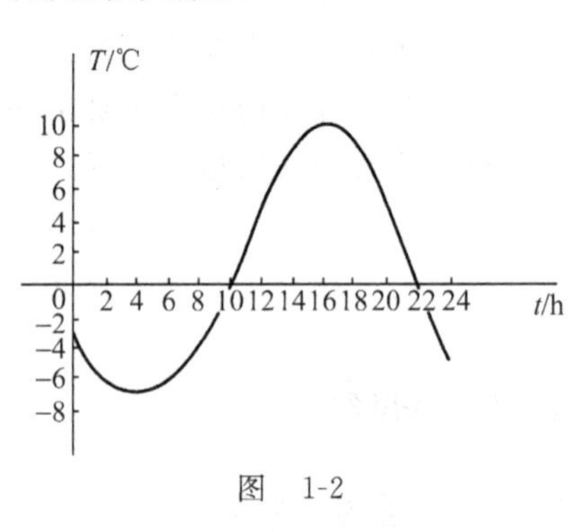

图 1-2

虽然上面两个实例中变量的实际含义不一样，相互的依赖关系也不同。但从纯粹的变量关系看，这两个实例有这样的共同之处：当一个变量取定某一值时，另一变量就按某种对应法则有确定的值与之对应。两个变量间这种对应关系就是数学上的函数概念。

定义 1-1 设 x 和 y 是两个变量，D 是 $\mathbf{R}$ 的非空子集，如果对于每一个数 $x\in D$，变量 y 按照某种对应法则有唯一确定的数值和它对应，则称 y 是 x 的**函数**，记作

$$y=f(x)$$

并称变量 x 为该函数的**自变量**，变量 y 为**因变量**，f 是函数中表示对应法则的记号，D 是函数的**定义域**，也可以记作 $D(f)$，数集

$$W=\{y \mid y=f(x),x\in D\}$$

为函数的**值域**，也可以记作 R_f 或 $f(D)$。

对于自变量 x 取定义域中某一定值 x_0，函数 $y=f(x)$的相应值叫做当 $x=x_0$ 时的函数值，通常用记号 $f(x_0)$或 $f(x)\Big|_{x=x_0}$，或 $y\Big|_{x=x_0}$，或 $y(x_0)$等表示。

表示函数的方法有**解析法**(也称**公式法**)、**图像法**、**表格法**等。实例 1-1 用的是解析法，实例 1-2 用的是图像法，诸如三角函数表就是表格法。

还需要指出的是，函数可以含有一个或多个自变量。含有一个自变量的函数称为**一**

元函数。含有多个自变量的函数称为**多元函数**。本书只介绍一元函数。

通过下面的实例 1-3 和例 1-1、例 1-2 可以加深对函数的理解。

实例 1-3　分析由方程 $x^2+y^2=r^2$ 确定的两个变量 x 和 y 之间的相依关系。

该方程与直角坐标系中圆心在原点、半径为 r 的圆相对应。如果把 x、y 分别看成自变量和因变量，则该函数的定义域是 $[-r,r]$。当 x 取 r 或 $-r$ 时，对应的函数值都只有一个，但当 x 取开区间 $(-r,r)$ 内任一数值时，对应的函数值都是两个。

如果对于自变量取定义域内某些值时，对应的函数值是多个，这样的函数称为**多值函数**。如果对于自变量取定义域内任何值时，对应的函数值都只有一个，这样的函数称为**单值函数**。以后凡没有特别说明时，函数都是指单值函数。

例 1-1　某汽车公司规定从甲地运货至乙地的收费标准是：如果货物质量不超过 30 千克，则每千克收费 1.5 元；如果货物质量超过 30 千克，则超出部分每千克收费增至 2.5 元。试写出货物运费 F 与货物质量 m 之间的函数关系。

解　按题意，当 $m>30$ 时，运费的计算方法是 $F=1.5\times30+2.5(m-30)$，化简后为 $F=2.5m-30$。于是，本题的函数关系为

$$F=f(m)=\begin{cases}1.5m & (0<m\leqslant 30)\\ 2.5m-30 & (m>30)\end{cases}$$

像例 1-1 这样，在定义域的不同子集（也是区间）用不同的表达式表示的函数称为**分段函数**。在实际问题中分段函数是很常见的。

例 1-2　已知因变量 y 取自变量 x 的绝对值，建立该函数表达式并画出它的图像。

解　按题意，该函数表达式为

$$y=|x|=\begin{cases}x & (x\geqslant 0)\\ -x & (x<0)\end{cases}$$

它的图像如图 1-3 所示。

例 1-3　求下列函数的定义域：(1) $y=\sqrt{3-x}+\dfrac{1}{x}$；(2) $y=\lg(x^2-4)$。

解　(1) 只有当 $3-x\geqslant 0$ 且 $x\neq 0$ 时函数表达式才有意义，所以该函数的定义域是 $(-\infty,0)\cup(0,3]$。

(2) 只有当 $x^2-4>0$ 时函数表达式才有意义，所以该函数的定义域是 $(-\infty,-2)\cup(2,+\infty)$。

下面简单介绍函数的几种特性。

定义 1-2　设函数 $y=f(x)$ 在区间 I 内有定义。如果存在正数 M，使得对任意的 $x\in I$，均有

$$|f(x)|\leqslant M$$

则称函数 $y=f(x)$ 在区间 I 内是**有界**的。M 为 $y=f(x)$ 在区间 I 内的一个**界**。如果不存在这样的常数 M，则称函数 $y=f(x)$ 在区间 I 内是**无界**的。

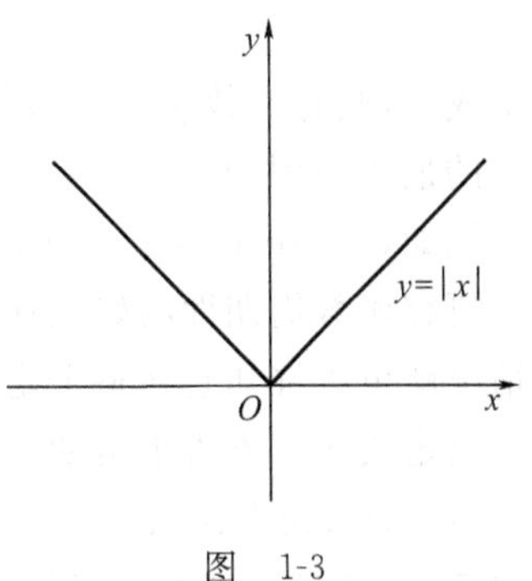

图　1-3

有界函数的图像在区间 I 内被限制在 $y=-M$ 和 $y=M$ 两条直线之间。

显然,函数是否有界、界的大小取决于函数和区间两个因素。对于有界函数,界不是唯一的。例如,函数 $y=\sin x$ 在 **R** 上有界,它的最小的界是 1;但是在区间 $\left[0,\frac{\pi}{6}\right]$上,函数 $y=\sin x$ 的最小的界是$\frac{1}{2}$。再看函数 $y=\tan x$,它在 **R** 上无界;但是在区间$\left[0,\frac{\pi}{4}\right]$上有界,最小的界是 1。

定义 1-3 设函数 $y=f(x)$的定义域 D 关于原点对称(即若 $x\in D$,则必定$-x\in D$)。

如果对任意的 $x\in D$,均有

$$f(-x)=f(x)$$

则称函数 $y=f(x)$是**偶函数**。

如果对任意的 $x\in D$,均有

$$f(-x)=-f(x)$$

则称函数 $y=f(x)$是**奇函数**。

奇函数的图像关于坐标原点对称;偶函数的图像关于 y 轴对称。

中学阶段学过的函数中,奇函数有 $y=x$、$y=\sin x$、$y=\tan x$ 等,偶函数有 $y=x^2$、$y=\cos x$ 等。而 $y=2^x$、$y=\lg x$ 和 $y=\sqrt{x}$既不是奇函数,也不是偶函数。

研究函数奇偶性的好处在于,如果一个函数是奇函数(或偶函数),则只要研究自变量大于等于零的这一半就可以推知全貌。

由定义 1-3 不难推出如下结论。

(1) 若干个奇函数的和(或差)是奇函数;

(2) 若干个偶函数的和(或差)是偶函数;

(3) 两个奇函数(或偶函数)的积(或商)是偶函数;

(4) 一个奇函数与一个偶函数的积(或商)是奇函数。

(5) 一个奇函数与一个偶函数的和(或差)既不是偶函数,也不是奇函数。

例如,$y=x+\tan x$、$y=x^2\sin x$ 都是奇函数;而 $y=\frac{\sin x}{x}$,$y=(x^2-2)x^2\cos x$ 都是偶函数;但是,$y=x^2+\sin x$ 既不是偶函数,也不是奇函数。

定义 1-4 设函数 $y=f(x)$的定义域为 D。如果存在常数 $T>0$,使得对任一 $x\in D$,都有 $x\pm T\in D$,且等式

$$f(x\pm T)=f(x)$$

一定成立,则称函数 $y=f(x)$是**周期函数**,T 称为该函数的**周期**。周期函数的周期通常是指它的最小正周期。

例如,$y=\sin x$ 和 $y=\tan x$ 都是周期函数,前者的周期是 2π,后者的周期是 π。

研究函数周期性的好处在于,如果一个函数是周期函数,则只要知道它在某个周期内的情况就可以推知它在整个定义域的情况了。

由定义 1-4 不难推出如下结论。

(1) 如果两个函数的周期有最小公倍数,则这两个函数的和(或差、或积、或商)也是周期函数,其周期就是这个最小公倍数。

(2) 周期函数与常数的和、差、积还是周期函数，并且周期不变。

例如，$\sin x$ 和 $\tan x$ 的周期分别是 2π 和 π，则 $\sin x+\tan x$ 的周期是 2π；$u_1=\sin 20t$ 和 $u_2=\sin 30t$ 的周期分别是$\frac{\pi}{10}$和$\frac{\pi}{15}$，则 $u=u_1+u_2=\sin 20t+\sin 30t$ 的周期就是$\frac{\pi}{5}$；而 $\sin x+5$，$2\sin x$ 和 $\sin x$ 的周期相同，都是 2π。

定义 1-5　设函数 $y=f(x)$在区间 I 内有定义。如果对任意的 $x_1,x_2\in I$，且 $x_1<x_2$ 时，恒有

$$f(x_1)<f(x_2)$$

则称函数 $y=f(x)$在区间 I 内是**单调增加**的。如果在同样条件下恒有

$$f(x_1)>f(x_2)$$

则称函数 $y=f(x)$在区间 I 内是**单调减少**的。单调增加或单调减少的函数统称为**单调函数**。

显然，函数单调增加还是单调减少取决于函数和区间两个因素。例如，2^x 在区间 $\mathbf{R}$ 上和 $\tan x$ 在区间$\left(-\frac{\pi}{2},\frac{\pi}{2}\right)$上都是单调增加的；而 $\sin x$ 在区间$\left[0,\frac{\pi}{2}\right]$上是单调增加的，在区间$\left[\frac{\pi}{2},\pi\right]$上是单调减少的。

3. 反函数

在研究两个变量之间的函数关系时，往往根据问题的需要选定其中一个为自变量，另一个为因变量。然而，考虑问题的角度不同，对同一个问题可以选择不同的变量为自变量。例如，在实例 1-1 中，也可以把圆面积 A 取做自变量，则圆的半径 r 就是 A 的函数，并且有 $r=\sqrt{\frac{A}{\pi}}$。

定义 1-6　设有函数 $y=f(x)$的定义域为 D，值域为 R_f。若对每一个 $y\in R_f$，都有唯一确定的 $x\in D$ 满足 $f(x)=y$，那么就可以把 y 作为自变量，而 x 是 y 的函数。这个新的函数称为 $y=f(x)$的**反函数**，记作

$$x=f^{-1}(y)$$

这个函数的定义域为 R_f，值域为 D。相应地，函数 $y=f(x)$称为**直接函数**。

从定义 1-6 可知，$x=f^{-1}(y)$和 $y=f(x)$互为反函数。习惯上往往用字母 x 表示自变量，用字母 y 表示因变量。因此，函数 $y=f(x)$的反函数通常表示成 $y=f^{-1}(x)$。

显然，如果把反函数的图像和它的直接函数的图像画在同一个坐标系中，则它们的图形是关于直线 $y=x$ 对称的。

例 1-4　求 $y=\log_3(2x-3)$的反函数。

解　从方程 $y=\log_3(2x-3)$中解出 x 为

$$x=\frac{1}{2}(3^y+3)$$

则所求的反函数为

$$y=\frac{1}{2}(3^x+3)$$

实际上,并不是任何函数都有反函数的。那么,什么样的函数存在反函数呢?下面对 $y=x^2$ 进行讨论,并得出一般的结论。

由 $y=x^2(-\infty<x<+\infty)$ 可解得 $x=\pm\sqrt{y}(y\geqslant0)$。这表明,对于每一个 $y>0$,x 有两个不同的对应值 $\pm\sqrt{y}$。因此,按定义 1-6,$y=x^2$ 不存在反函数。

下面,换一个方式研究这个问题:将 $y=x^2$ 在两个定义区间($x\geqslant0$)和($x<0$)分别进行讨论。

对于 $y=x^2(x\geqslant0)$,可解得 $x=\sqrt{y}(y\geqslant0)$。这表明,对于每一个 $y>0$,x 有唯一确定的值 $\sqrt{y}$,因此 $y=x^2(x\geqslant0)$ 存在反函数 $y=\sqrt{x}(x\geqslant0)$。

对于 $y=x^2(x<0)$,可解得 $x=-\sqrt{y}(y>0)$。这表明,对于每一个 $y>0$,x 有唯一确定的值 $-\sqrt{y}$,因此 $y=x^2(x<0)$ 存在反函数 $y=-\sqrt{x}(x>0)$。

从上面的讨论可以得到一般结论:*若函数 $y=f(x)$ 在某个定义区间上单调增加或单调减少,则它在该区间上必定存在反函数。*

1.1.2 复合函数与初等函数

在大量的函数中,常值函数、幂函数、指数函数、对数函数、三角函数和反三角函数 6 类是最常见的和最基本的,这些函数称为**基本初等函数**。基本初等函数是构建复杂函数的基础。

1. 复合函数

对于函数 $y=\sin x$,如果令 $x=\omega t$,并将它代入 $y=\sin x$,就可以得到函数 $y=\sin\omega t$。$y=\sin\omega t$ 可以看成由 $y=\sin x$ 和 $x=\omega t$ 复合而成。

定义 1-7 设函数 $y=f(u)$ 的定义域是 D_1,函数 $u=\varphi(x)$ 的定义域是 D_2,当 x 在 $u=\varphi(x)$ 的定义域 D_2 或其中一部分取值时,$u=\varphi(x)$ 的函数值均在 $y=f(u)$ 的定义域 D_1 内。对于这样取定的 x 的值,通过 u 有确定的值 y 与之对应,从而可以得到一个以 x 为自变量,y 为因变量的函数,这个函数称为由函数 $y=f(u)$ 及 $u=\varphi(x)$ 复合而成的**复合函数**,记作

$$y=f[\varphi(x)]$$

而 u 称为**中间变量**。

例如,$y=\cos^2 x$ 是由 $y=u^2$ 及 $u=\cos x$ 复合而成的复合函数,其定义域是 $(-\infty,+\infty)$。

关于复合函数,需要说明一点:*不是任何两个函数都可以复合成一个函数的。*例如,$y=\arcsin u$ 与 $u=x^2+8$ 就不能复合成一个函数。因为由函数 $u=x^2+8$ 确定的 u 的值域是 $[8,+\infty)$,不在函数 $y=\arcsin u$ 的定义域内。因此,*求复合函数的定义域时,要考虑构成复合函数的所有基本初等函数都有意义。*

复合函数的概念在微积分中非常重要,读者务必准确理解。复合函数也可以由三个或更多个函数复合而成。

例 1-5 指出下列各函数的复合过程。

(1) $T=\ln(\tan\alpha)$ (2) $y=\sqrt{\lg x}$

(3) $p=e^{x^2}$ (4) $y=\sin^3\left(10t+\dfrac{\pi}{6}\right)$

解　(1) $T=\ln(\tan\alpha)$是由 $T=\ln y$ 和 $y=\tan\alpha$ 复合而成的。

(2) $y=\sqrt{\lg x}$是由 $y=\sqrt{u}$和 $u=\lg x$ 复合而成的。

(3) $p=e^{x^2}$ 是由 $p=e^s$ 和 $s=x^2$ 复合而成的。

(4) $y=\sin^3\left(10t+\frac{\pi}{6}\right)$是由 $y=u^3$、$u=\sin\alpha$ 和 $\alpha=10t+\frac{\pi}{6}$三个函数复合而成的。

2. 初等函数

由基本初等函数经过有限次四则运算和有限次复合运算所构成并能用一个式子表示的函数,称为**初等函数**。例如,$y=3x-1$、$u=\sin(\omega t+\varphi)$(ω,φ 是常数)都是初等函数。

关于初等函数,需要说明一点:凡不能用一个式子表示的函数都不是初等函数。一般情况下,分段函数不是初等函数,含有绝对值符号的函数一般也不是初等函数。

定义 1-8　函数

$$y=\sum_{i=0}^{n}a_i x^i \quad (a_i \text{ 是常数}, n\geqslant 1 \text{ 是自然数}, a_n\neq 0)$$

称为**多项式函数**,简称**多项式**。

多项式函数是很重要的初等函数。

多项式通常用 P_n 表示,其中 n 表示该多项式中变量的最高指数。

例如,$P_4=2x^4-3x^3+x+1$,$P_2=3x^2-2x-1$,$P_1=5x-7$ 都是多项式函数。

多项式依函数中自变量的最高指数 n 的具体数值有特有的名称,$n=1$ 时称为**一次函数**,$n=2$ 时称为**二次函数**等。

【说明】　由于多项式函数的求导和积分(将分别在 1.3 节和第 2 章介绍)都能直接进行,因此在分析复合函数的复合过程时,通常把多项式函数看成基本构成成分。所以,在微积分的许多场合把多项式函数和 6 类基本初等函数同等对待。

1.2　极限

研究函数变化的基本工具是极限的方法。极限的概念是微积分学中最基本的概念,后面将要介绍的函数的连续性、导数、定积分等概念都要以极限为基础。

两千多年前,中国古人就有了初步的极限概念。公元 263 年,中国数学家刘徽根据朴素的极限思想先后计算了圆内接正六边形、正十二边形、正二十四边形、正四十八边形……的面积,他算出的圆周率是 3.141 592 6,这已经是很好的近似值了,非常了不起。

1.2.1　数列的极限

数列是按照某种法则产生的一系列数的依次排列。无穷数列 $x_1,x_2,x_3,\cdots,x_n,\cdots$(常简记为$\{x_n\}$)可以看做自变量为正整数 n 的函数,即 $x_n=f(n)$。因此,数列的极限是一类特殊函数的极限。

定义 1-9　对数列$\{x_n\}$,如果当 n 无限增大时,数列$\{x_n\}$无限接近一个常数 a,那么 a 就称为数列$\{x_n\}$的**极限**,或称数列$\{x_n\}$**收敛**于 a,记作

$$\lim_{n\to+\infty} x_n = a$$

或

$$x_n \to a \quad (\text{当 } n\to+\infty)$$

如果数列$\{x_n\}$没有极限,就说数列$\{x_n\}$是**发散**的。显然,如果一个数列有极限,则此极限是唯一的。

定义 1-9 中"如果当 n 无限增大时,数列$\{x_n\}$无限接近一个常数 a"的实质是:随着 n 的无限增大,x_n 与常数 a 的距离$|x_n-a|$可以任意小,即要多小就可以有多小(不排除数列的某些项取常数 a 的可能)。

例 1-6 根据极限的定义,判断下列各数列是否有极限,对于收敛的数列指出其极限。

(1) $1,2,3,\cdots,n,\cdots$

(2) $1,\frac{1}{2},\frac{1}{3},\cdots,\frac{1}{n},\cdots$

(3) $1,-1,1,\cdots,(-1)^{n+1},\cdots$

(4) $\frac{1}{2},\frac{2}{3},\frac{3}{4},\cdots,\frac{n}{n+1},\cdots$

(5) $2,\frac{1}{2},\frac{4}{3},\cdots,\frac{n+(-1)^{n-1}}{n},\cdots$

解 对上述每个数列,将它们逐项在数轴上表示出来,如图 1-4 所示。可以看出第 1、第 3 两个数列没有极限,其他数列都有极限。第 2 个数列的极限是 0,第 4 个数列的极限是 1,第 5 个数列的极限也是 1。

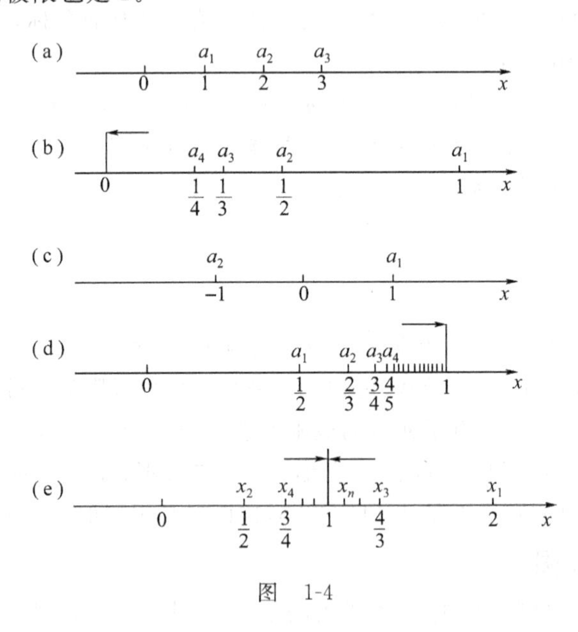

图 1-4

1.2.2 函数的极限

如前所述,数列可以看成自变量取正整数值的函数。所以,数列的极限是一种特殊的函数极限。一般函数的极限比数列的极限复杂,需要分两种情况讨论。

1. 自变量趋向无穷大时函数的极限

对函数 $y=\dfrac{1}{x}$，当 $|x|$ 无限增大时，对应的函数值 y 无限接近常数 0(参看图 1-5)，这时就称 $y=\dfrac{1}{x}$ 以 0 为极限。自变量趋向无穷大时函数极限的定义如下。

定义 1-10　设函数 $y=f(x)$ 对绝对值无论怎样大的自变量都有定义，如果当 $|x|$ 无限增大(即 $x\to\infty$)时，函数 $f(x)$ 无限接近某个常数 A，那么 A 就称为函数 $f(x)$ 当 x 趋向无穷大时的**极限**，记作

$$\lim_{x\to\infty}f(x)=A \quad 或 \quad f(x)\to A \quad (当\ x\to\infty)$$

如果 $\lim\limits_{x\to\infty}f(x)$ 不存在，则函数 $f(x)$ 当 $x\to\infty$ 时没有极限。

定义 1-10 中"如果当 $|x|$ 无限增大(即 $x\to\infty$)时，函数 $f(x)$ 无限接近某个常数 A"的实质是：随着 x 的绝对值的无限增大，函数 $f(x)$ 与常数 A 的距离 $|f(x)-A|$ 可以任意小，即要多小就可以有多小(不排除 $f(x)$ 取常数 A 的可能)。

如果在定义 1-10 中限制 x 只取正值或者只取负值，即有

$$\lim_{x\to+\infty}f(x)=A \quad 或 \quad \lim_{x\to-\infty}f(x)=A$$

称函数 $f(x)$ 当 x 趋向正无穷大(或负无穷大)时的极限为 A。

如图 1-6 所示，极限 $\lim\limits_{x\to\infty}f(x)=A$ 意味着：随着 $|x|$ 无限增大，函数曲线无限接近直线 $y=A$。

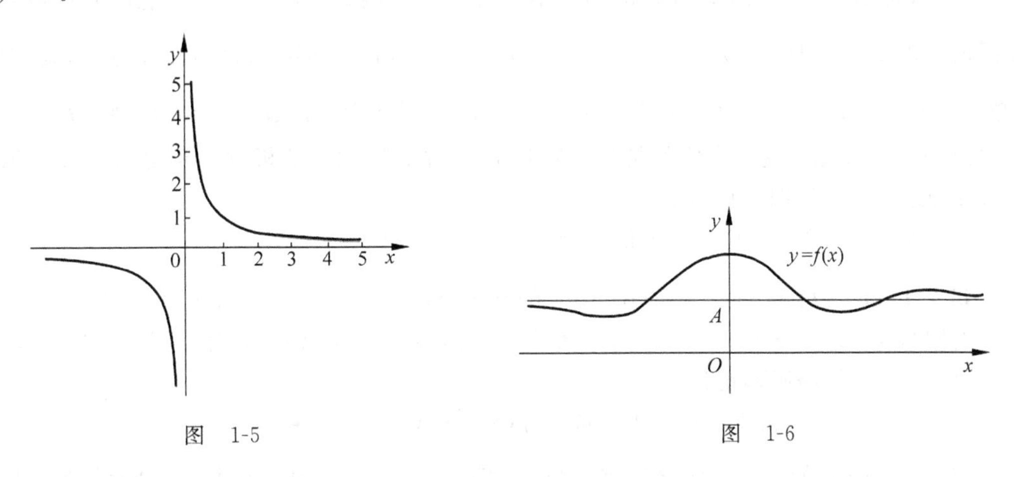

图　1-5　　　　图　1-6

对于函数 $y=\dfrac{1}{x}$，其图像如图 1-5 所示。由于

$$\lim_{x\to+\infty}\frac{1}{x}=0, \quad 并且 \quad \lim_{x\to-\infty}\frac{1}{x}=0$$

两个极限相等，从而有

$$\lim_{x\to\infty}\frac{1}{x}=0$$

对于函数 $y=\arctan x$，由于

$$\lim_{x\to+\infty}\arctan x=\frac{\pi}{2},\quad \lim_{x\to-\infty}\arctan x=-\frac{\pi}{2}$$

两个极限不相等,所以$\lim\limits_{x\to\infty}\arctan x$不存在。

对于函数 $y=2^x$,由于

$$\lim_{x\to+\infty}2^x=+\infty,\quad \lim_{x\to-\infty}2^x=0$$

其中一个极限不存在,所以$\lim\limits_{x\to\infty}2^x$不存在。

通过对以上 3 个函数的分析,可得如下结论:只有当$\lim\limits_{x\to+\infty}f(x)$和$\lim\limits_{x\to-\infty}f(x)$都存在并且相等时,$\lim\limits_{x\to\infty}f(x)$才存在并与前两者相等。

2. 自变量趋向有限值时函数的极限

已知自由落体运动中物体下落的距离 s 和下落时间 t 之间的函数关系为 $s=\frac{1}{2}gt^2$。如何求它在时刻 t_0 的瞬时速度 $v(t_0)$呢?

由物理学得知,作变速运动的物体在某一段时间内通过的距离,除以这段时间就是这段时间的平均速度。因此,对于作自由落体运动的物体在时刻 t_0 和 t 间的平均速度如下计算:

$$\bar{v}(t)=\frac{s-s_0}{t-t_0}=\frac{\frac{1}{2}gt^2-\frac{1}{2}gt_0^2}{t-t_0}=\frac{1}{2}g(t+t_0)\qquad(t\neq t_0)$$

显然,时刻 t_0 和 t 间平均速度$\bar{v}(t)$并不是时刻 t_0 的瞬时速度 $v(t_0)$,只能用来近似表示瞬时速度 $v(t_0)$,即 $v(t_0)\approx\bar{v}(t)=\frac{1}{2}g(t+t_0)$。但是,根据极限思想,时间间隔越短,即 t 越接近 t_0,平均速度$\bar{v}(t)$就越接近瞬时速度 $v(t_0)$。让 t 无限接近 $t_0(t\neq t_0)$,则$\bar{v}(t)$就无限接近一个定值 gt_0,这个定值就是当 t 趋向于 t_0 时函数$\bar{v}(t)$的极限。正是这个极限值 gt_0,准确地体现了瞬时速度 $v(t_0)$。

一般地,对于自变量趋向有限值时函数极限的定义如下。

定义 1-11 设函数 $y=f(x)$在点 x_0 的某个空心邻域$\mathring{U}(x_0,\delta)$有定义,如果 x 无限接近有限数 x_0,即 $x\to x_0(x\neq x_0)$时,函数 $f(x)$无限接近某个常数 A,那么 A 就称为函数 $f(x)$当 $x\to x_0$ 时的**极限**,记作

$$\lim_{x\to x_0}f(x)=A\quad 或\quad f(x)\to A\quad (当\ x\to x_0)$$

定义 1-11 中"如果 x 无限接近有限数 x_0,即 $x\to x_0(x\neq x_0)$时,函数 $f(x)$无限接近某个常数 A"的实质是:随着 x 无限接近 x_0,函数 $f(x)$与常数 A 的距离$|f(x)-A|$可以任意小,即要多小都可以有多小(不排除 $f(x)$取常数 A 的可能)。

关于定义 1-11,需要指出:x 无限接近有限数 x_0 而不要求等于 x_0 意味着,当 $x\to x_0$ 时,$f(x)$的变化趋势与 $f(x)$在 x_0 是否有定义或如何定义无关。前者是 $f(x)$在 x_0 附近的动态描述,后者是 $f(x)$在 x_0 的静态说明。

如图 1-7 所示,极限$\lim\limits_{x\to x_0}f(x)=A$ 意味着:随着 x 无限接近 x_0,函数曲线无限接近点(x_0,A)。

定义1-11中$x\to x_0$允许x既可以从x_0的左侧，也可以从x_0的右侧无限接近x_0。但有时只能或只需考虑仅从x_0的左侧无限接近x_0（即从小于x_0的一侧趋近于x_0，记为$x\to x_0^-$）。如果当$x\to x_0^-$时，函数$f(x)$无限接近某个常数A，这就是**左极限**，即

$$\lim_{x\to x_0^-} f(x) = A$$

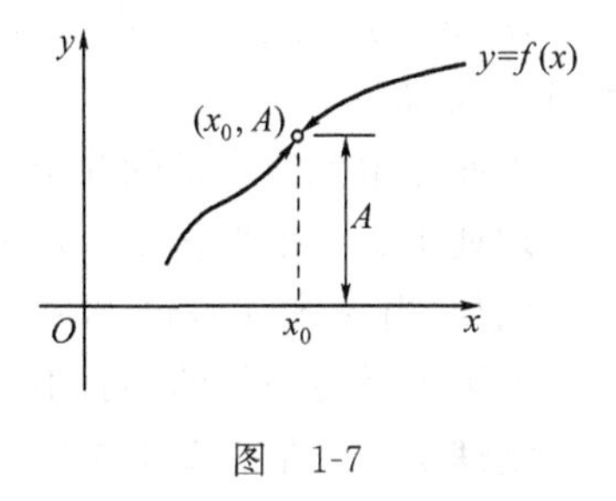

图 1-7

类似地

$$\lim_{x\to x_0^+} f(x) = A$$

就是**右极限**。

对于自变量趋向有限值时函数的极限，也只有当$\lim\limits_{x\to x_0^-} f(x)$和$\lim\limits_{x\to x_0^+} f(x)$都存在并且相等时，$\lim\limits_{x\to x_0} f(x)$才存在并与前两者相等。为了加深对函数极限的认识，下面举3个有代表性的实例。

实例1-4 考察极限$\lim\limits_{x\to x_0} c$（c为常数）。

因为函数$y=c$在$\mathbf{R}$上都等于常数c，所以$\lim\limits_{x\to x_0^-} c$和$\lim\limits_{x\to x_0^+} c$都存在并且都等于$c$，从而$\lim\limits_{x\to x_0} x$存在且等于$c$。

实例1-5 考察极限$\lim\limits_{x\to\frac{\pi}{2}}\tan x$。

当$x\to\left(\frac{\pi}{2}\right)^-$时，$\tan x\to+\infty$；当$x\to\left(\frac{\pi}{2}\right)^+$时，$\tan x\to-\infty$。所以$\lim\limits_{x\to\frac{\pi}{2}}\tan x$不存在。

实例1-6 考察极限$\lim\limits_{x\to 1} f(x)$，其中$f(x)=\begin{cases} x+1 & (x\neq 1) \\ 1 & (x=1) \end{cases}$。

由于$\lim\limits_{x\to 1^-} f(x)$和$\lim\limits_{x\to 1^+} f(x)$都存在并且都等于2，所以$\lim\limits_{x\to 1} f(x)$存在且等于2。但是，$f(1)=1$，因此$\lim\limits_{x\to 1} f(x)\neq f(1)$。

3. 无穷小量与无穷大量

定义1-12 如果在x的某种趋向下，函数$f(x)$以零为极限，则称在x的这种趋向下，函数$f(x)$是**无穷小量**，简称**无穷小**。

例如，数列$\left\{\frac{1}{n}\right\}$的极限是零，故$\frac{1}{n}$（当$n\to+\infty$时）是无穷小量。当$x\to\infty$时，函数$\frac{1}{x}$和$\frac{1}{x^2}$都是无穷小量。当$x\to 0$时，$\sin x$和$\lg(1+x)$也都是无穷小量。

从现在开始，为了叙述的简洁，适当场合将使用记号lim。lim的含义是包括自变量的各种变化过程，即lim可以代表$\lim\limits_{x\to x_0}$、$\lim\limits_{x\to x_0^+}$、$\lim\limits_{x\to\infty}$和$\lim\limits_{x\to-\infty}$等。

定理1-1 若

$$\lim f(x) = A \tag{1-1}$$

则

$$f(x) = A + \alpha(x) \tag{1-2}$$

其中,$\alpha(x)$ 为无穷小量,即 $\lim\alpha(x)=0$。该命题的逆命题也成立,也就是说,式(1-1)与式(1-2)等价。

下面介绍无穷小量的几个性质。

定理 1-2 有限个无穷小量的和是无穷小量。

例如,当 $x\to0$ 时,x^3 和 $\sin x$ 都是无穷小量,所以 $x^3+\sin x$ 也是无穷小量。

无限个无穷小量的和就不一定是无穷小量了。

定理 1-3 有界函数与无穷小量的乘积是无穷小量。

例如,当 $x\to0$ 时,函数 x 是无穷小量,而 $\sin\dfrac{1}{x}$ 是有界函数,所以 $x\sin\dfrac{1}{x}$ 也是无穷小量。

定理 1-4 常数与无穷小量的乘积是无穷小量。

例如,当 $x\to+\infty$ 时,2^{-x} 是无穷小量,所以 3×2^{-x} 也是无穷小量。

定理 1-5 有限个无穷小量的乘积是无穷小量。

例如,当 $x\to2$ 时,(x^2-4) 和 $\ln(x-1)$ 都是无穷小量,所以 $(x^2-4)\ln(x-1)$ 也是无穷小量。

定义 1-13 如果在 x 的某种趋向下,函数 $f(x)$ 的绝对值无限增大,则称函数 $f(x)$ 是在 x 的这种趋向下的**无穷大量**,简称**无穷大**。

例如,当 $x\to\infty$ 时,函数 x^2 是无穷大量;当 $x\to0$ 时,函数 $\dfrac{1}{x}$ 是无穷大量;当 $x\to+\infty$ 时,函数 $\ln(1+x)$ 是无穷大量。

在自变量的变化过程中为无穷大量的函数 $f(x)$,按极限的定义其极限是不存在的。但是为了便于叙述函数的这一性质,可以这样说:函数的极限是无穷大量,并记作

$$\lim f(x)=\infty$$

类似地,还有

$$\lim f(x)=+\infty,\quad \lim f(x)=-\infty$$

这样一来,相关的极限就可以方便地表达了。前面的几个例子可以写成

$$\lim_{x\to\infty}x^2=+\infty,\quad \lim_{x\to0}\frac{1}{x}=\infty,\quad \lim_{x\to+\infty}\ln(1+x)=+\infty$$

显然,无穷小量和无穷大量有这样的关系:无穷大量的倒数是无穷小量,恒不为零的无穷小量的倒数是无穷大量。

4. 极限的运算法则

下面不加证明地介绍极限的四则运算法则,它们在函数极限的运算问题中有重要的作用。

设 $\lim f(x)=A$,$\lim g(x)=B$,则

(1) $\lim[f(x)\pm g(x)]=\lim f(x)\pm\lim g(x)=A\pm B$

(2) $\lim[f(x)\cdot g(x)]=\lim f(x)\cdot\lim g(x)=A\cdot B$

(3) $\lim[C\cdot f(x)]=C\cdot\lim f(x)=C\cdot A$ (C 为常数)

(4) $\lim\dfrac{f(x)}{g(x)}=\dfrac{\lim f(x)}{\lim g(x)}=\dfrac{A}{B}$ $(B\neq0)$

例 1-7 设多项式 $P_n(x)=a_nx^n+a_{n-1}x^{n-1}+\cdots+a_1x+a_0$(其中 $a_n,a_{n-1},\cdots,a_1,a_0$ 为常数),对于任意 $x_0\in\mathbf{R}$,证明 $\lim\limits_{x\to x_0}P_n(x)=P_n(x_0)$。

证明

$$\begin{aligned}\lim_{x\to x_0}P_n(x)&=\lim_{x\to x_0}(a_nx^n+a_{n-1}x^{n-1}+\cdots+a_1x+a_0)\\&=\lim_{x\to x_0}a_nx^n+\lim_{x\to x_0}a_{n-1}x^{n-1}+\cdots+\lim_{x\to x_0}a_1x+\lim_{x\to x_0}a_0\\&=a_n\ (\lim_{x\to x_0}x)^n+a_{n-1}(\lim_{x\to x_0}x)^{n-1}+\cdots+a_1x_0+a_0\\&=a_nx_0^n+a_{n-1}x_0^{n-1}+\cdots+a_1x_0+a_0=P_n(x_0)\end{aligned}$$

证毕。

5. 两个重要极限

这里不加证明地介绍两个在微分学中有重要应用的极限式(1-3)和极限式(1-4),它们在计算有关极限时很有用。

$$\lim_{x\to 0}\frac{\sin x}{x}=1 \tag{1-3}$$

$$\lim_{x\to\infty}\left(1+\frac{1}{x}\right)^x=\mathrm{e} \tag{1-4}$$

极限式(1-4)中的 e 是高等数学中一个非常重要的常数。它是无理数,其精确到小数点后 12 位的近似值是:e=2.718 281 828 459…。以 e 为底的对数简记为 $\ln x$,即 $\ln x=\log_{\mathrm{e}}x$。

下面的表 1-1 和表 1-2 可以帮助读者对这两个极限有充分的感性认识。

表 1-1

x	1	0.5	0.2	0.1	0.05	0.02	0.01
$\frac{\sin x}{x}$	0.841 47	0.958 85	0.993 35	0.998 33	0.999 58	0.999 93	0.999 98

表 1-2

x	1	3	10	100	1 000	10 000	100 000
$\left(1+\frac{1}{x}\right)^x$	2	2.370 37	2.593 47	2.704 81	2.716 92	2.718 15	2.718 27
x	−2	−3	−10	−100	−1 000	−10 000	−100 000
$\left(1+\frac{1}{x}\right)^x$	4	3.375	2.868	2.732	2.719 64	2.718 42	2.718 3

在重要极限式(1-4)中令 $x=\frac{1}{t}$,则有下面形式的重要极限。

$$\lim_{t\to 0}(1+t)^{\frac{1}{t}}=\mathrm{e} \tag{1-5}$$

实际上,式(1-3)、式(1-4)和式(1-5)分别具有以下更普遍的形式。

$$\lim_{\square\to 0}\frac{\sin\square}{\square}=1 \tag{1-6}$$

$$\lim_{\square\to\infty}\left(1+\frac{1}{\square}\right)^{\square}=\mathrm{e} \tag{1-7}$$

$$\lim_{\square \to 0}(1+\square)^{\frac{1}{\square}} = \mathrm{e} \tag{1-8}$$

其中,符号"□"代表相同的变量或表达式。

凡是分子或分母含有三角函数的$\frac{0}{0}$型的**不定式**,一般都要用式(1-6)求解。而1^{∞}型的不定式,一般都要用式(1-7)或式(1-8)求解。

例 1-8 求$\lim\limits_{x\to 0}\frac{1-\cos x}{x^2}$。

解 本题需要先用三角公式进行恒等变形,使之成为符合式(1-6)的形式。

$$\lim_{x\to 0}\frac{1-\cos x}{x^2} = \lim_{x\to 0}\frac{2\sin^2\frac{x}{2}}{x^2} = \frac{1}{2}\lim_{x\to 0}\left(\frac{\sin\frac{x}{2}}{\frac{x}{2}}\right)^2 = \frac{1}{2}$$

重要极限式(1-7)和式(1-8)具有这样的共同特点:幂指函数底的极限是1,指数趋向于无穷大,这也是一种不定式,通常记为"1^{∞}"。计算1^{∞}型不定式的极限时一定要用这两个极限式。

例 1-9 求$\lim\limits_{x\to\infty}\left(1+\frac{1}{3x}\right)^x$。

解

$$\lim_{x\to\infty}\left(1+\frac{1}{3x}\right)^x = \lim_{x\to\infty}\left[\left(1+\frac{1}{3x}\right)^{3x}\right]^{\frac{1}{3}} = \sqrt[3]{\mathrm{e}}$$

例 1-10 证明:$\lim\limits_{x\to 0}\frac{\ln(1+x)}{x}=1$。

证明

$$\lim_{x\to 0}\frac{\ln(1+x)}{x} = \lim_{x\to 0}\ln(1+x)^{\frac{1}{x}} = \ln\mathrm{e} = 1$$

证毕。

例 1-11 证明:$\lim\limits_{x\to 0}\frac{\mathrm{e}^x-1}{x}=1$。

证明 令$\mathrm{e}^x-1=t$,则$x=\ln(1+t)$;并且当$x\to 0$时,有$t\to 0$。所以

$$\lim_{x\to 0}\frac{\mathrm{e}^x-1}{x} = \lim_{t\to 0}\frac{t}{\ln(1+t)} = 1$$

证毕。

例 1-11 证明过程的最后一步用到了例 1-10 的结果。

$\lim\limits_{x\to 0}\frac{\ln(1+x)}{x}=1$和$\lim\limits_{x\to 0}\frac{\mathrm{e}^x-1}{x}=1$可以作为已知的重要极限用于求其他的极限。并且它们分别具有式(1-9)和式(1-10)的更普遍的形式,即

$$\lim_{\square\to 0}\frac{\ln(1+\square)}{\square} = 1 \tag{1-9}$$

$$\lim_{\square\to 0}\frac{\mathrm{e}^{\square}-1}{\square} = 1 \tag{1-10}$$

其中,符号"□"代表相同的变量或表达式。

1.2.3 函数的连续性

从前面的讨论可以看到，当自变量趋向有限值时，函数的极限有可能不存在。那么，函数极限存在的条件是什么呢？实际上，函数的极限存在与否是与函数的连续性密切相关的。

从图 1-8 所表示的函数图像看，函数在点 x_1、x_2 和 x_3 是间断的，在其余的点都是连续的。

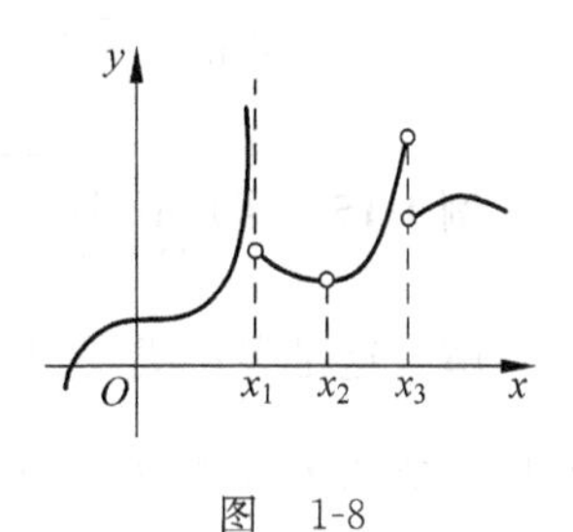

图 1-8

根据分析可以得知：函数 $y=f(x)$ 在点 $x=x_0$ 处连续的充分且必要条件是：① $f(x_0)$ 存在；② $\lim\limits_{x\to x_0} f(x)$ 存在；③两者相等。下面是函数连续的定义。

定义 1-14 设函数 $f(x)$ 在 x_0 的一个邻域内有定义，如果函数 $f(x)$ 当 $x\to x_0$ 时的极限存在，且等于它在点 x_0 处的函数值 $f(x_0)$，即

$$\lim_{x\to x_0} f(x) = f(x_0) \tag{1-11}$$

那么就称 $f(x)$ 在点 x_0 处**连续**，称 x_0 为函数 $f(x)$ 的**连续点**。

为了应用方便起见，函数的连续还有另外的描述方式。下面给出另一形式的定义。

定义 1-15 设函数 $f(x)$ 在 x_0 的一个邻域内有定义，如果当自变量的改变量 $\Delta x=x-x_0$ 趋向于零时，对应的函数的改变量 $\Delta y=y-y_0$ 也趋向于零，那么就称 $f(x)$ 在点 x_0 处**连续**。

需要说明，函数 $f(x)$ 在闭区间 $[a,b]$ 的端点连续，是指 $f(x)$ 在端点 a 处的右极限 $\lim\limits_{x\to a^+} f(x)$ 存在且等于 $f(a)$（这时称函数 $f(x)$ 在 a 处**右连续**），在端点 b 处的左极限 $\lim\limits_{x\to b} f(x)$ 存在且等于 $f(b)$（这时称函数 $f(x)$ 在 b 处**左连续**）。

如果函数 $f(x)$ 在某区间上每一点都连续，则称 $f(x)$ 在该区间上连续，或者称 $f(x)$ 是该区间上的**连续函数**。连续函数的图像是一条连续而不间断的曲线。

关于函数的连续性，有下面 3 点结论。

(1) 6 类基本初等函数在其定义区间内都是连续的；

(2) 连续函数的和、差、积、商（分母不能为零）在其定义区间内是连续函数；

(3) 由连续函数复合成的函数在其定义区间内是连续函数。

由上述 3 点结论可知，如果一个初等函数在某个区间内有定义，则它在该区间内是连续的。

例 1-12 求 $\lim\limits_{x\to 1}(2x-1)$。

解 因为函数 $f(x)=(2x-1)$ 在点 $x=1$ 连续，所以

$$\lim_{x\to 1}(2x-1) = 2\times 1-1 = 1$$

例 1-13 求 $\lim\limits_{x\to 0}\sin x$。

解

$$\lim_{x\to 0}\sin x=\sin 0=0$$

例 1-14 求 $\lim\limits_{x\to x_0}\dfrac{x^2-x_0^2}{x-x_0}$。

解 因为函数 $f(x)=\dfrac{x^2-x_0^2}{x-x_0}$ 在点 $x=x_0$ 不连续，所以要用其他方法求解。注意到当

$x=x_0$ 时,本题的分子分母都是 0。通常称这类极限是 $\frac{0}{0}$ 型的不定式。求解这类不定式有多种方法。本题的特点是分子和分母都含有将 $x=x_0$ 代入后导致其为 0 的因式 $x-x_0$,而在极限定义中只要求 $x\to x_0$,不是 $x=x_0$,所以可以先约去这个因式再求极限,即

$$\lim_{x\to x_0}\frac{x^2-x_0^2}{x-x_0}=\lim_{x\to x_0}\frac{(x-x_0)(x+x_0)}{x-x_0}=\lim_{x\to x_0}(x+x_0)=2x_0$$

例 1-15 求 $\lim\limits_{x\to 3}\frac{\sqrt{x+6}-3}{x-3}$。

解 这是另一类 $\frac{0}{0}$ 型的不定式。这种类型的 $\frac{0}{0}$ 型,需要先将分子(或分母)有理化,然后才能约去导致分子、分母为 0 的因式。

$$\lim_{x\to 3}\frac{\sqrt{x+6}-3}{x-3}=\lim_{x\to 3}\frac{(\sqrt{x+6}-3)(\sqrt{x+6}+3)}{(x-3)(\sqrt{x+6}+3)}=\lim_{x\to 3}\frac{x-3}{(x-3)(\sqrt{x+6}+3)}$$

$$=\lim_{x\to 3}\frac{1}{\sqrt{x+6}+3}=\frac{1}{6}$$

例 1-16 求下列极限。

(1) $\lim\limits_{x\to\infty}\frac{2x^3+3x^2-4x+1}{3x^3-5x^2-7}$ (2) $\lim\limits_{x\to\infty}\frac{2x^3+3x^2-4x+1}{5x^2+x-2}$

(3) $\lim\limits_{x\to\infty}\frac{2x^3+4x+1}{x^4-5x^2-7}$

解 当 $x\to\infty$ 时,本例各个小题的分子、分母都是无穷大,因此不能用商的极限运算法则。通常称这类极限是 $\frac{\infty}{\infty}$ 型的不定式。对于分子和分母都是多项式的 $\frac{\infty}{\infty}$ 型不定式,解题的方法就是将分子和分母都除以分母的自变量的最高次幂,然后求极限。

(1) $\lim\limits_{x\to\infty}\frac{2x^3+3x^2-4x+1}{3x^3-5x^2-7}=\lim\limits_{x\to\infty}\frac{2+\frac{3}{x}-\frac{4}{x^2}+\frac{1}{x^3}}{3-\frac{5}{x}-\frac{7}{x^3}}=\frac{2}{3}$

(2) $\lim\limits_{x\to\infty}\frac{2x^3+3x^2-4x+1}{5x^2+x-2}=\lim\limits_{x\to\infty}\frac{2x+3-\frac{4}{x}+\frac{1}{x^2}}{5+\frac{1}{x}-\frac{2}{x^2}}=\infty$

(3) $\lim\limits_{x\to\infty}\frac{2x^3+4x+1}{x^4-5x^2-7}=\lim\limits_{x\to\infty}\frac{\frac{2}{x}+\frac{4}{x^3}+\frac{1}{x^4}}{1-\frac{5}{x^2}-\frac{7}{x^4}}=0$

通过本题的解答可以得到如下的一般结果:当 $a_n,b_m\neq 0$ 时,有

$$\lim_{x\to\infty}\frac{a_nx^n+a_{n-1}x^{n-1}+\cdots+a_1x+a_0}{b_mx^m+b_{m-1}x^{m-1}+\cdots+b_1x+b_0}=\begin{cases}\frac{a_n}{b_m} & (m=n)\\ \infty & (m<n)\\ 0 & (m>n)\end{cases}$$

例 1-17　求$\lim\limits_{x\to1}\left(\frac{x}{x-1}-\frac{2}{x^2-1}\right)$。

解　本题属于$\infty-\infty$型不定式，解题的方法是先通分，将其化为$\frac{0}{0}$型不定式或$\frac{\infty}{\infty}$型不定式，然后用前面介绍过的方法求极限。

$$\lim_{x\to1}\left(\frac{x}{x-1}-\frac{2}{x^2-1}\right)=\lim_{x\to1}\frac{x^2+x-2}{x^2-1}$$

$$=\lim_{x\to1}\frac{(x-1)(x+2)}{(x-1)(x+1)}=\lim_{x\to1}\frac{x+2}{x+1}=\frac{3}{2}$$

1.3　导数

1.3.1　导数的定义

在匀速直线运动中，路程和速度之间的关系十分简单。但是，在变速直线运动中，路程和速度之间的关系就比较复杂了。因为是变速，不同时刻的瞬时速度一般是不同的。这里要研究的问题是：如果已经知道物体运动的路程s和时间t之间的函数关系$s=f(t)$，如何求某一时刻t_0的瞬时速度$v(t_0)$。下面用“求增量、定比值、取极限”的“三部曲”分析求解。

(1) 求增量。当时间由t_0改变到$t_0+\Delta t$时，物体在这个时间间隔$[t_0,t_0+\Delta t]$内所经过的路程为Δs，即

$$\Delta s=f(t_0+\Delta t)-f(t_0)$$

(2) 定比值。求出这个时间间隔$[t_0,t_0+\Delta t]$内物体的平均速度$\bar{v}$，即

$$\bar{v}=\frac{\Delta s}{\Delta t}=\frac{f(t_0+\Delta t)-f(t_0)}{\Delta t}$$

(3) 取极限。这里只考虑速度连续变化的情形。在变速直线运动中，不同时刻的瞬时速度可能不同。而且，对于确定的时刻t_0，时间间隔Δt取不同的值，由上式求得的平均速度$\bar{v}$也可能不同。但是，如果Δt非常小，在这个时间间隔内不同时刻的瞬时速度就非常接近。因而，这个时间间隔内的平均速度$\bar{v}$与时刻t_0的瞬时速度$v(t_0)$也非常接近。这时，如果极限$\lim\limits_{\Delta t\to0}\frac{\Delta s}{\Delta t}$存在，它就是时刻$t_0$的瞬时速度，即

$$v(t_0)=\lim_{\Delta t\to0}\frac{\Delta s}{\Delta t}=\lim_{\Delta t\to0}\frac{f(t_0+\Delta t)-f(t_0)}{\Delta t}$$

上面采用的“求增量Δs、定比值$\frac{\Delta s}{\Delta t}$、取极限$\lim\limits_{\Delta t\to0}\frac{\Delta s}{\Delta t}$”的方法具有普遍意义。

例 1-18　已知自由落体运动的运动方程为$s=\frac{1}{2}gt^2$，按上述步骤求在时刻$t_0=2\text{s}$的瞬时速度$v|_{t_0=2}$。

解　(1) 求增量：

$$\Delta s=\frac{1}{2}g(t_0+\Delta t)^2-\frac{1}{2}gt_0^2=gt_0\Delta t+\frac{1}{2}g(\Delta t)^2$$

(2) 定比值:

$$\bar{v}=\frac{\Delta s}{\Delta t}=\frac{gt_0\Delta t+\frac{1}{2}g(\Delta t)^2}{\Delta t}=g\left(t_0+\frac{1}{2}\Delta t\right)$$

(3) 求极限:

$$v(t_0)=\lim_{\Delta t\to 0}\frac{\Delta s}{\Delta t}=\lim_{\Delta t\to 0}g\left(t_0+\frac{1}{2}\Delta t\right)=gt_0$$

将 $t_0=2\text{s}$ 代入,得

$$v\big|_{t_0=2}=9.8\times 2=19.6(\text{m/s})$$

例 1-18 有这样的特点:求函数增量与其自变量增量之比的极限。这个极限反映了函数在某一点处随自变量变化的快慢。这种求函数的变化率问题就是函数的导数概念。

定义 1-16 设函数 $y=f(x)$在点 x_0 的某个邻域内有定义,当自变量 x 在 x_0 处取得增量 Δx($\Delta x\neq 0$,点 $x_0+\Delta x$ 仍在该邻域内)时,相应地,函数 $f(x)$取得增量

$$\Delta y=f(x_0+\Delta x)-f(x_0)$$

如果当 $\Delta x\to 0$ 时,$\frac{\Delta y}{\Delta x}$的极限存在,则称函数 $f(x)$在点 x_0 处**可导**,并称此极限为函数 $f(x)$在点 x_0 处的**导数**,记作 $y'\big|_{x=x_0}$,即

$$y'\big|_{x=x_0}=\lim_{\Delta x\to 0}\frac{\Delta y}{\Delta x}=\lim_{\Delta x\to 0}\frac{f(x_0+\Delta x)-f(x_0)}{\Delta x} \tag{1-12}$$

也可记作 $y'(x_0)$,$f'(x_0)$,$\left.\frac{\mathrm{d}y}{\mathrm{d}x}\right|_{x=x_0}$,$f'(x)\big|_{x=x_0}$ 或$\left.\frac{\mathrm{d}f(x)}{\mathrm{d}x}\right|_{x=x_0}$ 等。如果式(1-12)的极限不存在,则称函数 $f(x)$在点 x_0 处**不可导**。

导数的定义式(1-12)也可取其他不同的形式,常见的有

$$f'(x_0)=\lim_{h\to 0}\frac{f(x_0+h)-f(x_0)}{h} \tag{1-13}$$

和

$$f'(x_0)=\lim_{x\to x_0}\frac{f(x)-f(x_0)}{x-x_0} \tag{1-14}$$

式(1-13)中的 h 即自变量的增量 Δx。增量 Δx 和 Δy 既可以是正值,也可以是负值。

如果函数 $f(x)$在开区间 I 内的每一点 x 处都可导,就称函数 $f(x)$在开区间 I 内可导,其导数一般是 x 的函数,这个函数称为原来函数 $y=f(x)$的**导函数**,简称**导数**,记作 y',$f'(x)$,$\frac{\mathrm{d}y}{\mathrm{d}x}$或$\frac{\mathrm{d}f(x)}{\mathrm{d}x}$。

将式(1-12)和式(1-13)中的 x_0 换成 x,即得到导函数的定义式为

$$y'=\lim_{\Delta x\to 0}\frac{f(x+\Delta x)-f(x)}{\Delta x} \tag{1-15}$$

或

$$f'(x)=\lim_{h\to 0}\frac{f(x+h)-f(x)}{h} \tag{1-16}$$

【说明】 (1) 在式(1-15)和式(1-16)中,虽然 x 可以取开区间 I 内的任何数值,但在

求极限的过程中，x 被当做常量，Δx 或 h 是变量。

（2）在没有特别说明的情况下，导数指的是导函数。如果给出了具体的点，导数指的是该点的导数值。

显然，函数 $f(x)$在点 x_0 处的导数 $f'(x_0)$就是导函数 $f'(x)$在点 x_0 处的函数值，即

$$f'(x_0) = f'(x)\big|_{x=x_0}$$

以后，如果求函数 $f(x)$在点 x_0 处的导数，就用先求导函数 $f'(x)$，再将点 x_0 代入的方法求导数。

有了导数的概念，前面介绍的变速直线运动的瞬时速度写成导数的形式为

$$v(t) = \frac{\mathrm{d}s}{\mathrm{d}t}$$

例 1-19　根据导数定义求常值函数 $f(x)=C$（C 是常数）的导数 $f'(x)$。

解　（1）求 Δy：

$$\Delta y = f(x+\Delta x) - f(x) = C - C = 0$$

（2）求$\frac{\Delta y}{\Delta x}$：

$$\frac{\Delta y}{\Delta x} = \frac{0}{\Delta x} = 0$$

（3）求$\lim\limits_{\Delta x\to 0}\frac{\Delta y}{\Delta x}$：

$$\lim_{\Delta x\to 0}\frac{\Delta y}{\Delta x} = \lim_{\Delta x\to 0} 0 = 0$$

因此

$$f'(x) = 0$$

例 1-20　根据导数定义求函数 $y=f(x)=\frac{1}{4}x^2$ 在 $x=2$ 处的导数 $f'(2)$。

解　（1）求 Δy：

$$\Delta y = f(x+\Delta x) - f(x) = \frac{1}{4}(x+\Delta x)^2 - \frac{1}{4}x^2 = \frac{1}{2}x(\Delta x) + \frac{1}{4}(\Delta x)^2$$

（2）求$\frac{\Delta y}{\Delta x}$：

$$\frac{\Delta y}{\Delta x} = \frac{\frac{1}{2}x(\Delta x) + \frac{1}{4}(\Delta x)^2}{\Delta x} = \frac{1}{2}x + \frac{1}{4}\Delta x$$

（3）求$\lim\limits_{\Delta x\to 0}\frac{\Delta y}{\Delta x}$：

$$\lim_{\Delta x\to 0}\frac{\Delta y}{\Delta x} = \lim_{\Delta x\to 0}\left(\frac{1}{2}x + \frac{1}{4}\Delta x\right) = \frac{1}{2}x$$

因此

$$f'(x) = \frac{1}{2}x$$

最后得

$$f'(2)=\frac{1}{2}\times 2=1$$

例 1-21 讨论函数 $f(x)=|x|$ 在 $x=0$ 处的可导性。

解 由于

$$\lim_{h\to 0^-}\frac{f(0+h)-f(0)}{h}=\lim_{h\to 0^-}\frac{-h}{h}=-1$$

而

$$\lim_{h\to 0^+}\frac{f(0+h)-f(0)}{h}=\lim_{h\to 0^+}\frac{h}{h}=1$$

两者不相等。所以，$\lim\limits_{h\to 0}\frac{f(0+h)-f(0)}{h}$不存在，函数 $f(x)=|x|$ 在 $x=0$ 处不可导。

由定义式(1-12)可知，函数 $f(x)$ 在点 x_0 处的导数 $f'(x_0)$ 是一个极限。把相应的左、右极限分别称为函数 $f(x)$ 在点 x_0 处的**左导数**和**右导数**，记作 $f'_-(x_0)$ 及 $f'_+(x_0)$，即

$$f'_-(x_0)=\lim_{\Delta x\to 0^-}\frac{f(x_0+\Delta x)-f(x_0)}{\Delta x} \tag{1-17}$$

$$f'_+(x_0)=\lim_{\Delta x\to 0^+}\frac{f(x_0+\Delta x)-f(x_0)}{\Delta x} \tag{1-18}$$

现在可以这样说：函数 $f(x)$ 在点 x_0 处可导的充分必要条件是 $f(x)$ 在点 x_0 处左导数和右导数都存在且相等。

1.3.2 导数的几何意义

函数 $f(x)$ 在点 x_0 处的导数 $f'(x_0)$ 与曲线 $y=f(x)$ 在点 $(x_0, f(x_0))$ 处的切线有着密切的关系。

圆的切线可定义为“与圆只有一个交点的直线”。但是，这个定义有局限性，不能用来定义一般的平面曲线的切线。实际上，包括圆在内的各种平面曲线的切线的严格定义如下：

定义 1-17 设平面直角坐标系中一条曲线的方程为 $y=f(x)$。点 P 是该曲线上的一个定点，点 Q 是该曲线上的一个动点。当点 Q 沿该曲线无限接近点 P 时，如果割线 PQ 存在极限位置 PT，则称直线 PT 为曲线 $y=f(x)$ 在点 P 的**切线**，如图 1-9 所示。

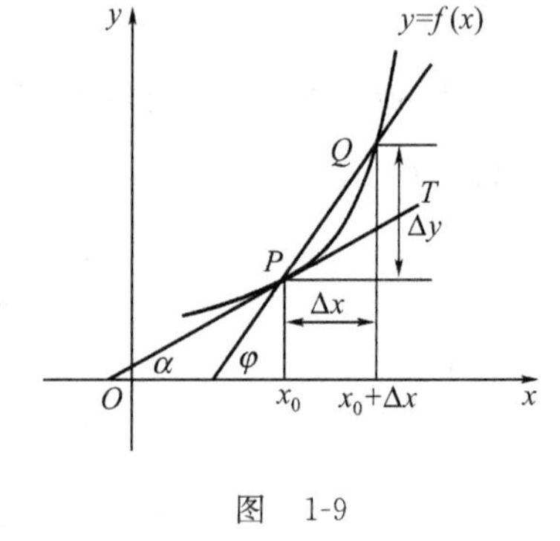

图 1-9

下面求切线 PT 的斜率 k。为此，先计算割线 PQ 的斜率 k_{PQ}。从图 1-9 可以看出

$$k_{PQ}=\tan\varphi=\frac{\Delta y}{\Delta x}$$

动点 Q 沿曲线趋向定点 P，等价于 $\Delta x\to 0$，因此切线的斜率为

$$k=\tan\alpha=\lim_{Q\to P}\tan\varphi=\lim_{\Delta x\to 0}\frac{\Delta y}{\Delta x}=f'(x_0) \tag{1-19}$$

式(1-19)表明了导数的几何意义：函数 $f(x)$ 在点 x_0 处的导数 $f'(x_0)$ 等于曲线 $y=$

$f(x)$在点$(x_0, f(x_0))$处的切线的斜率。

由导数的几何意义可知，曲线$y=f(x)$在点$P(x_0, y_0)$处的切线方程为

$$y - y_0 = f'(x_0)(x - x_0) \tag{1-20}$$

例 1-22 求抛物线$y=\frac{1}{4}x^2$在点(2,1)处的切线方程。

解 据例1-20有$f'(2)=1$，将它和点(2,1)的坐标代入方程式(1-20)，有

$$y - 1 = 1 \times (x - 2)$$

整理后得到要求的切线方程为

$$x - y - 1 = 0$$

1.3.3 可导与连续的关系

定理 1-6 如果函数$y=f(x)$在点x_0处可导，则函数$y=f(x)$在点x_0处一定连续。

证明 由于

$$\lim_{\Delta x \to 0} \frac{\Delta y}{\Delta x} = f'(x_0)$$

故

$$\frac{\Delta y}{\Delta x} = f'(x_0) + \alpha(x)$$

其中$\alpha(x)$当$\Delta x \to 0$时为无穷小。上式两边同乘以Δx，得

$$\Delta y = f'(x)\Delta x + \alpha(x)\Delta x$$

根据无穷小的性质有，当$\Delta x \to 0$时，上式右边$f'(x)\Delta x + \alpha(x)\Delta x \to 0$，因此，$\Delta y \to 0$。再根据函数连续性定义知，函数$y=f(x)$在点$x_0$连续。证毕。

定理1-6的逆定理不成立，即函数$y=f(x)$在点x_0处连续，但在点x_0处不一定可导。图1-10所示的函数曲线在点x_1、点x_2和点x_3处反映了该函数不可导的几种情形。

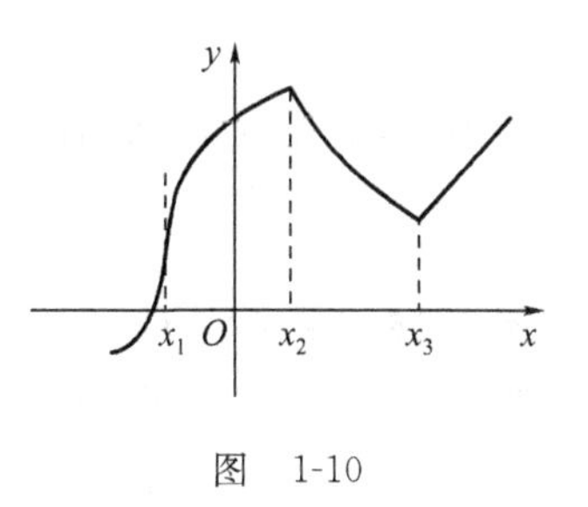

图 1-10

1.4 求导方法

1.3节介绍了导数的概念，本节介绍求导数的各种方法。

按定义求导数比较麻烦。本节就几个基本初等函数介绍如何按定义求导数，其目的就是加深对导数定义的理解。各种求导法则和方法是对初等函数求导的重要手段。基本初等函数的导数公式是对比较复杂函数求导的基础。

1.4.1 按定义求导数

例 1-23 求函数$f(x)=\sin x$的导数。

解 对于任意$x \in \mathbf{R}$，有

$$f'(x)=\lim_{\Delta x\to 0}\frac{\sin(x+\Delta x)-\sin(x)}{\Delta x}=\lim_{\Delta x\to 0}\frac{2\cos\left(x+\frac{\Delta x}{2}\right)\sin\frac{\Delta x}{2}}{\Delta x}$$

$$=\lim_{\Delta x\to 0}\cos\left(x+\frac{\Delta x}{2}\right)\frac{\sin\frac{\Delta x}{2}}{\frac{\Delta x}{2}}=\cos x$$

即对于任意 $x\in\mathbf{R}$,有

$$(\sin x)'=\cos x$$

用类似方法可以得到,对任意 $x\in\mathbf{R}$

$$(\cos x)'=-\sin x$$

例 1-24 求函数 $f(x)=\log_a x\,(a>0,a\neq 1)$的导数。

解 对于任意 $x\in(0,+\infty)$,有

$$f'(x)=\lim_{\Delta x\to 0}\frac{\log_a(x+\Delta x)-\log_a(x)}{\Delta x}=\lim_{\Delta x\to 0}\frac{\log_a\left(1+\frac{\Delta x}{x}\right)}{\Delta x}$$

$$=\frac{1}{x\ln a}\lim_{\Delta x\to 0}\frac{\ln\left(1+\frac{\Delta x}{x}\right)}{\frac{\Delta x}{x}}=\frac{1}{x\ln a}$$

即对于任意 $x>0$,有

$$(\log_a x)'=\frac{1}{x\ln a}$$

特别地,对任意 $x>0$,有

$$(\ln x)'=\frac{1}{x}$$

例 1-25 求函数 $f(x)=a^x\,(a>0,a\neq 1)$的导数。

解 对于任意 $x\in\mathbf{R}$,有

$$f'(x)=\lim_{\Delta x\to 0}\frac{a^{x+\Delta x}-a^x}{\Delta x}=\lim_{\Delta x\to 0}\frac{a^x(a^{\Delta x}-1)}{\Delta x}$$

$$=a^x\lim_{\Delta x\to 0}\frac{a^{\Delta x}-1}{\Delta x}\tag{1-21}$$

若令 $a^{\Delta x}-1=t$,则 $\Delta x=\log_a(1+t)$; 当 $\Delta x\to 0$ 时,有 $t\to 0$,于是有

$$\lim_{\Delta x\to 0}\frac{a^{\Delta x}-1}{\Delta x}=\lim_{t\to 0}\frac{t}{\log_a(1+t)}=\lim_{t\to 0}\frac{1}{\log_a(1+t)^{\frac{1}{t}}}$$

$$=\frac{1}{\log_a \mathrm{e}}=\ln a\tag{1-22}$$

将式(1-22)代入式(1-21),得

$$f'(x)=a^x\ln a$$

即对于任意 $x\in\mathbf{R}$,有

$$(a^x)'=a^x\ln a$$

特别地,对于任意 $x\in\mathbf{R}$,有

$$(e^x)' = e^x \ln e = e^x$$

1.4.2　导数的四则运算法则

定理 1-7　设函数 $u=u(x)$ 和 $v=v(x)$ 在点 x 处都可导，则

$$(u \pm v)' = u' \pm v' \tag{1-23}$$

$$(uv)' = u'v + uv' \tag{1-24}$$

$$\left(\frac{u}{v}\right)' = \frac{u'v - uv'}{v^2} \quad (v(x) \neq 0) \tag{1-25}$$

注意： $(uv)' \neq u'v'$，$\left(\frac{u}{v}\right)' \neq \frac{u'}{v'}$。

下面对定理 1-7 中的式(1-24)进行证明。

证明　设 $y=u(x)v(x)$，$u(x+\Delta x)-u(x)=\Delta u$，$v(x+\Delta x)-v(x)=\Delta v$，则有

$$\begin{aligned}\Delta y &= u(x+\Delta x)v(x+\Delta x) - u(x)v(x) \\ &= u(x+\Delta x)v(x+\Delta x) - u(x)v(x+\Delta x) + u(x)v(x+\Delta x) - u(x)v(x) \\ &= [u(x+\Delta x) - u(x)]v(x+\Delta x) + u(x)[v(x+\Delta x) - v(x)] \\ &= v(x+\Delta x)\Delta u + u(x)\Delta v\end{aligned}$$

因为函数 $v(x)$ 在点 x 处可导，根据定理 1-6，$v(x)$ 在点 x 连续，即

$$\lim_{\Delta x \to 0} v(x+\Delta x) = v(x)$$

于是

$$\begin{aligned}\lim_{\Delta x \to 0} \frac{\Delta y}{\Delta x} &= \lim_{\Delta x \to 0} \frac{v(x+\Delta x)\Delta u + u(x)\Delta v}{\Delta x} \\ &= \lim_{\Delta x \to 0}\left[v(x+\Delta x)\frac{\Delta u}{\Delta x} + u(x)\frac{\Delta v}{\Delta x}\right] = u'v + uv'\end{aligned}$$

所以

$$(uv)' = u'v + uv'$$

证毕。

有兴趣的读者可以自行证明定理 1-7 中另外两个公式。

特别地，如果式(1-24)中 $v(x)=c$（c 是常数），因 $(c)'=0$，有

$$(cu)' = cu' \tag{1-26}$$

如果式(1-25)中 $u(x)=1$，有

$$\left(\frac{1}{v}\right)' = -\frac{v'}{v^2} \tag{1-27}$$

例 1-26　求函数 $f(x)=2^x-\sin x$ 的导数。

解　$$(2^x - \sin x)' = (2^x)' - (\sin x)' = 2^x \ln 2 - \cos x$$

例 1-27　求函数 $f(x)=\cos x \ln x$ 的导数。

解　$$\begin{aligned}(\cos x \ln x)' &= (\cos x)' \ln x + \cos x (\ln x)' = -\sin x \ln x + \cos x \frac{1}{x} \\ &= -\sin x \ln x + \frac{\cos x}{x}\end{aligned}$$

例 1-28　求函数 $f(x)=\tan x$ 的导数。

解 $$(\tan x)'=\left(\frac{\sin x}{\cos x}\right)'=\frac{(\sin x)'\cos x-\sin x(\cos x)'}{\cos^2 x}$$
$$=\frac{\cos x\cos x-\sin x(-\sin x)}{\cos^2 x}=\frac{\cos^2 x+\sin^2 x}{\cos^2 x}=\frac{1}{\cos^2 x}=\sec^2 x$$

仿此题可以证明

$$(\cot x)'=-\csc^2 x$$

1.4.3 复合函数的求导法则

定理 1-8 设 $y=f(u)$,$u=g(x)$,且 $g(x)$ 在点 x 处可导,$f(u)$ 在相应的点 u 处可导,则复合函数 $y=f[g(x)]$ 在点 x 处可导,且

$$(f[g(x)])'=f'(u)g'(x) \tag{1-28}$$

或写作

$$\frac{\mathrm{d}y}{\mathrm{d}x}=\frac{\mathrm{d}y}{\mathrm{d}u}\cdot\frac{\mathrm{d}u}{\mathrm{d}x} \tag{1-29}$$

显然,复合函数求导定理中的式(1-28)或式(1-29)可以推广到多个函数复合的情形。例如,如果 $y=f(u)$,$u=g(v)$,$v=h(x)$满足定理 1-8 的条件,则有

$$\frac{\mathrm{d}y}{\mathrm{d}x}=\frac{\mathrm{d}y}{\mathrm{d}u}\cdot\frac{\mathrm{d}u}{\mathrm{d}v}\cdot\frac{\mathrm{d}v}{\mathrm{d}x}$$

上式右端按 $y\to u\to v\to x$ 的顺序求导,通常称为**链式法则**。

例 1-29 求函数 $U=\sin\left(5t-\frac{\pi}{2}\right)$的导数。

解 本题是 $U=\sin\theta$ 和 $\theta=5t-\frac{\pi}{2}$复合而成,因此

$$\frac{\mathrm{d}U}{\mathrm{d}t}=\frac{\mathrm{d}U}{\mathrm{d}\theta}\cdot\frac{\mathrm{d}\theta}{\mathrm{d}t}=\cos u\times 5=5\cos\left(5t-\frac{\pi}{2}\right)$$

实际应用复合函数求导法则时,不一定要明确写出中间变量,只需自己记清楚就可以了。对于本题,可以如下解答。

$$U'(t)=\cos\left(5t-\frac{\pi}{2}\right)\left(5t-\frac{\pi}{2}\right)'=5\cos\left(5t-\frac{\pi}{2}\right)$$

例 1-30 求函数 $f(x)=x^\mu$ 的导数。

解 当 $x>0$ 时,将原来的函数改写成 $f(x)=\mathrm{e}^{\mu\ln x}$,根据复合函数求导法则有

$$f'(x)=\mathrm{e}^{\mu\ln x}(\mu\ln x)'=x^\mu\cdot\frac{\mu}{x}=\mu x^{\mu-1}$$

当 $x<0$ 时,将原来的函数改写成 $f(x)=\mathrm{e}^{\mu\ln(-x)}$,也可得到 $f'(x)=\mu x^{\mu-1}$。显然,$f'(x)=\mu x^{\mu-1}$对 $x=0$ 也成立。

所以,对任意 $x\in\mathbf{R}$,有

$$(x^\mu)'=\mu x^{\mu-1}$$

$\mu=2,\mu=3,\mu=1,\mu=-1,\mu=\frac{1}{2}$是比较常见的情况,它们的导数如下。

$$(x^2)'=2x$$
$$(x^3)'=3x^2$$

$$x' = 1$$

$$\left(\frac{1}{x}\right)' = -\frac{1}{x^2}$$

$$(\sqrt{x})' = \frac{1}{2\sqrt{x}}$$

1.4.4 隐函数求导法

凡是因变量 y 用自变量 x 的表达式表示的函数 $y=f(x)$ 称为**显函数**。前面介绍的求导法适用于显函数。但有时两个变量之间的函数关系由一个方程 $F(x,y)=0$ 确定，这种由方程所确定的函数称为**隐函数**。有些隐函数可以变换为显函数，但也有不能变换为显函数的。对隐函数求导就是把其中的一个变量看成另一个变量的函数(虽然并没有用显函数表示)。

例 1-31　求由方程 $xy+y-x-8=0$ 所确定的函数 $y=y(x)$ 的导数。

解　方法 1　本题可以变换为显函数 $y=1+\frac{7}{x+1}$，因此

$$y' = -\frac{7}{(x+1)^2} \tag{1-30}$$

方法 2　原方程两边分别对 x 求导(注意：y 是 x 的函数)，得

$$(xy)' + y' - x' = y + xy' + y' - 1 = 0$$

因此

$$y' = \frac{-y+1}{x+1} \tag{1-31}$$

方法 2 就是**隐函数求导法**。对于一般的隐函数，所求得的导数应该是自变量 x 和因变量 y 的函数，解到这一步就可以了。具体到本题，因为可以转换为显函数，所以，可以从原方程解出 y，再代入式(1-31)就得到式(1-30)了。

例 1-32　用隐函数求导法求函数 $y=\arcsin x$ 的导数。

解　为了用隐函数求导法求函数 $y=\arcsin x$ 的导数，将它改写成 $x=\sin y$，两边对 x 求导，得

$$1 = \cos y \cdot y'$$

因为函数 $y=\arcsin x$ 的定义域是 $[-1,1]$，值域是 $\left[-\frac{\pi}{2},\frac{\pi}{2}\right]$，因此 $\cos y \geqslant 0$，所以

$$y' = \frac{1}{\cos y} = \frac{1}{\sqrt{1-\sin^2 y}} = \frac{1}{\sqrt{1-x^2}}$$

即

$$(\arcsin x)' = \frac{1}{\sqrt{1-x^2}}$$

仿此题可以证明

$$(\arccos x)' = -\frac{1}{\sqrt{1-x^2}}$$

例 1-33　求椭圆 $\frac{x^2}{16}+\frac{y^2}{9}=1$ 在点 $\left(2\sqrt{2},\frac{3\sqrt{2}}{2}\right)$ 处的切线方程。

解 把椭圆方程两边分别对 x 求导,有

$$\frac{x}{8}+\frac{2}{9}yy'=0$$

从而有

$$y'=-\frac{9x}{16y}$$

将 $x=2\sqrt{2}$,$y=\frac{3\sqrt{2}}{2}$代入上式得

$$y'\Big|_{x=2\sqrt{2},\,y=\frac{3\sqrt{2}}{2}}=-\frac{3}{4}$$

将有关数据代入切线方程式(1-20)得

$$y-\frac{3\sqrt{2}}{2}=-\frac{3}{4}(x-2\sqrt{2})$$

整理后得

$$3x+4y-12\sqrt{2}=0$$

读者可以在直角坐标系中画出该椭圆和所求的切线进行验证。

1.4.5 基本初等函数的导数公式

基本初等函数的导数非常重要,大部分已经推导过了,希望读者牢记。

(1) $c'=0$(c 为常数)　　(2) $(x^{\mu})=\mu x^{\mu-1}$

(3) $(a^x)'=a^x\ln a$　　(4) $(\mathrm{e}^x)'=\mathrm{e}^x$

(5) $(\ln x)'=\frac{1}{x}$　　(6) $(\log_a x)'=\frac{1}{x\ln a}$

(7) $(\sin x)'=\cos x$　　(8) $(\cos x)'=-\sin x$

(9) $(\tan x)'=\sec^2 x$　　(10) $(\cot x)'=-\csc^2 x$

(11) $(\arcsin x)'=\frac{1}{\sqrt{1-x^2}}$　　(12) $(\arccos x)'=-\frac{1}{\sqrt{1-x^2}}$

(13) $(\arctan x)'=\frac{1}{1+x^2}$　　(14) $(\mathrm{arccot}\,x)'=-\frac{1}{1+x^2}$

1.4.6 求导例题

例 1-34 求下列函数的导数(其中只有 x、t 是自变量)。

(1) $y=\frac{x^3-5x^2-x-3}{x^2}$　　(2) $f(x)=(3x^2-2x+3)^3$

(3) $y=a^t+a^{-t}$　　(4) $y=\ln(x+\sqrt{x^2+a^2})$

解 (1) $y'=(x-5-x^{-1}-3x^{-2})'=1+x^{-2}-3(-2)x^{-3}=\frac{x^3+x+6}{x^3}$

这一类函数的特点是:分母只是 x 的幂函数。对这类函数用负指数方法最简便,如果用函数相除的求导公式(1-23)也可以解,但比较麻烦。

(2) $f'(x)=3(3x^2-2x+3)^2(3x^2-2x+3)'$

$=3(3x^2-2x+3)^2(6x-2)=6(3x-1)(3x^2-2x+3)^2$

对括号的若干次方这一类函数求导用复合函数求导法最简便，一般不要把括号展开。

(3) $\frac{dy}{dt}=a^t\ln a+a^{-t}\ln a\cdot(-t)'=(a^t-a^{-t})\ln a$

(4) $y'=\frac{(x+\sqrt{x^2+a^2})'}{x+\sqrt{x^2+a^2}}=\frac{1}{x+\sqrt{x^2+a^2}}\left(1+\frac{2x}{2\sqrt{x^2+a^2}}\right)=\frac{1}{\sqrt{x^2+a^2}}$

例 1-35　求下列函数在指定点的导数值。

(1) $y=\ln\frac{\sqrt{x+1}-1}{\sqrt{x+1}+1}$，求 $y'(1)$。

(2) $f(x)=\frac{1}{\sqrt{2\pi}\sigma}e^{\frac{(x-\mu)^2}{2\sigma^2}}$ (μ、σ 是常数，$\sigma>0$)，求 $\left.\frac{dy}{dx}\right|_{x=\mu}$。

解　(1) 因为

$$\begin{aligned}y'&=[\ln(\sqrt{x+1}-1)]'-[\ln(\sqrt{x+1}+1)]'\\&=\frac{(\sqrt{x+1}-1)'}{\sqrt{x+1}-1}-\frac{(\sqrt{x+1}+1)'}{\sqrt{x+1}+1}\\&=\frac{1}{\sqrt{x+1}-1}\cdot\frac{1}{2\sqrt{x+1}}-\frac{1}{\sqrt{x+1}+1}\cdot\frac{1}{2\sqrt{x+1}}\\&=\frac{1}{2\sqrt{x+1}}\cdot\frac{\sqrt{x+1}+1-(\sqrt{x+1}-1)}{(\sqrt{x+1}-1)(\sqrt{x+1}+1)}=\frac{1}{x\sqrt{x+1}}\end{aligned}$$

所以

$$y'(1)=\frac{1}{1\times\sqrt{1+1}}=\frac{\sqrt{2}}{2}$$

(2) 因为

$$\begin{aligned}\frac{dy}{dx}&=\frac{1}{\sqrt{2\pi}\sigma}e^{-\frac{(x-\mu)^2}{2\sigma^2}}\frac{d}{dx}\left[-\frac{(x-\mu)^2}{2\sigma^2}\right]\\&=\frac{1}{\sqrt{2\pi}\sigma}e^{-\frac{(x-\mu)^2}{2\sigma^2}}\left[-\frac{2(x-\mu)}{2\sigma^2}\right]\\&=-\frac{x-\mu}{\sqrt{2\pi}\sigma^3}e^{-\frac{(x-\mu)^2}{2\sigma^2}}\end{aligned}$$

所以

$$\left.\frac{dy}{dx}\right|_{x=\mu}=-\frac{\mu-\mu}{\sqrt{2\pi}\sigma^3}e^{-\frac{(\mu-\mu)^2}{2\sigma^2}}=0$$

函数 $f(x)=\frac{1}{\sqrt{2\pi}\sigma}e^{-\frac{(x-\mu)^2}{2\sigma^2}}$ 就是第 4 章将要介绍的正态分布的概率密度函数。

1.5　高阶导数

在 1.3 节中已经说明：变速直线运动中，速度函数 $v(t)$ 是路程函数 $s=f(t)$ 对时间 t 的导数，即

$$v(t)=\frac{\mathrm{d}s}{\mathrm{d}t}=f'(t)$$

而加速度 a 又是速度 v 对时间 t 的导数,即

$$a=\frac{\mathrm{d}v}{\mathrm{d}t}=\frac{\mathrm{d}}{\mathrm{d}t}\left(\frac{\mathrm{d}s}{\mathrm{d}t}\right) \quad 或 \quad a=\frac{\mathrm{d}}{\mathrm{d}t}[f'(t)]=[f'(t)]'$$

这种导数的导数$\frac{\mathrm{d}}{\mathrm{d}t}\left(\frac{\mathrm{d}s}{\mathrm{d}t}\right)$或$[f'(t)]'$称为二阶导数,记作

$$\frac{\mathrm{d}^2 s}{\mathrm{d}t^2} \quad 或 \quad f''(t)$$

一般地,函数 $y=f(x)$的导数 $y'=f'(x)$仍然是 x 的函数,$y'=f'(x)$的导数称为函数 $y=f(x)$的**二阶导数**,记作 y''或$\frac{\mathrm{d}^2 y}{\mathrm{d}x^2}$,即

$$y''=(y')' \quad 或 \quad \frac{\mathrm{d}^2 y}{\mathrm{d}x^2}=\frac{\mathrm{d}}{\mathrm{d}x}\left(\frac{\mathrm{d}y}{\mathrm{d}x}\right)$$

相应地,函数 $y=f(x)$的导数 $y'=f'(x)$称为函数 $y=f(x)$的**一阶导数**。类似地,二阶导数的导数称为**三阶导数**,三阶导数的导数称为**四阶导数**……$(n-1)$阶导数的导数称为 ***n* 阶导数**,分别记作

$$y''',y^{(4)},\cdots,y^{(n)}$$

或

$$\frac{\mathrm{d}^3 y}{\mathrm{d}x^3},\frac{\mathrm{d}^4 y}{\mathrm{d}x^4},\cdots,\frac{\mathrm{d}^n y}{\mathrm{d}x^n}$$

二阶及二阶以上的导数称为**高阶导数**。求高阶导数就是接连多次求导,因此前面介绍的求导方法都能用。

例 1-36 求 $y=4x^3-3x^2+x-5$ 的四阶导数。

解

$$y'=12x^2-6x+1$$
$$y''=24x-6$$
$$y'''=24$$
$$y^{(4)}=0$$

1.6 微分及其应用

1.6.1 微分的定义

在介绍微分的定义以前,先看一个实例。一块正方形均质金属薄片因为受热膨胀,其边长由 x_0 变到 $x_0+\Delta x$,如图 1-11 所示。现在求此薄片面积的增加量。

正方形的面积 A 与边长 x 的函数关系为:$A=x^2$。据此,薄片面积的增加量可以看成当自变量 x 自 x_0 取得增量 Δx 时,函数 $A=x^2$ 相应的增量 ΔA,即

$$\Delta A=(x_0+\Delta x)^2-x_0^2=2x_0\Delta x+(\Delta x)^2$$

ΔA 的几何意义很明显,ΔA 由两部分构成:第一部分 $2x_0\Delta x$ 是 Δx 的**线性函数**,是图 1-11中画斜线的两个小矩形面积之和;第二部分$(\Delta x)^2$ 是图 1-11 中画交叉线的小正

方形的面积。一般情况下，Δx 很小，因此 $(\Delta x)^2$ 更小。当 $\Delta x \to 0$ 时，$(\Delta x)^2$ 是 Δx 的高阶无穷小，即 $(\Delta x)^2 = o(\Delta x)(\Delta x \to 0)$。所以，当 Δx 很小时，$2x_0\Delta x$ 是 ΔA 的很好的近似，即

$$\Delta A \approx 2x_0\Delta x$$

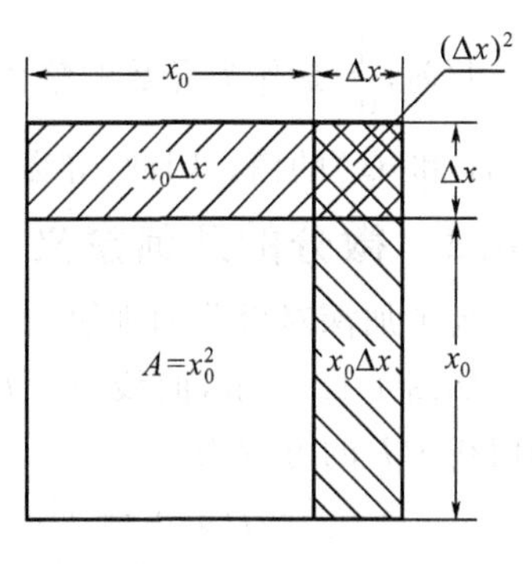

图　1-11

定义 1-18　设函数 $y=f(x)$ 在某区间内有定义，x_0 及 $x_0+\Delta x$ 在该区间内，如果函数的增量 Δy 可表示为

$$\Delta y = A\Delta x + o(\Delta x) \tag{1-32}$$

其中，A 是不依赖于 Δx 的常数，$o(\Delta x)$ 是 Δx 的高阶无穷小，则称函数 $y=f(x)$ 在点 x_0 是可微的，而 $A\Delta x$ 称为函数 $y=f(x)$ 在点 x_0 相应于自变量增量 Δx 的**微分**，记作 $\mathrm{d}y$，即

$$\mathrm{d}y = A\Delta x \tag{1-33}$$

当 $A\neq 0$ 时，$A\Delta x$ 是 Δy 的主要部分 $(\Delta x\to 0)$。由于 $A\Delta x$ 是 Δx 的线性函数，因此微分 $\mathrm{d}y(A\Delta x)$ 称为 Δy 的**线性主部** $(\Delta x\to 0)$；而且，当 Δx 很小时，有

$$\Delta y \approx \mathrm{d}y \tag{1-34}$$

下面不加证明地介绍关于函数在某点可微的条件，以及该函数可微时常数 A 的计算方法的定理。

定理 1-9　函数 $y=f(x)$ 在点 x_0 可微的充分必要条件是该函数在点 x_0 可导。此时 $A=f'(x_0)$，即有

$$\mathrm{d}y = f'(x_0)\Delta x \tag{1-35}$$

【说明】　函数可微和可导是等价的。

例 1-37　求函数 $y=x^3$ 在 $x=1$ 处，且 $\Delta x=0.1$ 和 $\Delta x=0.01$ 时的增量和微分。

解　由 $y'=3x^2$ 得 $y'(1)=3$。

(1) $\Delta x=0.1$ 时，有

$$\Delta y = (1+0.1)^3 - 1^3 = 0.331$$
$$\mathrm{d}y = y'(1)\Delta x = 3\times 0.1 = 0.3$$

(2) $\Delta x=0.01$ 时，有

$$\Delta y = (1+0.01)^3 - 1^3 = 0.030\,301$$
$$\mathrm{d}y = y'(1)\Delta x = 3\times 0.01 = 0.03$$

函数 $y=f(x)$ 在任意点 x 的微分称为**函数的微分**，记作 $\mathrm{d}y$ 或 $\mathrm{d}f(x)$，即

$$\mathrm{d}y = f'(x)\Delta x$$

显然，函数的微分与 x 和 Δx 的值有关。

通常把自变量 x 的增量称为**自变量的微分**，记作 $\mathrm{d}x$，即 $\mathrm{d}x=\Delta x$。于是函数 $y=f(x)$ 的微分又可记作

$$\mathrm{d}y = f'(x)\mathrm{d}x \tag{1-36}$$

从而有

$$\frac{\mathrm{d}y}{\mathrm{d}x} = f'(x)$$

此前,$\frac{dy}{dx}$是作为导数的整体符号介绍的。有了微分的概念后,可以把它看成两个微分(dy 和 dx)的商。因此,导数又称为**微商**。

1.6.2 微分的几何意义

为了加深对微分的理解,这里介绍微分的几何意义。

如图 1-12 所示,曲线 $y=f(x)$在点$(x_0,f(x_0))$处的切线 PT 的方程为

$$y-f(x_0)=f'(x_0)(x-x_0)$$

若记 $\Delta x=x-x_0$,则上式变成

$$y-f(x_0)=f'(x_0)\Delta x$$

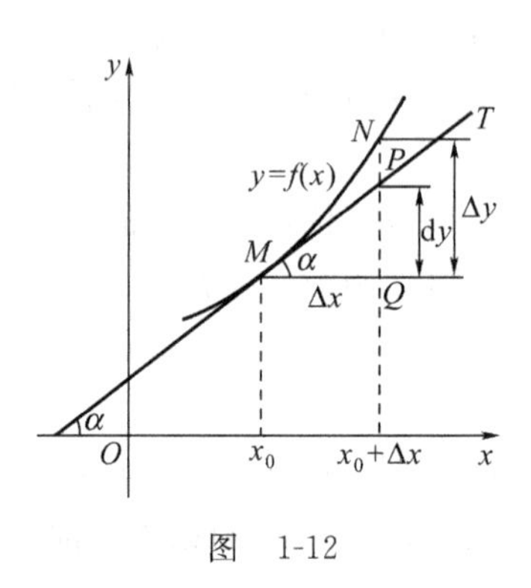

图 1-12

上式右端正是微分 dy。因此可见,微分 dy 就是当 x 在 x_0 取得增量 Δx 时曲线在点$(x_0,f(x_0))$处的切线 PT 的纵坐标的相应增量,而 Δy 是同样条件下曲线 $y=f(x)$的纵坐标的相应增量。$\Delta y-dy$ 是 Δx 的高阶无穷小,当$|\Delta x|$很小时,$|\Delta y-dy|$比$|\Delta x|$小得多。因此在自变量变化很小的范围内,可以用线性函数近似代替非线性函数,从而使计算变得比较简单,并能保证足够的精度,详见 1.6.4 小节的各个例题。

1.6.3 基本初等函数的微分公式与微分运算法则

1. 基本初等函数的微分公式

根据式(1-32),由基本初等函数的导数公式可以直接得到基本初等函数的微分公式。

(1) $dC=0$(C 为常数)　　(2) $dx^{\mu}=\mu x^{\mu-1}dx$

(3) $da^x=a^x\ln a dx$　　(4) $de^x=e^x dx$

(5) $d\ln x=\frac{dx}{x}$　　(6) $d\log_a x=\frac{dx}{x\ln a}$

(7) $d\sin x=\cos x dx$　　(8) $d\cos x=-\sin x dx$

(9) $d\tan x=\sec^2 x dx$　　(10) $d\cot x=-\csc^2 x dx$

(11) $d\arcsin x=\frac{dx}{\sqrt{1-x^2}}$　　(12) $d\arccos x=-\frac{dx}{\sqrt{1-x^2}}$

(13) $d\arctan x=\frac{dx}{1+x^2}$　　(14) $d\text{arccot} x=-\frac{dx}{1+x^2}$

2. 微分运算法则

正因为微分和导数是密切相关的,所以它们有相似的运算法则。下面是微分的四则运算法则。

设函数 $u=u(x)$、$v=v(x)$可微,则

(1) $d(u\pm v)=du\pm dv$

(2) $d(uv)=vdu+udv$

(3) $d(Cu)=Cdu$(C 为常数)

(4) $d\left(\frac{u}{v}\right)=\frac{vdu-udv}{v^2}$

3. 复合函数的微分法则

复合函数的微分法则推导如下。

设 $y=f(u)$、$u=\varphi(x)$，则复合函数 $y=f[\varphi(x)]$的微分为

$$dy = y'_x dx = f'(u)\varphi'(x)dx$$

由于 $\varphi'(x)dx=du$，所以复合函数 $y=f[\varphi(x)]$的微分公式也可以写成

$$dy = f'(u)du \quad 或 \quad dy = y'_u du$$

将此式与式(1-36)对比可知，无论 u 是自变量还是另一个变量的可微函数，微分形式 $dy=f'(u)du$ 保持不变。这一性质称为**微分形式的不变性**。

与复合函数求导一样，求复合函数的微分可以不写出中间变量。

例 1-38 $y=x^3-3x^2+x-5$，求 dy。

解 $$dy=y'dx=(3x^2-6x+1)dx$$

例 1-39 $u=\sin(\omega t+\varphi)$(ω、φ 为常数)，求 du。

解 $$du=d\sin(\omega t+\varphi)=\cos(\omega t+\varphi)d(\omega t+\varphi)=\omega\cos(\omega t+\varphi)dt$$

1.6.4 微分在近似计算中的应用

在实际问题中，经常会遇到一些按复杂公式进行的计算。如果能利用微分就可以用简单的计算得到满意的近似值。

根据前面的介绍，如果 $y=f(x)$在点 x_0 处有导数 $y=f'(x_0)$，且$|\Delta x|$很小时，有

$$\Delta y \approx f'(x_0)\Delta x \tag{1-37}$$

将 $\Delta y=f(x_0+\Delta x)-f(x_0)$代入式(1-37)可得

$$f(x_0+\Delta x) \approx f(x_0)+f'(x_0)\Delta x \tag{1-38}$$

在式(1-38)中令 $x=x_0+\Delta x$，则可得

$$f(x) \approx f(x_0)+f'(x_0)(x-x_0) \tag{1-39}$$

如果 $f(x_0)$和 $f'(x_0)$都比较容易计算，就可以利用式(1-37)、式(1-38)和式(1-39)计算有关量的近似值。

例 1-40 利用微分求 $\sqrt{50}$的近似值。

解 因为最接近 50 的完全平方数是 49。所以，利用函数 $f(x)=\sqrt{x}$，并取 $x_0=49$ 和 $\Delta x=1$ 解本题。由于

$$f'(49)=(\sqrt{x})'\Big|_{x=49}=\frac{1}{2\sqrt{x}}\Big|_{x=49}=\frac{1}{2\times 7}=0.0714$$

所以

$$\sqrt{50}\approx f(49)+f'(49)\times 1=\sqrt{49}+0.0714\times 1=7.0714$$

实际上，$\sqrt{50}$精确到小数点后 6 位的近似值是 7.071 068。这表明，前面的近似值已精确到小数点后第 3 位了。

如果在式(1-39)中取 $x_0=0$，则得

$$f(x)\approx f(0)+f'(0)x \tag{1-40}$$

利用式(1-40)可以推导出下面几个常用的近似公式,这些公式很有实用价值。在这些公式中都假定$|x|$相对于1来说是很小的数,并且$|x|$越小,近似程度越好。

(1) $\sqrt[n]{1+x}\approx 1+\frac{1}{n}x$

(2) $\sin x\approx x$ (x用弧度)

(3) $\tan x\approx x$ (x用弧度)

(4) $e^x\approx 1+x$

(5) $\ln(1+x)\approx x$

针对具体问题,需要灵活运用这些公式。

例 1-41 利用公式$\sqrt[n]{1+x}\approx 1+\frac{1}{n}x$重解例1-40。

解 不能将$\sqrt{50}$变为$\sqrt{1+49}$,再在公式$\sqrt[n]{1+x}\approx 1+\frac{1}{n}x$中令$x=49$来计算$\sqrt{50}$的近似值,因为$x=49$相对1来说太大了。现在换一种变换方式:$\sqrt{50}=\sqrt{49+1}=7\sqrt{1+\frac{1}{49}}$,这时$x=\frac{1}{49}$相对于1就很小了,这样就有

$$\begin{aligned}\sqrt{50}&=\sqrt{49+1}=7\sqrt{1+\frac{1}{49}}\approx 7\times\left(1+\frac{1}{2}\times\frac{1}{49}\right)\\&=7\times(1+0.0102)=7.0714\end{aligned}$$

1.7 本章小结

本章介绍了函数、极限、导数和微分的基础知识。关于函数,重点是熟练掌握各种函数的定义域、值域;关于极限,重点是深刻理解它的概念,知道简单极限的计算方法,知道极限存在和函数连续的关系;关于导数和微分,重点是熟练掌握导数和微分的概念、各种求导法则和方法、基本初等函数的导数公式和微分公式。

下面是本章的知识要点和要求。

(1) 掌握函数定义域的求法。

(2) 知道函数的几种特性。

(3) 知道反函数的概念,会求一个函数的反函数。

(4) 深刻理解复合函数的概念,懂得复合函数的复合过程。

(5) 深刻理解数列的极限和函数极限的概念,掌握极限的四则运算法则。

(6) 知道函数连续的概念,知道初等函数在其定义区间内都是连续的,并且有$\lim\limits_{x\to x_0}f(x)=f(x_0)$。

(7) 记住两个重要极限。

(8) 知道无穷小量、无穷大量的概念。

(9) 深刻理解导数的概念和它的几何意义,会求曲线上某点处的切线方程。

(10) 知道函数可导的充分必要条件。

(11) 知道可导函数一定连续，连续函数不一定可导。

(12) 熟练掌握导数的四则运算法则和复合函数的求导法则，知道隐函数的求导法则。

(13) 熟记基本初等函数的导数公式和微分公式。

(14) 理解微分的概念。

(15) 记住常用的几个近似公式，会利用微分和这几个近似公式进行近似计算。

习　　题

一、判断题(下列各命题中，哪些是正确的，哪些是错误的？)

1-1　两个奇函数的积是奇函数。　(　　)

1-2　若 $f(x)$ 的周期是 2π，$g(x)$ 的周期是 π，则 $f(x)+g(x)$ 的周期是 3π。　(　　)

1-3　任何两个函数都可以复合成一个函数。　(　　)

1-4　无穷小量的倒数是无穷大量。　(　　)

1-5　两个无穷小量的差是无穷小量。　(　　)

1-6　若 $\lim f(x)$ 是无穷大量，则 $\lim kf(x)\ (k\neq 0)$ 也是无穷大量。　(　　)

1-7　无穷小量除以无穷大量是无穷小量。　(　　)

1-8　如果函数 $f(x)$ 在点 $x=2$ 处连续，则必定 $\lim\limits_{x\to 2}f(x)=f(2)$。　(　　)

1-9　如果函数 $f(x)$ 在点 $x=2$ 处不连续，则必定 $\lim\limits_{x\to 2}f(x)\neq f(2)$。　(　　)

1-10　两个连续函数的和在其定义区间内是连续函数。　(　　)

1-11　6 类基本初等函数在其定义域内都是连续的。　(　　)

1-12　如果函数 $f(x)$ 在点 x_0 处可导，则函数 $f(x)$ 在点 x_0 处一定连续。　(　　)

1-13　如果函数 $f(x)$ 在点 x_0 处连续，则函数 $f(x)$ 在点 x_0 处一定可导。　(　　)

1-14　如果函数 $f(x)$ 在点 x_0 处可导，则函数 $f(x)$ 在点 x_0 处一定可微。　(　　)

1-15　如果函数 $f(x)$ 在点 x_0 处可微，则函数 $f(x)$ 在点 x_0 处一定连续。　(　　)

二、单项选择题

1-1　若函数 $f(u)$ 的定义域是 $(1,5)$，则 $y=f(x-2)-f(x+1)$ 的定义域是________。

A. $(1,5)$　　B. $(2,3)$　　C. $(3,4)$　　D. $(0,3)$

1-2　下列各函数中只有________是奇函数。

A. $y=x^2+\sin x$　　B. $y=2x^3+3x^2-x$

C. $y=\log_2(\sqrt{x^2+1}+x)$　　D. $y=\log_2(x^4+1+x^2)$

1-3　下列各函数中只有________是偶函数。

A. $y=\cos\left(x+\dfrac{\pi}{4}\right)$　　B. $y=\sin x+\lg x$

C. $y=\dfrac{a^x-a^{-x}}{2}\ (a>0,a\neq 1)$　　D. $y=\dfrac{a^x+a^{-x}}{2}\ (a>0,a\neq 1)$

三、填空题

1-1 点 x_0 和数 δ 分别称为邻域 $U(x_0,\delta)$的________和________。

1-2 表示函数有________、________、表格法等方法。

1-3 奇函数与偶函数的商是________函数。

1-4 若 $f(x)$的周期是 2π,则 $f(4x)$的周期是________。

1-5 只有当________和________都存在并且相等时,$\lim\limits_{x\to 2}f(x)$才存在并与前两者相等。

1-6 函数 $f(x)$在点 $x=2$ 处连续的充分必要条件是:(1) ____________________;(2) ____________________;(3) ____________________。

1-7 函数 $f(x)$在点 x_0 处可导的充分必要条件是 $f(x)$在点 x_0 处______________。

1-8 函数 $f(x)$在点 x_0 处的导数等于曲线 $f(x)$在____________________。

四、综合题

1-1 求下列函数的定义域。

(1) $y=\lg(3-x)+\arcsin\dfrac{x-1}{5}$　　(2) $y=\dfrac{1}{x}-\sqrt{1-x^2}$

1-2 求下列函数的函数值。

(1) $y=\begin{cases}3x-1 & (x\leqslant 2),\\ 7-x & (x>2),\end{cases}$ 求 $f(3)$、$f(-1)$和 $f[f(6)]$。

(2) $y=3x-2$,求 $f(\sin t)$和 $f[f(a)]$。

1-3 求下列函数的反函数。

(1) $y=2^x+1$　　(2) $y=\dfrac{1+x}{1-x}$

1-4 指出下列各函数的复合过程。

(1) $f(x)=\mathrm{e}^{\frac{1}{x}}$　　(2) $w=\ln(\cos x)$　　(3) $y=\sin^2\omega t$,(ω 为常数)

1-5 设 $f(x)=x^2$,$g(x)=\sin x$,$h(x)=\ln x$,求 $f[g(x)]$、$g[f(x)]$、$h[g(x)]$和 $g\{h[f(x)]\}$。

1-6 根据极限的定义,判断下列各数列是否有极限,对于有极限的数列指出其极限。

(1) $\dfrac{1}{2},-\dfrac{1}{4},\dfrac{1}{8},-\dfrac{1}{16},\cdots,(-1)^{n+1}\dfrac{1}{2^n},\cdots$

(2) $1,\dfrac{1}{2},1,\dfrac{1}{4},1,\dfrac{1}{6},\cdots,1,\dfrac{1}{2n},\cdots$

1-7 求下列极限。

(1) $\lim\limits_{x\to 0}\dfrac{x^2+3x-2}{2x-1}$　　(2) $\lim\limits_{x\to \frac{\pi}{4}}(\sin x+\tan x)$

(3) $\lim\limits_{x\to 2}\dfrac{x^2-4x+4}{x^2-4}$　　(4) $\lim\limits_{h\to 0}\dfrac{(x+h)^2-x^2}{h}$

1-8 求下列极限。

(1) $y=\lim\limits_{x\to 5}\dfrac{x-5}{\sqrt{x+4}-3}$　　(2) $\lim\limits_{x\to \infty}\dfrac{4x^4+2x^2-3x+5}{3x^4+x^3-5x^2+2}$

(3) $\lim\limits_{x\to 2}\left(\frac{2x-1}{x-2}-\frac{x^2+5}{x^2-x-2}\right)$　　(4) $\lim\limits_{x\to 1}\frac{x^2+5x}{x^2-1}$

1-9　求下列极限。

(1) $\lim\limits_{x\to 0}\frac{\sin 3x}{2x}$　　(2) $\lim\limits_{x\to 0}\frac{\tan x-\sin x}{\sin^3 x}$

(3) $\lim\limits_{x\to \infty}\left(1+\frac{1}{2x}\right)^{5x}$　　(4) $\lim\limits_{x\to 0}\frac{e^{2x}-1}{x}$

1-10　根据导数定义求函数 $y=f(x)=x^3$ 在 $x=-1$ 处的导数 $f'(-1)$。

1-11　求曲线 $y=x^2-2x$ 在点(2,0)处的切线方程。

1-12　求下列函数的导数(其中只有 x,t 是自变量)。

(1) $y=2x^3-3x^2+5$　　(2) $f(x)=\frac{x^2-3x+2}{x}$

(3) $y=x(\ln x-3)$　　(4) $w=(2t+5)^3$

(5) $s=t\sin\omega t$　　(6) $y=\arctan(2x-1)$

(7) $y=\sqrt{x+\sqrt{x}}$　　(8) $y=\frac{1-\cos 3t}{1+\sin 3t}$

1-13　求下列函数在指定点的导数值。

(1) $y=\sin x+\cos x$,求 $y'\left(\frac{\pi}{6}\right)$。

(2) $f(x)=\frac{3}{5-x}+\frac{x^2}{4}$,求 $f'(0)$和 $f'(2)$。

(3) $\rho=\varphi\sin\varphi+\cos\varphi$,求$\left.\frac{d\rho}{d\varphi}\right|_{\varphi=\frac{\pi}{4}}$。

1-14　求由方程 $x^2+2xy-2x-y^2=0$ 所确定的函数 $y=y(x)$在点(2,0)的导数值 $y'|_{(2,0)}$。

1-15　求曲线 $4x^2-xy+y^2=6$ 在点(1,−1)处的切线方程。

1-16　求 $y=x^4+2x^2-3x+6$ 的3阶导数。

1-17　求 $y=e^x$ 的 n 阶导数。

1-18　利用微分求 $\sin 31°$的近似值。

1-19　利用近似公式求 $\sqrt[3]{128}$的近似值。

第 2 章

积 分 学

本章要点

(1) 不定积分、定积分的概念和定积分的几何意义。

(2) 不定积分的基本积分公式和线性运算法则。

(3) 求不定积分的变量代换法和分部积分法。

(4) 定积分的性质和微积分基本公式。

(5) 计算定积分的变量代换法和分部积分法。

(6) 简单平面图形面积的计算。

(7) 广义积分的概念和计算。

2.1 不定积分的概念与性质

一元函数微分学的基本问题是求已知函数的导数或微分。在包括计算机科学在内的科学技术和经济管理领域还会遇到与此相反的问题,即已知一个函数的导数,求这个函数。这类问题就是不定积分和定积分要解决的问题,它和微分学一起构成了函数的微积分学。本节首先介绍不定积分。

现实生活中普遍存在着根据一个函数的导数求这个函数的问题。例如,前面已经介绍过,已知物体沿直线方向运动的运动方程 $s=f(t)$,求速度 $v=v(t)$的方法。现在讨论已知物体沿直线方向运动的速度方程 $v=v(t)$,如何求出物体的运动方程 $s=f(t)$。下面先介绍原函数的概念。

定义 2-1 设 $f(x)$为定义在某区间 I 上的已知函数,如果存在函数 $F(x)$,对于该区间上的一切 x,都有

$$F'(x)=f(x) \quad 或 \quad \mathrm{d}F(x)=f(x)\mathrm{d}x \tag{2-1}$$

则称函数 $F(x)$是函数 $f(x)$在该区间上的一个**原函数**。

例如,$F(x)=x^3$ 是 $f(x)=3x^2$ 在$(-\infty,+\infty)$上的一个原函数,而 $F(x)=-\cos x$ 是 $f(x)=\sin x$ 在$(-\infty,+\infty)$上的一个原函数。

实际上,除了函数 $F(x)=-\cos x$ 外,函数 $G(x)=1-\cos x$ 和函数 $H(x)=-\cos x-2$ 也是 $f(x)=\sin x$ 的原函数。这说明一个函数的原函数不是唯一的。

对上述比较简单的函数，可以从求导公式反推得到它的原函数，但对于比较复杂的函数就不这么简单了。研究原函数首先必须回答以下两个问题：

(1) 是不是任意给出的函数都有原函数？在什么条件下，一个函数存在原函数？

(2) 如果存在原函数，原函数有多少个？这些原函数相互间有什么关系？

下面的定理2-1和定理2-2回答了这两个问题。

定理2-1 若函数 $f(x)$ 在区间 I 上连续，则 $f(x)$ 在区间 I 上存在原函数 $F(x)$。

由于初等函数在其有定义的区间上是连续的。因此，根据定理2-1可知，初等函数在其定义区间上存在原函数。

定理2-2 如果函数 $F(x)$ 是 $f(x)$ 在区间 I 上的一个原函数，则

(1) $F(x)+C$ 也是 $f(x)$ 在区间 I 上的原函数，其中 C 为任意常数；

(2) $f(x)$ 在区间 I 上的任意两个原函数之间相差一个常数。

定理2-2表明，如果找到了 $f(x)$ 的一个原函数 $F(x)$，那么 $F(x)+C$ 也是 $f(x)$ 的原函数；而 $f(x)$ 的其他任意一个原函数，与 $F(x)$ 之间只相差一个常数，因此 $f(x)$ 的全体原函数可以表达为 $F(x)+C$。

定义2-2 $f(x)$ 在区间 I 上的全体原函数称为 $f(x)$ 在区间 I 上的**不定积分**，记作

$$\int f(x)\mathrm{d}x$$

其中，$\int$ 称为**积分号**，$f(x)$ 称为**被积函数**，$f(x)\mathrm{d}x$ 称为**被积表达式**，x 称为**积分变量**。

若 $F(x)$ 是 $f(x)$ 在区间 I 上的一个原函数，根据定义2-2和定理2-2，有

$$\int f(x)\mathrm{d}x = F(x) + C \tag{2-2}$$

其中，C 是任意常数，称为**积分常数**。一般情况下积分常数用字母 C 表示，需要时，也可用 A，B 或 C_1，C_2 等表示。

根据定义2-2可得到不定积分的两个关系式。

(1) $\left[\int f(x)\mathrm{d}x\right]' = f(x)$ 或 $\mathrm{d}\left(\int f(x)\mathrm{d}x\right) = f(x)\mathrm{d}x$ (2-3)

(2) $\int F'(x)\mathrm{d}x = F(x) + C$ 或 $\int \mathrm{d}F(x) = F(x) + C$ (2-4)

这说明：如果对一个函数先积分再求导，结果还是原来的函数；如果对它先求导再积分，其结果与原来的函数相差一个任意常数。

例2-1 求 $\int x^3\mathrm{d}x$。

解 由于 $\left(\frac{x^4}{4}\right)' = x^3$，所以 $\frac{x^4}{4}$ 是 x^3 的一个原函数，因此

$$\int x^3\mathrm{d}x = \frac{x^4}{4} + C$$

例2-2 求 $\int \frac{\mathrm{d}x}{x}\ (x\neq 0)$。

解 当 $x>0$ 时，$(\ln x)' = \frac{1}{x}$；当 $x<0$ 时，$[\ln(-x)]' = \frac{-1}{-x} = \frac{1}{x}$，所以 $\ln|x|$ 是 $\frac{1}{x}$ 的

一个原函数,因此

$$\int \frac{\mathrm{d}x}{x} = \ln|x| + C$$

2.2 不定积分的计算

2.2.1 基本积分公式

前面介绍了不定积分的有关概念,并没有涉及如何去求一个已知函数的不定积分。例2-1和例2-2说明,求已知函数的不定积分,可以先找出一个原函数,再加上任意常数,就得到该已知函数的不定积分。但是,与求函数的导函数相比较,求函数的不定积分要困难得多。

从本节开始陆续介绍求不定积分的基本方法。

既然积分运算是微分运算的逆运算,就可以从基本初等函数的导数公式逆推得到下面的**基本积分公式**。

(1) $\int 1\mathrm{d}x = \int \mathrm{d}x = x + C$

(2) $\int x^{\mu}\mathrm{d}x = \frac{x^{\mu+1}}{\mu+1} + C$

(3) $\int \frac{\mathrm{d}x}{x} = \ln|x| + C$

(4) $\int a^{x}\mathrm{d}x = \frac{a^{x}}{\ln a} + C$

(5) $\int \mathrm{e}^{x}\mathrm{d}x = \mathrm{e}^{x} + C$

(6) $\int \sin x\mathrm{d}x = -\cos x + C$

(7) $\int \cos x\mathrm{d}x = \sin x + C$

(8) $\int \frac{\mathrm{d}x}{\cos^2 x} = \int \sec^2 x\mathrm{d}x = \tan x + C$

(9) $\int \frac{\mathrm{d}x}{\sin^2 x} = \int \csc^2 x\mathrm{d}x = -\cot x + C$

(10) $\int \frac{\mathrm{d}x}{1+x^2} = \arctan x + C = -\mathrm{arccot}\, x + C_1$

(11) $\int \frac{\mathrm{d}x}{\sqrt{1-x^2}} = \arcsin x + C = -\arccos x + C_1$

例 2-3 求 $\int \frac{\mathrm{d}x}{x^2}$。

解 运用基本积分公式(2),其中 $\mu=-2$,则

$$\int \frac{\mathrm{d}x}{x^2} = \int x^{-2}\mathrm{d}x = \frac{1}{-2+1}x^{-2+1} + C = -\frac{1}{x} + C$$

例 2-4 求 $\int 10^{x}\mathrm{d}x$。

解 运用基本积分公式(4),得

$$\int 10^{x}\mathrm{d}x = \frac{10^{x}}{\ln 10} + C$$

2.2.2 不定积分的线性运算法则

基本积分公式只能用来解决被积函数为基本初等函数的导数的几种简单情形,因此

还需要探讨其他方法。下面介绍的不定积分的**线性运算法则**在求不定积分问题时很有用。

(1) $\int kf(x)\mathrm{d}x = k\int f(x)\mathrm{d}x$　(k是非零常数)　(2-5)

(2) $\int [f(x) \pm g(x)]\mathrm{d}x = \int f(x)\mathrm{d}x \pm \int g(x)\mathrm{d}x$　(2-6)

式(2-6)可以推广到多个函数代数和的情形。

根据不定积分的线性运算法则和基本积分公式可以求一些简单函数的不定积分。这样求不定积分的方法称为**直接积分法**。

例 2-5　求 $\int\left(2\sin x - \frac{3}{x} + \sqrt[3]{x}\right)\mathrm{d}x$。

解

$$\begin{aligned}\int\left(2\sin x - \frac{3}{x} + \sqrt[3]{x}\right)\mathrm{d}x &= 2\int \sin x\mathrm{d}x - 3\int \frac{1}{x}\mathrm{d}x + \int \sqrt[3]{x}\,\mathrm{d}x \\ &= -2\cos x + C_1 - 3\ln|x| + C_2 + \frac{3}{4}x^{\frac{4}{3}} + C_3 \\ &= -2\cos x - 3\ln|x| + \frac{3}{4}x^{\frac{4}{3}} + C\end{aligned}$$

分项积分时,每项各有一个积分常数,可以合并成一个积分常数 C。以后在分项积分时,都只要加一个任意常数。

例 2-6　求 $\int \frac{x^2}{1+x^2}\mathrm{d}x$。

解　由于被积函数是有理假分式,因此可以先变换成多项式与真分式之和,再分别积分,即

$$\begin{aligned}\int \frac{x^2}{1+x^2}\mathrm{d}x &= \int\left(1 - \frac{1}{1+x^2}\right)\mathrm{d}x = \int 1\mathrm{d}x - \int \frac{1}{1+x^2}\mathrm{d}x \\ &= x - \arctan x + C\end{aligned}$$

2.2.3　换元法

运用不定积分的线性运算法则,扩大了求解不定积分的运算范围,但可以解决的问题仍十分有限。大量初等函数的原函数并不能如求导数那样有一定的程式可循,需要根据被积函数的类型和特点灵活地运用各种技巧。本节介绍的换元法,就是通过适当的换元,使某些不定积分的被积函数变换成符合基本积分表中的形式,从而得到它的原函数。

按被积函数的不同特点而采用不同的换元形式,换元法通常分为第一类换元法和第二类换元法。

1. 第一类换元法

先讨论两个简单的例题。

例 2-7　求 $\int \sin^3 x\cos x\mathrm{d}x$。

解　本题不能直接用基本积分公式求解。但是,被积函数中既有 $\sin^3 x$ 又有 $\cos x$,而 $\cos x$ 恰是 $\sin x$ 的导数。因此,可以考虑将 $\cos x\mathrm{d}x$ 凑微分成 $\mathrm{d}\sin x$。这样,如果将积分变

量换成中间变量 $u=\sin x$,被积表达式就和基本积分公式(2)相同了。因此,本题如下求解。

$$\int \sin^3 x\cos x\mathrm{d}x=\int \sin^3 x\mathrm{d}\sin x=\int u^3\mathrm{d}u$$
$$=\frac{1}{4}u^4+C=\frac{1}{4}\sin^4 x+C$$

例 2-8 求 $\int \mathrm{e}^{2x}\mathrm{d}x$。

解 本题看似简单,但也不能直接用基本积分公式求解。被积函数中的 e^{2x} 是复合函数,如果能将积分变量换成中间变量 $u=2x$,就可以利用基本积分公式(5)求解。实际上这是可以做到的,通过改变系数能得到 $2\mathrm{d}x$,再将它凑微分成 $\mathrm{d}(2x)$。因此,本题的解题过程如下。

$$\int \mathrm{e}^{2x}\mathrm{d}x=\frac{1}{2}\int \mathrm{e}^{2x}\cdot 2\cdot \mathrm{d}x=\frac{1}{2}\int \mathrm{e}^{2x}\mathrm{d}(2x)$$
$$=\frac{1}{2}\int \mathrm{e}^{u}\mathrm{d}u=\frac{1}{2}\mathrm{e}^{u}+C=\frac{1}{2}\mathrm{e}^{2x}+C$$

上述两例的解题方法可以推而广之。如果不定积分 $\int g(x)\mathrm{d}x$ 不能直接利用基本积分公式求解,但被积函数 $g(x)$ 可变形为

$$g(x)=f[\varphi(x)]\varphi'(x)$$

作变量代换 $u=\varphi(x)$,并将 $\varphi'(x)\mathrm{d}x$ 凑微分成 $\mathrm{d}\varphi(x)$,则可将关于变量 x 的积分转化为关于变量 u 的积分,于是有

$$\int f[\varphi(x)]\varphi'(x)\mathrm{d}x=\int f(u)\mathrm{d}u$$

如果 $\int f(u)\mathrm{d}u$ 可以求出,那么 $\int g(x)\mathrm{d}x$ 的问题也就解决了,这就是第一类换元法。

定理 2-3(第一类换元法) 若已知

$$\int f(u)\mathrm{d}u=F(u)+C$$

并且 $u=\varphi(x)$ 是可微函数,则有

$$\int f[\varphi(x)]\varphi'(x)\mathrm{d}x=\int f[\varphi(x)]\mathrm{d}\varphi(x)=F[\varphi(x)]+C \tag{2-7}$$

第一类换元法又称为**凑微分法**。"凑微分"反映了这种方法的本质。

例 2-9 求 $\int \frac{\mathrm{d}x}{a^2+x^2}\quad(a\neq 0)$。

解 本题的关键是首先要把被积函数分母中的前一项变成 1,然后令 $u=\frac{x}{a}$,将 $\frac{1}{a}\mathrm{d}x$ 凑微分得 $\mathrm{d}\left(\frac{x}{a}\right)$,然后就可以利用积分公式(10)了。具体积分过程如下。

$$\int \frac{\mathrm{d}x}{a^2+x^2}=\int \frac{\frac{1}{a^2}\mathrm{d}x}{1+\left(\frac{x}{a}\right)^2}=\int \frac{\frac{1}{a}\mathrm{d}\left(\frac{x}{a}\right)}{1+\left(\frac{x}{a}\right)^2}=\frac{1}{a}\int \frac{\mathrm{d}u}{1+u^2}$$

$$=\frac{1}{a}\arctan u+C=\frac{1}{a}\arctan\left(\frac{x}{a}\right)+C$$

例 2-10　求 $\int\sec x\tan x\mathrm{d}x$。

解　先将被积函数变换成 $\sin x$ 和 $\cos x$ 的函数，即 $\sec x\tan x=\frac{\sin x}{\cos^2 x}$；然后令 $u=\cos x$，将 $\sin x\mathrm{d}x$ 凑微分得 $\mathrm{d}\cos x$，然后再积分为

$$\int\sec x\tan x\mathrm{d}x=\int\frac{\sin x\mathrm{d}x}{\cos^2 x}=-\int\frac{\mathrm{d}\cos x}{\cos^2 x}=-\int\frac{\mathrm{d}u}{u^2}$$
$$=\frac{1}{u}+C=\frac{1}{\cos x}+C=\sec x+C$$

运用凑微分法的思考过程是：将被积函数看成两个函数 $f[\varphi(x)]$和 $\varphi'(x)$的乘积，将 $\varphi'(x)\mathrm{d}x$ 凑微分得到 $\mathrm{d}\varphi(x)$，然后将 $\varphi(x)$作为中间变量完成积分 $\int f[\varphi(x)]\mathrm{d}\varphi(x)$。

所以，成功运用凑微分法的关键是选择恰当的函数 $\varphi'(x)$，既要方便地凑微分得到 $\mathrm{d}\varphi(x)$，又要使 $\int f[\varphi(x)]\mathrm{d}\varphi(x)$ 比较容易积分。

运用凑微分法，熟练以后可以省略写出引进变量 u 的步骤。

下面是最常用的凑微分等式，熟记以后对解题大有帮助。

(1) $\mathrm{d}x=\frac{1}{a}\mathrm{d}(ax+b)$　(a,b 为常数，$a\neq0$)　　(2) $x\mathrm{d}x=\frac{1}{2}\mathrm{d}x^2$

(3) $\frac{1}{x}\mathrm{d}x=\mathrm{d}\ln|x|$　　(4) $\cos x\mathrm{d}x=\mathrm{d}\sin x$

(5) $\sin x\mathrm{d}x=-\mathrm{d}\cos x$

例 2-11　求 $\int\frac{\mathrm{d}x}{3+2x}$。

解

$$\int\frac{\mathrm{d}x}{3+2x}=\frac{1}{2}\int\frac{1}{3+2x}\mathrm{d}(3+2x)=\frac{1}{2}\ln|3+2x|+C$$

例 2-12　求 $\int\frac{x}{\sqrt{1+x^2}}\mathrm{d}x$。

解

$$\int\frac{x}{\sqrt{1+x^2}}\mathrm{d}x=\frac{1}{2}\int\frac{\mathrm{d}(1+x^2)}{\sqrt{1+x^2}}=\sqrt{1+x^2}+C$$

例 2-13　求 $\int\frac{\mathrm{d}x}{x(2+3\ln x)}$。

解

$$\int\frac{\mathrm{d}x}{x(2+3\ln x)}=\int\frac{\mathrm{d}\ln x}{2+3\ln x}=\frac{1}{3}\int\frac{\mathrm{d}(2+3\ln x)}{2+3\ln x}=\frac{1}{3}\ln|2+3\ln x|+C$$

例 2-14　求 $\int\cos^2 x\mathrm{d}x$。

解　有一些被积函数中含有三角函数，在计算这种积分时，往往要运用三角恒等式将被积函数转化为可积的形式。本题利用半角公式 $\cos^2 x=\frac{1+\cos 2x}{2}$，将被积函数降成为一次幂后再积分，即

$$\int \cos^2 x\mathrm{d}x = \int\left(\frac{1+\cos 2x}{2}\right)\mathrm{d}x = \frac{1}{2}\left(\int \mathrm{d}x + \int \cos 2x\mathrm{d}x\right)$$

$$= \frac{1}{2}x + \frac{1}{4}\sin 2x + C$$

例 2-15 求$\int \frac{\mathrm{d}x}{x^2-a^2}$。

解 凡是分母可以分解因式的分式,一般都需要先将分式化成几个最简单的分式再积分。由于

$$\frac{1}{x^2-a^2} = \frac{1}{2a}\times\frac{(x+a)-(x-a)}{(x+a)(x-a)} = \frac{1}{2a}\left(\frac{1}{x-a}-\frac{1}{x+a}\right)$$

因此

$$\int \frac{\mathrm{d}x}{x^2-a^2} = \frac{1}{2a}\int\left(\frac{1}{x-a}-\frac{1}{x+a}\right)\mathrm{d}x = \frac{1}{2a}\left(\int\frac{\mathrm{d}x}{x-a}-\int\frac{\mathrm{d}x}{x+a}\right)$$

$$= \frac{1}{2a}\left(\int\frac{\mathrm{d}(x-a)}{x-a}-\int\frac{\mathrm{d}(x+a)}{x+a}\right)$$

$$= \frac{1}{2a}(\ln|x-a|-\ln|x+a|)+C = \frac{1}{2a}\ln\left|\frac{x-a}{x+a}\right|+C$$

2. 第二类换元法

第一类换元法(凑微分法)是通过变量代换 $u=\varphi(x)$,将 $\varphi'(x)\mathrm{d}x$ 凑微分得到$\mathrm{d}\varphi(x)$,把$\int f[\varphi(x)]\varphi'(x)\mathrm{d}x$ 转化为$\int f(u)\mathrm{d}u$,从而易于积分。凑微分法能解决一部分积分问题。但是,有一类不定积分,不能用凑微分法。如果适当地换元 $x=\psi(t)$,将积分$\int f(x)\mathrm{d}x$ 化为$\int f[\psi(t)]\psi'(t)\mathrm{d}t$,就能顺利积分,这就是**第二类换元法**。

例 2-16 求$\int \frac{1}{1+\sqrt{x}}\mathrm{d}x$。

解 被积函数含有根式$\sqrt{x}$,为去掉根号,不妨设 $x=t^2(t>0)$,那么,$\sqrt{x}=t$,$\mathrm{d}x=2t\mathrm{d}t$,于是

$$\int \frac{1}{1+\sqrt{x}}\mathrm{d}x = \int\frac{2t}{1+t}\mathrm{d}t = 2\int\left(1-\frac{1}{1+t}\right)\mathrm{d}t$$

$$= 2[t-\ln(1+t)]+C$$

这表明,上述换元是可行的。但是,还需要将中间变量换回。这样,原积分的结果为

$$\int\frac{1}{1+\sqrt{x}}\mathrm{d}x = 2[\sqrt{x}-\ln(1+\sqrt{x})]+C$$

例 2-17 求$\int\sqrt{a^2-x^2}\,\mathrm{d}x \quad (a>0)$。

解 本题要利用三角公式 $\sin^2 t+\cos^2 t=1$ 来消去根号。设 $x=a\sin t\left(-\frac{\pi}{2}\leqslant t\leqslant\frac{\pi}{2}\right)$,那么 $\sqrt{a^2-x^2}=\sqrt{a^2-a^2\sin^2 t}=a\cos t$,$\mathrm{d}x=a\cos t\mathrm{d}t$,则

$$\int\sqrt{a^2-x^2}\,\mathrm{d}x = \int a\cos t\cdot a\cos t\mathrm{d}t = a^2\int\cos^2 t\mathrm{d}t$$

利用例 2-14 的结果得

$$\int \sqrt{a^2-x^2}\,\mathrm{d}x = a^2\left(\frac{t}{2}+\frac{\sin 2t}{4}\right)+C$$

上述结果需要将中间变量换回。由于 $x=a\sin t\left(-\frac{\pi}{2}\leqslant t\leqslant\frac{\pi}{2}\right)$，所以

$$t = \arcsin\frac{x}{a}$$

$$\cos t = \sqrt{1-\sin^2 t} = \sqrt{1-\left(\frac{x}{a}\right)^2} = \frac{\sqrt{a^2-x^2}}{a}$$

$$\sin 2t = 2\sin t\cos t = 2\cdot\frac{x}{a}\times\frac{\sqrt{a^2-x^2}}{a} = \frac{2x\sqrt{a^2-x^2}}{a^2}$$

于是所求积分为

$$\int \sqrt{a^2-x^2}\,\mathrm{d}x = \frac{a^2}{2}\arcsin\frac{x}{a}+\frac{x}{2}\sqrt{a^2-x^2}+C$$

利用三角公式消去根号的方法通常称为**三角代换法**。

【说明】 例 2-16 和例 2-17 的解答表明，使用第二类换元法往往要指明中间变量的取值范围。只有这样才能保证将中间变量换回原变量时有确定的函数关系。例如，例 2-16 中的 $t=\sqrt{x}$，例 2-17 中的 $\cos t=\frac{\sqrt{a^2-x^2}}{a}$，都是根据预先指明的中间变量的取值范围确定根号前的符号的。

2.2.4 分部积分法

分部积分法是另一个重要的积分方法，它是与导数(微分)运算中乘积的导数(微分)公式相对应的。

设 $u=u(x)$ 及 $v=v(x)$ 的一阶导数连续，则由 $\mathrm{d}(uv)=u\mathrm{d}v+v\mathrm{d}u$，即 $u\mathrm{d}v=\mathrm{d}(uv)-v\mathrm{d}u$ 两边求不定积分得

$$\int u(x)\mathrm{d}v(x) = u(x)v(x)-\int v(x)\mathrm{d}u(x) \tag{2-8}$$

或

$$\int u(x)v'(x)\mathrm{d}x = u(x)v(x)-\int v(x)u'(x)\mathrm{d}x \tag{2-9}$$

上两式称为**分部积分公式**。如果 $\int u(x)v'(x)\mathrm{d}x$ 难求，而 $\int v(x)u'(x)\mathrm{d}x$ 比较容易求，就可以利用分部积分公式求解。

例 2-18　求 $\int x\cos x\mathrm{d}x$。

解　现在用分部积分法求解。如果令 $u(x)=x$，$\mathrm{d}v(x)=\cos x\mathrm{d}x$，那么 $\mathrm{d}u(x)=\mathrm{d}x$，$v(x)=\sin x$。根据式(2-8)有

$$\int x\cos x\mathrm{d}x = \int x\mathrm{d}\sin x = x\sin x-\int \sin x\mathrm{d}x$$

而 $\int v\mathrm{d}u = \int \sin x\mathrm{d}x$ 容易积出，所以

$$\int x\cos x\mathrm{d}x = x\sin x - \int \sin x\mathrm{d}x = x\sin x + \cos x + C$$

如果令 $u=\cos x$，$\mathrm{d}v=x\mathrm{d}x$，那么 $\mathrm{d}u=-\sin x\mathrm{d}x$，$v=\frac{x^2}{2}$。根据式(2-8)有

$$\begin{aligned}\int x\cos x\mathrm{d}x &= \int \cos x\mathrm{d}\left(\frac{x^2}{2}\right) = \frac{x^2}{2}\cos x - \int \frac{x^2}{2}\mathrm{d}\cos x \\ &= \frac{x^2}{2}\cos x + \int \frac{x^2}{2}\sin x\mathrm{d}x\end{aligned}$$

上式右端新出现的积分 $\int \frac{x^2}{2}\sin x\mathrm{d}x$ 比原积分更加复杂，所以这条“路”越走越艰难。

利用分部积分公式的积分形式往往是 $\int u(x)v'(x)\mathrm{d}x$，因此需要将 $v'(x)\mathrm{d}x$ 凑微分为 $\mathrm{d}v(x)$，进而将 $\int u(x)v'(x)\mathrm{d}x$ 变形为 $\int u(x)\mathrm{d}v(x)$。由本例的解答可见，成功运用分部积分法的关键是从被积函数中恰当选取 $v'(x)$ 和 $u(x)$，使 $\int v\mathrm{d}u$ 比 $\int u\mathrm{d}v$ 容易积分。熟练后，u 和 v 可以不写出来，把表示 u 和 v 的部分记在心里，直接运用式(2-8)即可。例如，对本例，选取 $u(x) = x$ 和 $v'(x) = \cos x$，这就得到了 $v(x) = \sin x$。后面的问题就比较好解决了。

通过本例的解答，可以得到用分部积分法解题的一般步骤：凑微分→分部积分→求微分→积分。对于较复杂的问题，可能需要多次进行这样的过程，例 2-19 就是这样。

对于几类需要用分部积分法的典型的积分，选取 $u(x)$和 $v'(x)$有一定的规律可循，读者可参看例 2-19、例 2-21、例 2-22 题解后的叙述。

例 2-19 求 $\int x^2\cos x\mathrm{d}x$。

解 反复运用式(2-8)，有

$$\begin{aligned}\int x^2\cos x\mathrm{d}x &= \int x^2\mathrm{d}\sin x = x^2\sin x - \int \sin x\mathrm{d}x^2 \\ &= x^2\sin x - 2\int x\sin x\mathrm{d}x \\ &= x^2\sin x + 2\int x\mathrm{d}\cos x \\ &= x^2\sin x + 2x\cos x - 2\int \cos x\mathrm{d}x \\ &= x^2\sin x + 2x\cos x - 2\sin x + C\end{aligned}$$

通过本题的求解可以得到形如 $\int x^m\sin x\mathrm{d}x$ 和 $\int x^m\cos x\mathrm{d}x$($m$ 为正整数)的函数的积分方法：令 $u = x^m$，$\mathrm{d}v = \sin x\mathrm{d}x$(或 $\mathrm{d}v = \cos x\mathrm{d}x$)，运用分部积分法逐步降低幂函数的次数，直至降到零，最后完成积分。

实际上，形如 $\int x^m a^x\mathrm{d}x$(m 为正整数)的函数的积分方法也与此类似：令 $u = x^m$，$\mathrm{d}v =$

$a^x\mathrm{d}x$。

例 2-20　求 $\int x^2\mathrm{e}^x\mathrm{d}x$。

解　反复运用式(2-8)，有

$$\begin{aligned}\int x^2\mathrm{e}^x\mathrm{d}x &= \int x^2\mathrm{d}\mathrm{e}^x = x^2\mathrm{e}^x - \int \mathrm{e}^x\mathrm{d}x^2 \\ &= x^2\mathrm{e}^x - 2\int x\mathrm{e}^x\mathrm{d}x = x^2\mathrm{e}^x - 2\int x\mathrm{d}\mathrm{e}^x \\ &= x^2\mathrm{e}^x - 2x\mathrm{e}^x + 2\int \mathrm{e}^x\mathrm{d}x = x^2\mathrm{e}^x - 2x\mathrm{e}^x + 2\mathrm{e}^x + C\end{aligned}$$

例 2-21　求 $\int x\ln x\mathrm{d}x$。

解　经验表明，令 $u=\ln x$，$\mathrm{d}v=x\mathrm{d}x$ 是恰当的，于是有

$$\begin{aligned}\int x\ln x\mathrm{d}x &= \frac{1}{2}\int \ln x\mathrm{d}(x^2) = \frac{1}{2}\left[x^2\ln x - \int x^2\mathrm{d}(\ln x)\right] \\ &= \frac{1}{2}x^2\ln x - \frac{1}{2}\int x^2 \cdot \frac{1}{x}\mathrm{d}x = \frac{1}{2}x^2\ln x - \frac{1}{2}\int x\mathrm{d}x \\ &= \frac{1}{2}x^2\ln x - \frac{1}{4}x^2 + C\end{aligned}$$

通过本题的求解可以得到形如 $\int x^m\log_a x\mathrm{d}x$($m$ 为正整数)的函数的积分方法：令 $u=\log_a x$，$\mathrm{d}v=x^m\mathrm{d}x$，运用分部积分法可以消除对数函数。

例 2-22　求 $\int \arctan x\mathrm{d}x$。

解　对于本题，没有积分公式可以直接使用，而被积函数 $\arctan x$ 是不能被分割的整体，所以只能令 $u=\arctan x$，$\mathrm{d}v=\mathrm{d}x$。

$$\begin{aligned}\int \arctan x\mathrm{d}x &= x\arctan x - \int x\mathrm{d}\arctan x \\ &= x\arctan x - \int \frac{x}{1+x^2}\mathrm{d}x \\ &= x\arctan x - \frac{1}{2}\int \frac{1}{1+x^2}\mathrm{d}(1+x^2) \\ &= x\arctan x - \frac{1}{2}\ln(1+x^2) + C\end{aligned}$$

实际上，形如 $\int x^m\arctan x\mathrm{d}x$($m$ 为非负整数) 的函数的积分方法是：令 $u = \arctan x$，$\mathrm{d}v = x^m\mathrm{d}x$。

2.3　定积分的概念与性质

2.3.1　定积分的定义

本节将通过一个实例引进定积分的概念。

设 $f(x)$ 为闭区间 $[a,b]$ 上的连续函数，且 $f(x)\geqslant 0$。由曲线 $y=f(x)$、直线 $x=a$、$x=b$ 及 x 轴所围成的平面图形，称为**曲边梯形**，如图 2-1 所示。这个曲边梯形的面积如何计算呢?

矩形的面积＝底×高，但曲边梯形的面积不能用这个公式计算，因为它各处的高是不同的。然而，由于 $f(x)$ 在 $[a,b]$ 上是连续变化的，当 x 变化很小时，$f(x)$ 的变化也很小。所以当 Δx 很小时，在 $[x,x+\Delta x]$ 上的窄曲边梯形可近似为窄矩形。这就提示了计算曲边梯形的面积的方法。

如图 2-1 所示，在区间 $[a,b]$ 内任取 $n-1$ 个分点。

$$a=x_0<x_1<\cdots<x_{n-1}<x_n=b$$

把区间 $[a,b]$ 分成 n 个小区间。

$$[x_0,x_1],[x_1,x_2],\cdots,[x_{n-1},x_n]$$

它们的长度依次为

$$\Delta x_1=x_1-x_0,\Delta x_2=x_2-x_1,\cdots,$$
$$\Delta x_n=x_n-x_{n-1}$$

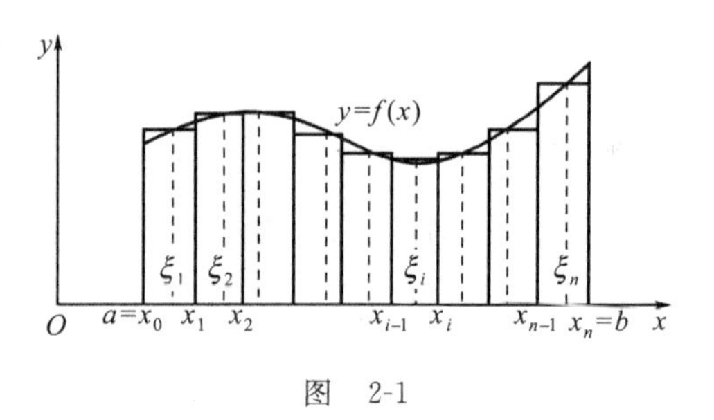

图 2-1

过每一个分点作平行于 y 轴的直线段，把曲边梯形分成 n 个窄曲边梯形。在每个小区间 $[x_{i-1},x_i]$ 上任取一点 $\xi_i(x_{i-1}\leqslant\xi_i\leqslant x_i)$，以 $\Delta x_i=x_i-x_{i-1}$ 为底，$f(\xi_i)$ 为高的窄矩形代替第 i 个窄曲边梯形($i=1,2,\cdots,n$)。把这样得到的 n 个窄矩形面积之和作为所求曲边梯形的面积的近似值，即

$$A\approx f(\xi_1)\Delta x_1+f(\xi_2)\Delta x_2+\cdots+f(\xi_n)\Delta x_n=\sum_{i=1}^{n}f(\xi_i)\Delta x_i$$

为了保证所有小区间的长度都无限缩小，就必须要求小区间长度的最大者趋于零。若记 $\lambda=\max\{\Delta x_1,\Delta x_2,\cdots,\Delta x_n\}$，则上述条件相当于 $\lambda\to 0$。当 $\lambda\to 0$ 时(必然是分段数 n 无限增大，即 $n\to\infty$)，对上式取极限，就得到曲边梯形的面积为

$$A=\lim_{\lambda\to 0}\sum_{i=1}^{n}f(\xi_i)\Delta x_i$$

前面介绍的实例具有代表性，即求形如 $\sum\limits_{i=1}^{n}f(\xi_i)\Delta x_i$ 的和式的极限。由此可得出一般函数定积分的概念。

定义 2-3 设 $f(x)$ 是定义在区间 $[a,b]$ 上的有界函数，用点

$$a=x_0<x_1<\cdots<x_{n-1}<x_n=b$$

将区间 $[a,b]$ 任意分割成 n 个小区间

$$[x_0,x_1],[x_1,x_2],\cdots,[x_{n-1},x_n]$$

这些小区间的长度依次为

$$\Delta x_1=x_1-x_0,\Delta x_2=x_2-x_1,\cdots,\Delta x_n=x_n-x_{n-1}$$

在每个小区间 $[x_{i-1},x_i]$ 上任取一点 $\xi_i(x_{i-1}\leqslant\xi_i\leqslant x_i)$，作 n 个乘积 $f(\xi_i)\Delta x_i$ 的和式，即

$$\sum_{i=1}^{n}f(\xi_i)\Delta x_i$$

记 $\lambda=\max\{\Delta x_1,\Delta x_2,\cdots,\Delta x_n\}$，如果当 $\lambda\to 0$ 时，和式 $\sum\limits_{i=1}^{n}f(\xi_i)\Delta x_i$ 的极限存在，并且其极限与区间$[a,b]$的分割方法及点 ξ_i 的取法无关，则该极限值称为函数 $f(x)$ 在区间$[a,b]$上的**定积分**，记作$\int_a^b f(x)\mathrm{d}x$，即

$$\int_a^b f(x)\mathrm{d}x = \lim_{\lambda\to 0}\sum_{i=1}^{n}f(\xi_i)\Delta x_i$$

其中，$f(x)$称为**被积函数**，$f(x)\mathrm{d}x$ 称为**被积表达式**，x 称为**积分变量**，a 称为**积分下限**，b 称为**积分上限**，$[a,b]$称为**积分区间**。

可见，定积分是特殊和式的极限。

如果 $f(x)$在$[a,b]$上的定积分存在，就称 $f(x)$在$[a,b]$上**可积**，否则就称 $f(x)$在$[a,b]$上**不可积**。利用定积分的定义，前面讨论过的实际问题可以表述如下。

连续曲线 $y=f(x)(f(x)\geqslant 0)$、x 轴及两条直线 $x=a$ 和 $x=b$ 所围成的曲边梯形的面积等于函数 $f(x)$在区间$[a,b]$上的定积分，即

$$A = \int_a^b f(x)\mathrm{d}x$$

需要指出的是：定积分$\int_a^b f(x)\mathrm{d}x$ 是乘积和的极限。它是一个确定的值，仅取决于具体的函数关系 $f(x)$和确定的积分区间$[a,b]$，积分变量用什么字母都可以，即

$$\int_a^b f(x)\mathrm{d}x = \int_a^b f(t)\mathrm{d}t = \int_a^b f(u)\mathrm{d}u$$

关于函数的可积性，这里不加证明地介绍下面的定理。

定理 2-4　如果函数 $f(x)$在$[a,b]$上连续，则 $f(x)$在$[a,b]$上一定可积。

2.3.2　定积分的几何意义

在区间$[a,b]$上 $f(x)\geqslant 0$ 时，则$\int_a^b f(x)\mathrm{d}x$ 表示由曲线 $y=f(x)$、x 轴及两条直线 $x=a$ 和 $x=b$ 所围成的曲边梯形的面积。

在区间$[a,b]$上 $f(x)\leqslant 0$ 时，由曲线 $y=f(x)$、x 轴及两条直线 $x=a$ 和 $x=b$ 所围成的曲边梯形位于 x 轴的下方，$\int_a^b f(x)\mathrm{d}x$ 在几何上表示该曲边梯形面积的负值。

在区间$[a,b]$上 $f(x)$既有正值又有负值时，函数 $y=f(x)$的图形某些部分在 x 轴的上方，而其他部分在 x 轴的下方。如果规定在 x 轴上方的图形面积为正，在 x 轴下方的图形面积为负，那么$\int_a^b f(x)\mathrm{d}x$ 的几何意义就是介于曲线 $y=f(x)$、x 轴及两条直线 $x=a$ 和$x=b$之间的各部分面积的代数和，如图 2-2 所示。

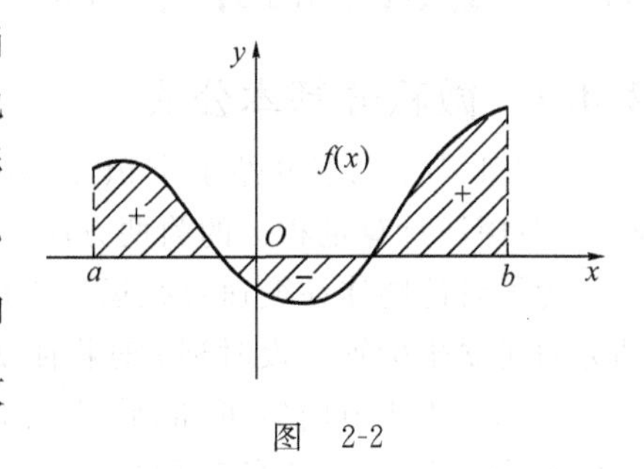

图　2-2

定积分的概念是在积分上限大于积分下限的前提下引进的。为了以后计算及应用方便起见，有必要对定积分做以下两点补充规定，即

$$\int_a^a f(x)\mathrm{d}x = 0$$

$$\int_a^b f(x)\mathrm{d}x = -\int_b^a f(x)\mathrm{d}x$$

这样的规定与定积分的几何意义相符,也满足以后介绍的定积分的各种性质。

2.3.3 定积分的性质

定积分的运算有几个重要的性质,本教材不加证明地介绍它们。

性质1 如果在区间$[a,b]$上 $f(x)\equiv 1$,则

$$\int_a^b 1\mathrm{d}x = \int_a^b \mathrm{d}x = b-a$$

性质2 函数的和(差)的定积分等于它们的定积分的和(差),即

$$\int_a^b [f(x)\pm g(x)]\mathrm{d}x = \int_a^b f(x)\mathrm{d}x \pm \int_a^b g(x)\mathrm{d}x$$

性质3 被积函数的常数因子可以提到积分号外,即

$$\int_a^b kf(x)\mathrm{d}x = k\int_a^b f(x)\mathrm{d}x \quad (k \text{ 为常数})$$

性质4 对于任意3个常数a、b和c,下式恒成立,即

$$\int_a^b f(x)\mathrm{d}x = \int_a^c f(x)\mathrm{d}x + \int_c^b f(x)\mathrm{d}x$$

性质5 如果在区间$[a,b]$上 $f(x)\geqslant 0$,则

$$\int_a^b f(x)\mathrm{d}x \geqslant 0$$

性质6 如果在区间$[a,b]$上 $f(x)\leqslant g(x)$,则

$$\int_a^b f(x)\mathrm{d}x \leqslant \int_a^b g(x)\mathrm{d}x$$

性质7(积分中值公式) 如果函数 $f(x)$在闭区间$[a,b]$上连续,则在区间$[a,b]$上至少存在一个点ξ,使下式成立

$$\int_a^b f(x)\mathrm{d}x = f(\xi)(b-a) \quad (a\leqslant \xi \leqslant b)$$

2.4 定积分的计算与应用

2.4.1 微积分基本公式

2.3.1小节已经介绍了定积分的定义。但是,按定义计算定积分是非常麻烦的。因此,本节探讨计算定积分的简便方法。

为了讨论物体在变速直线运动中位置函数与速度函数间的联系,有必要沿物体的运动方向建立坐标轴。设时刻t时物体所在的位置为$s(t)$,速度为$v(t)$。

由2.3.1小节内容可知,物体在时间间隔$[T_1,T_2]$内经过的路程可以用速度函数$v(t)$在区间$[T_1,T_2]$上的定积分

$$s = \int_{T_1}^{T_2} v(t)\mathrm{d}t$$

来表达。另一方面，这段路程可以通过位置函数在区间$[T_1,T_2]$上的增量

$$s=s(T_2)-s(T_1)$$

来表达。这表明，位置函数$s(t)$与速度函数$v(t)$有如下关系：

$$\int_{T_1}^{T_2} v(t)\mathrm{d}t = s(T_2)-s(T_1) \tag{2-10}$$

1.3.1小节已经说明$s'(t)=v(t)$，即位置函数$s(t)$是速度函数$v(t)$的一个原函数。所以关系式(2-10)表示，速度函数$v(t)$在区间$[T_1,T_2]$上的定积分等于$v(t)$的原函数$s(t)$在区间$[T_1,T_2]$上的增量。

上面从变速直线运动的路程这个特定问题中得到的关系，在一定条件下具有普遍性，其内容详见后面的微积分基本公式。

设函数$f(x)$在区间$[a,b]$上可积，则对于该区间内的任意一点x，$f(x)$在区间$[a,x]$上可积。于是积分

$$\int_a^x f(x)\mathrm{d}x$$

存在，称此积分为**变上限定积分**。因为对于给定在该区间内的点x，就有一个积分值与之对应，所以该积分是上限x的函数，记作$\Phi(x)$。这里积分变量和积分上限都用x表示，但它们的含义并不相同，为了区别起见，把积分变量改用t表示，即

$$\Phi(x)=\int_a^x f(x)\mathrm{d}x=\int_a^x f(t)\mathrm{d}t \quad (a\leqslant t\leqslant b)$$

这个函数具有定理2-5所指出的重要性质。

定理2-5 如果函数$f(x)$在区间$[a,b]$上连续，则变上限定积分

$$\Phi(x)=\int_a^x f(t)\mathrm{d}t$$

在区间$[a,b]$上可导，并且它的导数为

$$\Phi'(x)=\frac{\mathrm{d}}{\mathrm{d}x}\int_a^x f(t)\mathrm{d}t=f(x) \quad (a\leqslant x\leqslant b) \tag{2-11}$$

即$\Phi(x)=\int_a^x f(t)\mathrm{d}t$是$f(x)$在$[a,b]$的一个原函数。

定理2-6 如果函数$f(x)$在区间$[a,b]$上连续，$F(x)$是$f(x)$在$[a,b]$上的任一原函数，则

$$\int_a^b f(x)\mathrm{d}x=F(b)-F(a) \tag{2-12}$$

证明 已知$F(x)$是$f(x)$的一个原函数，根据定理2-5知

$$\Phi(x)=\int_a^x f(t)\mathrm{d}t$$

也是$f(x)$的一个原函数；再根据定理2-2知，这两个原函数之间最多相差一个常数C，因此有

$$F(x)=\Phi(x)+C$$

即

$$F(x)=\int_a^x f(t)\mathrm{d}t+C$$

在上式中令$x=a$，得$F(a)=C$；再令$x=b$，得

$$F(b)=\int_a^b f(t)\mathrm{d}t+F(a)$$

即

$$\int_a^b f(x)\mathrm{d}x=F(b)-F(a)$$

证毕。

式(2-12)揭示了定积分与被积函数的原函数之间的内在联系，因此通常称为**微积分基本公式**。该公式是牛顿和莱布尼兹两人首先发现的，所以又叫**牛顿—莱布尼兹公式**。有了微积分基本公式(2-12)就大大方便了定积分的计算。

例 2-23 计算下列各定积分。

(1) $\int_0^1(x^2-3x+1)\mathrm{d}x$ (2) $\int_{-\sqrt{3}}^1\frac{\mathrm{d}x}{1+x^2}$

(3) $\int_{-5}^{-1}\frac{\mathrm{d}x}{x}$ (4) $\int_{\frac{1}{2}}^1\frac{\mathrm{d}x}{\sqrt{1-x^2}}$

(5) $\int_0^{\frac{\pi}{4}}\tan^2x\mathrm{d}x$

解 (1) $\int_0^1(x^2-3x+1)\mathrm{d}x=\left(\frac{x^3}{3}-\frac{3}{2}x^2+x\right)\Big|_0^1=\frac{1}{3}-\frac{3}{2}+1=-\frac{1}{6}$

(2) $\int_{-\sqrt{3}}^1\frac{\mathrm{d}x}{1+x^2}=\arctan x\Big|_{-\sqrt{3}}^1=\arctan 1-\arctan(-\sqrt{3})$

$$=\frac{\pi}{4}-\left(-\frac{\pi}{3}\right)=\frac{7}{12}\pi$$

(3) $\int_{-5}^{-1}\frac{\mathrm{d}x}{x}=\ln|x|\Big|_{-5}^{-1}=\ln 1-\ln 5=-\ln 5$

(4) $\int_{\frac{1}{2}}^1\frac{\mathrm{d}x}{\sqrt{1-x^2}}=\arcsin x\Big|_{\frac{1}{2}}^1=\arcsin 1-\arcsin\frac{1}{2}$

$$=\frac{\pi}{2}-\frac{\pi}{6}=\frac{\pi}{3}$$

(5) $\int_0^{\frac{\pi}{4}}\tan^2x\mathrm{d}x=\int_0^{\frac{\pi}{4}}(\sec^2x-1)\mathrm{d}x=(\tan x-x)\Big|_0^{\frac{\pi}{4}}=1-\frac{\pi}{4}$

例 2-24 **计算** $\int_0^2|1-x|\mathrm{d}x$。

解 凡是含有绝对值的被积函数都不能直接用基本积分公式。对于这一类定积分，应根据函数的正负将原区间划分成若干小区间，去掉被积函数的绝对值进行积分。再由定积分的性质 4 完成被积函数在给定区间上的定积分。

对于本题，$1-x$ 在区间(0,1)内为正，在区间(1,2)内为负，因此

$$\int_0^2|1-x|\mathrm{d}x=\int_0^1(1-x)\mathrm{d}x+\int_1^2(x-1)\mathrm{d}x$$

$$=\left(x-\frac{x^2}{2}\right)\Big|_0^1+\left(\frac{x^2}{2}-x\right)\Big|_1^2=\left(\frac{1}{2}-0\right)+\left[0-\left(-\frac{1}{2}\right)\right]=1$$

例 2-25 计算 $\int_{-\frac{\pi}{2}}^{\frac{\pi}{2}}(x^3-\cos x+1)\mathrm{d}x$。

解　$\int_{-\frac{\pi}{2}}^{\frac{\pi}{2}}(x^3-\cos x+1)\mathrm{d}x=\left(\frac{1}{4}x^4-\sin x+x\right)\Big|_{-\frac{\pi}{2}}^{\frac{\pi}{2}}$

$=\frac{1}{4}\times\left[\left(\frac{\pi}{2}\right)^4-\left(-\frac{\pi}{2}\right)^4\right]-\left[\sin\frac{\pi}{2}-\sin\left(-\frac{\pi}{2}\right)\right]+\left[\frac{\pi}{2}-\left(-\frac{\pi}{2}\right)\right]$

$=\pi-2$

2.4.2　定积分的换元法

前面在讨论不定积分时，对某些被积函数要用换元法求其原函数。相应地，对这些被积函数求定积分也要用换元法。

定理 2-7　设函数 $f(x)$ 在区间 $[a,b]$ 上连续，函数 $x=\varphi(t)$ 满足下列条件：

(1) 函数 $\varphi(t)$ 在区间 $[\alpha,\beta]$ 上有连续的导数 $\varphi'(t)$；

(2) 当 t 在区间 $[\alpha,\beta]$ 上变化时，$x=\varphi(t)$ 的值在 $[a,b]$ 上变化，且 $\varphi(\alpha)=a,\varphi(\beta)=b$，则有

$$\int_a^b f(x)\mathrm{d}x=\int_\alpha^\beta f[\varphi(t)]\varphi'(t)\mathrm{d}t \tag{2-13}$$

式(2-13)称为定积分的**换元公式**。

证明　略。

【说明】　(1) 定理 2-7 的叙述意味着 $\alpha<\beta$。实际上当 $\alpha>\beta$ 时，式(2-13)也成立(相应地，定理 2-7 中的区间要改为 $[\beta,\alpha]$)。式(2-13)成立的条件是很复杂的，定理 2-7 并没有全面阐述，本教材不作深入讨论。如果 $x=\varphi(t)$ 在区间 $[\alpha,\beta]$(或 $[\beta,\alpha]$)上是单调函数，式(2-13)总是成立的，一般情况正是如此。

(2) 式(2-13)与不定积分的第二类换元法类似，如果将该公式左右调换使用就与不定积分的第一类换元法类似。

(3) 为避免应用式(2-13)时出错，应保证 $x=\varphi(t)$ 在积分区间 $[\alpha,\beta]$ 上是单调函数。

(4) 计算定积分的结果是一个值，因此用换元法计算定积分不必将积分变量转换回原来的变量，但换元的同时必须换限。

例 2-26　计算 $\int_0^{\frac{\pi}{2}}\cos^5 x\sin x\mathrm{d}x$。

解　设 $t=\cos x$，则 $\mathrm{d}t=-\sin x\mathrm{d}x$，且当 $x=0$ 时，$t=1$；当 $x=\frac{\pi}{2}$ 时，$t=0$。于是

$$\int_0^{\frac{\pi}{2}}\cos^5 x\sin x\mathrm{d}x=-\int_1^0 t^5\mathrm{d}t=-\frac{t^6}{6}\Big|_1^0=\frac{1}{6}$$

在解本题时，如果不明显地写出新变量，那么定积分的上下限就不要变更。下面是这种方法的计算过程，即

$$\int_0^{\frac{\pi}{2}}\cos^5 x\sin x\mathrm{d}x=-\int_0^{\frac{\pi}{2}}\cos^5 x\mathrm{d}(\cos x)=-\frac{\cos^6 x}{6}\Big|_0^{\frac{\pi}{2}}=\frac{1}{6}$$

例 2-27　计算 $\int_0^{\frac{\pi}{2}}\sin^2 x\mathrm{d}x$。

解　$\int_0^{\frac{\pi}{2}}\sin^2 x\mathrm{d}x=\frac{1}{2}\int_0^{\frac{\pi}{2}}(1-\cos 2x)\mathrm{d}x=\frac{1}{2}\left(x-\frac{1}{2}\sin 2x\right)\Big|_0^{\frac{\pi}{2}}=\frac{\pi}{4}$

实际上也有 $\int_0^{\frac{\pi}{2}} \cos^2 x \mathrm{d}x = \frac{\pi}{4}$,读者可自行验证。

例 2-28 计算 $\int_0^a \sqrt{a^2 - x^2} \mathrm{d}x \quad (a > 0)$。

解 设 $x = a\sin t$,则 $\mathrm{d}x = a\cos t\mathrm{d}t$,且当 $x=0$ 时,$t=0$;当 $x=a$ 时,$t=\frac{\pi}{2}$。于是

$$\int_0^a \sqrt{a^2 - x^2} \mathrm{d}x = a^2 \int_0^{\frac{\pi}{2}} \cos^2 t \mathrm{d}t = \frac{1}{2}a^2 \int_0^{\frac{\pi}{2}} (1 + \cos 2t) \mathrm{d}t$$

$$= \frac{1}{2}a^2 \left(t + \frac{1}{2}\sin 2t\right)\Big|_0^{\frac{\pi}{2}} = \frac{\pi a^2}{4}$$

例 2-29 证明:

(1) 函数 $f(x)$在闭区间$[-a,a]$上连续,并且为偶函数,则

$$\int_{-a}^a f(x) \mathrm{d}x = 2\int_0^a f(x) \mathrm{d}x$$

(2) 函数 $f(x)$在闭区间$[-a,a]$上连续,并且为奇函数,则

$$\int_{-a}^a f(x) \mathrm{d}x = 0$$

证明 因为

$$\int_{-a}^a f(x) \mathrm{d}x = \int_{-a}^0 f(x) \mathrm{d}x + \int_0^a f(x) \mathrm{d}x$$

对积分 $\int_{-a}^0 f(x) \mathrm{d}x$ 进行换元 $x = -t$,则有

$$\int_{-a}^0 f(x) \mathrm{d}x = -\int_a^0 f(-t) \mathrm{d}t = \int_0^a f(-t) \mathrm{d}t = \int_0^a f(-x) \mathrm{d}x$$

于是

$$\int_{-a}^a f(x) \mathrm{d}x = \int_{-a}^0 f(x) \mathrm{d}x + \int_0^a f(x) \mathrm{d}x = \int_0^a [f(-x) + f(x)] \mathrm{d}x$$

由此可得如下结果。

(1) 若 $f(x)$为偶函数,即 $f(-x) = f(x)$,则

$$f(-x) + f(x) = 2f(x)$$

因此

$$\int_{-a}^a f(x) \mathrm{d}x = 2\int_0^a f(x) \mathrm{d}x$$

(2) 若 $f(x)$为奇函数,即 $f(-x) = -f(x)$,则

$$f(-x) + f(x) = 0$$

因此

$$\int_{-a}^a f(x) \mathrm{d}x = 0$$

证毕。

在计算偶函数和奇函数在对称于原点的区间上的定积分时,利用上述结果常能带来很大的方便。

例 2-30 计算:

(1) $\int_{-\frac{\pi}{2}}^{\frac{\pi}{2}} \sin^6 x\cos x\mathrm{d}x$　　(2) $\int_{-2}^{2} \sqrt{10-x^2}\sin x\mathrm{d}x$

解　(1) 由于 $\sin^6 x\cos x$ 是偶函数，所以有

$$\int_{-\frac{\pi}{2}}^{\frac{\pi}{2}} \sin^6 x\cos x\mathrm{d}x = 2\int_0^{\frac{\pi}{2}} \sin^6 x\cos x\mathrm{d}x = 2\int_0^{\frac{\pi}{2}} \sin^6 x\mathrm{d}\sin x$$

$$= \frac{2}{7}\sin^7 x\Big|_0^{\frac{\pi}{2}} = \frac{2}{7}$$

(2) 由于 $\sqrt{10-x^2}\sin x$ 是奇函数，所以有

$$\int_{-2}^{2} \sqrt{10-x^2}\sin x\mathrm{d}x = 0$$

2.4.3　定积分的分部积分法

与不定积分一样，某些情况下定积分也要用分部积分法。

设函数 $u=u(x)$ 与 $v=v(x)$ 在区间 $[a,b]$ 上具有连续的导数 $u'(x)$ 和 $v'(x)$，则由 $\mathrm{d}(uv)=u\mathrm{d}v+v\mathrm{d}u$，即对 $u\mathrm{d}v=\mathrm{d}(uv)-v\mathrm{d}u$ 两边求定积分得

$$\int_a^b u(x)v'(x)\mathrm{d}x = u(x)v(x)\Big|_a^b - \int_a^b v(x)u'(x)\mathrm{d}x \tag{2-14}$$

或

$$\int_a^b u(x)\mathrm{d}v(x) = u(x)v(x)\Big|_a^b - \int_a^b v(x)\mathrm{d}u(x) \tag{2-15}$$

例 2-31　计算 $\int_0^{\pi} x\sin x\mathrm{d}x$。

解　令 $u=x$，$\mathrm{d}v=\sin x\mathrm{d}x$，那么 $\mathrm{d}u=\mathrm{d}x$，$v=-\cos x$。根据式(2-13)有

$$\int_0^{\pi} x\sin x\mathrm{d}x = -\int_0^{\pi} x\mathrm{d}\cos x = -x\cos x\Big|_0^{\pi} + \int_0^{\pi}\cos x\mathrm{d}x$$

$$= \pi + \sin x\Big|_0^{\pi} = \pi + 0 = \pi$$

例 2-32　计算 $\int_0^1 x\mathrm{e}^x\mathrm{d}x$。

解　令 $u=x$，$\mathrm{d}v=\mathrm{e}^x\mathrm{d}x$，那么 $\mathrm{d}u=\mathrm{d}x$，$v=\mathrm{e}^x$。根据式(2-13)有

$$\int_0^1 x\mathrm{e}^x\mathrm{d}x = \int_0^1 x\mathrm{d}\mathrm{e}^x = x\mathrm{e}^x\Big|_0^1 - \int_0^1 \mathrm{e}^x\mathrm{d}x = \mathrm{e} - \mathrm{e}^x\Big|_0^1 = 1$$

2.4.4　平面图形的面积

定积分在各学科都有广泛的应用，本书只介绍直角坐标中的平面图形面积的计算。

如果一个平面图形是由曲线 $y=f(x)$、$y=g(x)$ 和直线 $x=a$、$x=b(a<b)$ 围成；并且在 $[a,b]$ 上有 $f(x)\geqslant g(x)$，如图 2-3 所示。对于这种图形，取 x 为积分变量比较方便，其变化区间为 $[a,b]$。在 $[a,b]$ 上任取一个子区间 $[x,x+\mathrm{d}x]$，则区间 $[x,x+\mathrm{d}x]$ 对应的窄曲边梯形的面积可以用高为 $f(x)-g(x)$，宽为 $\mathrm{d}x$ 的矩形面积来近似，从而得到面积微元为

$$\mathrm{d}A = [f(x)-g(x)]\mathrm{d}x$$

以该面积微元为积分表达式，在区间 $[a,b]$ 上作定积分就得到这种图形的面积为

$$A = \int_a^b [f(x)-g(x)]\mathrm{d}x \tag{2-16}$$

例 2-33 求由曲线 $xy=1$ 与两直线 $y=x$ 和 $x=3$ 围成的图形(如图 2-4 所示)的面积。

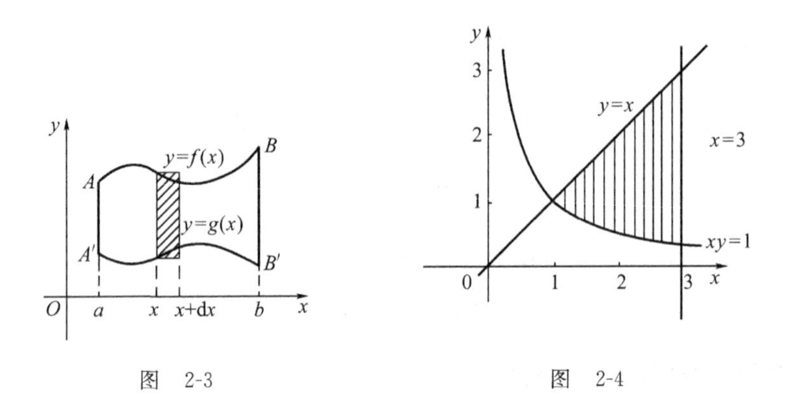

图 2-3　　　　图 2-4

解 先求曲线 $xy=1$ 与直线 $y=x$ 交点的横坐标。为此,解方程组

$$\begin{cases} xy = 1 \\ y = x \end{cases}$$

得 $x=1$(舍去不符合实际情况的根 $x=-1$)。按式(2-15)有

$$A=\int_1^3\left(x-\frac{1}{x}\right)\mathrm{d}x=\left(\frac{x^2}{2}-\ln x\right)\Big|_1^3$$

$$=\left(\frac{9}{2}-\ln 3\right)-\left(\frac{1}{2}-\ln 1\right)=4-\ln 3$$

2.5 广义积分

前面介绍的定积分有两个限制条件:积分区间有限和被积函数有界。实际问题中还需要某些函数在无穷区间上的积分及某些无界函数在有限区间上的积分。因此,要求将定积分概念加以推广,这就是广义积分。广义积分包括无穷区间的广义积分和无界函数的广义积分两类。

2.5.1 无穷区间的广义积分

定义 2-4 设 $f(x)$在区间$[a,+\infty)$内连续,取 $B>a$,若极限 $\lim\limits_{B\to+\infty}\int_a^B f(x)\mathrm{d}x$ 存在,将其记作$\int_a^{+\infty}f(x)\mathrm{d}x$,即

$$\int_a^{+\infty}f(x)\mathrm{d}x=\lim_{B\to+\infty}\int_a^B f(x)\mathrm{d}x \tag{2-17}$$

此时称**广义积分**$\int_a^{+\infty}f(x)\mathrm{d}x$ **存在**或**收敛**,否则称广义积分$\int_a^{+\infty}f(x)\mathrm{d}x$ **没有意义**或**发散**。类似地,可定义 $f(x)$ 在区间$(-\infty,b]$上的广义积分

$$\int_{-\infty}^b f(x)\mathrm{d}x=\lim_{A\to-\infty}\int_A^b f(x)\mathrm{d}x \tag{2-18}$$

以及$\int_{-\infty}^b f(x)\mathrm{d}x$ 收敛和发散的概念。

定义 2-5　$f(x)$在区间$(-\infty,+\infty)$上连续，如果广义积分定义为

$$\int_{-\infty}^{+\infty} f(x)\mathrm{d}x = \int_{-\infty}^{a} f(x)\mathrm{d}x + \int_{a}^{+\infty} f(x)\mathrm{d}x \tag{2-19}$$

其中，a 为任意实数。当上式右端两个积分都收敛时，称广义积分$\int_{-\infty}^{+\infty} f(x)\mathrm{d}x$ 存在或收敛，否则称广义积分$\int_{-\infty}^{+\infty} f(x)\mathrm{d}x$ 没有意义或发散，并且$\int_{-\infty}^{+\infty} f(x)\mathrm{d}x$ 收敛与否和 a 的取值无关。

因此，广义积分的计算（如果存在）实际上就是定积分的计算加上极限的计算。

例 2-34　计算广义积分 $\int_{0}^{+\infty} \mathrm{e}^{-x}\mathrm{d}x$。

解

$$\int_{0}^{+\infty} \mathrm{e}^{-x}\mathrm{d}x = -\mathrm{e}^{-x}\Big|_{0}^{+\infty} = 0+1=1$$

例 2-35　证明广义积分 $\int_{1}^{+\infty} \frac{\mathrm{d}x}{x^{p}}$　$(p>0)$ 当 $p>1$ 时收敛，当 $p\leqslant 1$ 时发散。

证明　当 $p=1$ 时，有

$$\int_{1}^{+\infty} \frac{\mathrm{d}x}{x} = \ln x\Big|_{1}^{+\infty} = +\infty$$

当 $p\neq 1$ 时，有

$$\int_{1}^{+\infty} \frac{\mathrm{d}x}{x^{p}} = \frac{x^{1-p}}{1-p}\Big|_{1}^{+\infty} = \begin{cases} +\infty & (0<p<1) \\ \dfrac{1}{p-1} & (p>1) \end{cases}$$

至此，命题得证。证毕。

例 2-36　计算广义积分 $\int_{-\infty}^{+\infty} \frac{\mathrm{d}x}{1+x^{2}}$。

解　$$\int_{-\infty}^{+\infty} \frac{\mathrm{d}x}{1+x^{2}} = \arctan x\Big|_{-\infty}^{+\infty} = \frac{\pi}{2}-\left(-\frac{\pi}{2}\right)=\pi$$

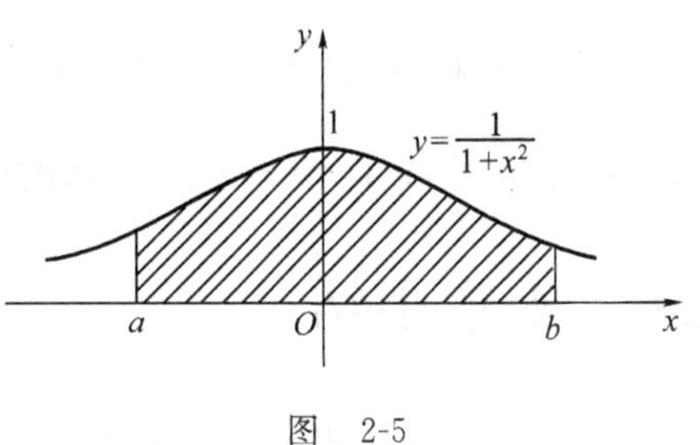

图　2-5

这个广义积分的几何意义是：当 $a\to-\infty$、$b\to+\infty$时，虽然图 2-5 中阴影部分向左、右无限延伸，但其面积却有极限值 π。

2.5.2　无界函数的广义积分（阅读）

定义 2-6　设 $f(x)$在区间$(a,b]$上连续，而 $\lim\limits_{x\to a^{+}} f(x)=\infty$，取 $\varepsilon>0$，若极限$\lim\limits_{\varepsilon\to 0^{+}}\int_{a+\varepsilon}^{b} f(x)\mathrm{d}x$ 存在，将其记作 $\int_{a}^{b} f(x)\mathrm{d}x$，即

$$\int_{a}^{b} f(x)\mathrm{d}x = \lim_{\varepsilon\to 0^{+}}\int_{a+\varepsilon}^{b} f(x)\mathrm{d}x \tag{2-20}$$

此时称**广义积分**$\int_{a}^{b} f(x)\mathrm{d}x$ 存在或收敛，否则称广义积分$\int_{a}^{b} f(x)\mathrm{d}x$ 没有意义或发散。类似地，可定义 $f(x)$ 在区间$[a,b)$ 上的广义积分

$$\int_{a}^{b} f(x)\mathrm{d}x = \lim_{\varepsilon\to 0^{+}}\int_{a}^{b-\varepsilon} f(x)\mathrm{d}x \tag{2-21}$$

以及$\int_a^b f(x)\mathrm{d}x$收敛和发散的概念。

定义 2-7 设$f(x)$在区间$[a,b]$上除点$c(a<c<b)$外连续，而$\lim\limits_{x\to c}f(x)=\infty$，如果两个广义积分$\int_a^c f(x)\mathrm{d}x$和$\int_c^b f(x)\mathrm{d}x$都收敛，则称

$$\int_a^b f(x)\mathrm{d}x=\int_a^c f(x)\mathrm{d}x+\int_c^b f(x)\mathrm{d}x \tag{2-22}$$

存在或收敛；否则称其没有意义或发散。

例 2-37 计算广义积分$\int_0^a \frac{\mathrm{d}x}{\sqrt{a^2-x^2}}\quad(a>0)$。

解 因为

$$\lim_{x\to a^-}\frac{1}{\sqrt{a^2-x^2}}=\infty$$

所以$x=a$是被积函数的无穷间断点。于是，按式(2-21)有

$$\begin{aligned}\int_0^a \frac{\mathrm{d}x}{\sqrt{a^2-x^2}}&=\lim_{\varepsilon\to0^+}\int_0^{a-\varepsilon}\frac{\mathrm{d}x}{\sqrt{a^2-x^2}}\\&=\lim_{\varepsilon\to0^+}\int_0^{a-\varepsilon}\frac{\mathrm{d}\left(\frac{x}{a}\right)}{\sqrt{1-\left(\frac{x}{a}\right)^2}}=\lim_{\varepsilon\to0^+}\arcsin\frac{x}{a}\Big|_0^{a-\varepsilon}\\&=\lim_{\varepsilon\to0^+}\left[\arcsin\frac{a-\varepsilon}{a}-0\right]=\arcsin1=\frac{\pi}{2}\end{aligned}$$

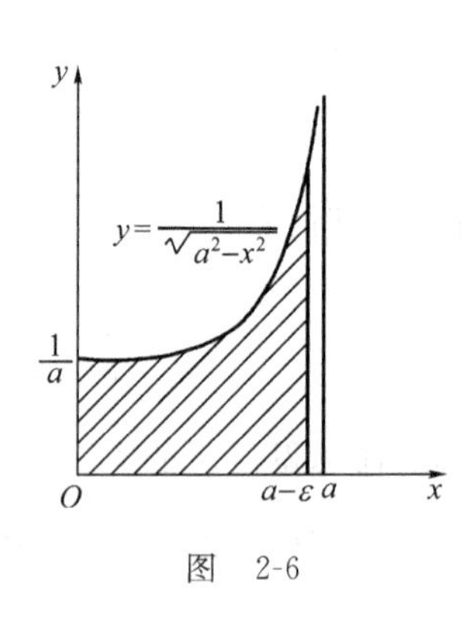

图 2-6

这个广义积分的几何意义是：位于曲线$y=\frac{1}{\sqrt{a^2-x^2}}$之下，$x$轴之上，直线$x=0$与$x=a$之间的图形的面积，如图 2-6 中的阴影部分。

2.6 本章小结

本章介绍了不定积分和定积分的基础知识。重点是深刻理解不定积分、定积分的概念，熟记基本积分公式和线性运算法则，掌握求变量代换法、分部积分法和微积分的基本公式。

下面是本章的知识要点和要求。

(1) 深刻理解不定积分、定积分的概念和定积分的几何意义。

(2) 熟记基本积分公式和线性运算法则，并运用它们计算简单的不定积分。

(3) 掌握求不定积分的变量代换法(主要是第一类变量代换法)和分部积分法，并能运用它们求几种类型的不定积分。

(4) 熟知定积分的各种性质，以及微积分基本公式和计算定积分的变量代换法、分部积分法，能运用它们计算几种类型的定积分。运用变量代换法计算定积分时一定要注意：换元的同时一定要换限。

(5) 会用定积分计算比较简单的平面图形的面积。

(6) 了解广义积分的概念。

习　题

一、判断题(下列各命题中,哪些是正确的,哪些是错误的?)

2-1　如果一个函数在某区间上有原函数,则原函数是唯一的。　(　　)

2-2　如果对一个函数先积分再求导,结果与原来的函数相差一个任意常数。　(　　)

2-3　如果对一个函数先求导再积分,结果还是原来的函数。　(　　)

2-4　如果函数 $f(x)$在区间 I 上连续,则 $f(x)$在区间 I 上存在原函数 $F(x)$。　(　　)

2-5　如果函数 $f(x)$在区间$[a,b]$上连续,则 $f(x)$在区间$[a,b]$上一定可积。(　　)

2-6　如果函数 $f(x)$在区间$[a,b]$上可积,则 $f(x)$在区间$[a,b]$上一定连续。(　　)

2-7　如果函数 $f(x)$在区间$[a,b]$上不可积,则 $f(x)$在区间$[a,b]$上一定不可导。(　　)

2-8　如果函数 $f(x)$在区间$[a,b]$上可导,则 $f(x)$在区间$[a,b]$上一定可积。(　　)

二、单项选择题

2-1　如果 $F(x)$是 $f(x)$在区间 I 上的一个原函数,则下列各式中只有________是正确的。

A. $\int [f(x)+C]\mathrm{d}x = F(x)$　　　B. $\int f(x)\mathrm{d}x = F(x) - C$

C. $F'(x) = f(x) + C$　　　D. $\int F(x)\mathrm{d}x = f(x)$

2-2　如果 $F(x)$是 $f(x)$在区间 I 上的一个原函数,a 是非零常数,则下列各式中只有________是错误的。

A. $\int af(x)\mathrm{d}x = aF(x) + C$　　　B. $\int f(ax)\mathrm{d}(ax) = F(ax) + C$

C. $\int f(ax)\mathrm{d}x = aF(x) + C$　　　D. $\int f(x)\mathrm{d}(ax) = aF(x) + C$

2-3　如果 $f(x)$是 $\mathbf{R}$ 上的连续偶函数,且 $\int_0^5 f(x)\mathrm{d}x = 10$,则下列各式中只有________是正确的。

A. $\int_0^{-5} f(x)\mathrm{d}x = 10$　　　B. $\int_{-5}^5 f(x)\mathrm{d}x = 0$

C. $\int_{-5}^5 f(x)\mathrm{d}x = 20$　　　D. $\int_{-5}^0 f(x)\mathrm{d}x = -10$

三、填空题

2-1　在区间$[a,b]$上,若 $f(x)\geqslant 0$ 时,$\int_a^b f(x)\mathrm{d}x$ 表示由曲线________、________及两条直线________和________所围成的曲边梯形的面积。

2-2　为避免应用公式 $\int_a^b f(x)\mathrm{d}x = \int_\alpha^\beta f[\varphi(t)]\varphi'(t)\mathrm{d}t$ 时出错,应保证 $x=\varphi(t)$在积分区间$[\alpha,\beta]$上是________。

2-3　用换元法计算定积分不必将积分变量换回原来的变量,但换元的同时必须________。

四、综合题

2-1　求下列不定积分。

(1) $\int \frac{\mathrm{d}h}{\sqrt{2gh}}$($g$ 是常数) (2) $\int (x^3+\sin x)\mathrm{d}x$

(3) $\int \frac{3x^4+3x^2+2}{x^2+1}\mathrm{d}x$ (4) $\int \sin^2 x\mathrm{d}x$

2-2 利用变量代换法求下列不定积分。

(1) $\int \sin 3x\mathrm{d}x$ (2) $\int \frac{\mathrm{d}x}{\sqrt{a^2-x^2}}$

(3) $\int \tan x\mathrm{d}x$ (4) $\int \frac{2t\mathrm{d}t}{2-5t^2}$

2-3 运用分部积分法求下列不定积分。

(1) $\int x^2\sin x\mathrm{d}x$ (2) $\int x10^x\mathrm{d}x$

(3) $\int x\mathrm{e}^{-x}\mathrm{d}x$ (4) $\int \arcsin x\mathrm{d}x$

2-4 计算下列各定积分。

(1) $\int_{\frac{\pi}{3}}^{\pi}\sin\left(t+\frac{\pi}{3}\right)\mathrm{d}t$ (2) $\int_{-2}^{0}\frac{\mathrm{d}x}{x^2+2x+2}$

(3) $\int_{1}^{2}(\mathrm{e}^u-1)\mathrm{d}u$ (4) $\int_{0}^{\frac{\pi}{2}}\cos^2 x\mathrm{d}x$

(5) $\int_{-2}^{2}(x^2-3x+1)\mathrm{d}x$ (6) $\int_{0}^{\pi}|\cos\theta|\mathrm{d}\theta$

2-5 利用变量代换法计算下列各定积分。

(1) $\int_{-1}^{2}(3-2t)\mathrm{d}t$ (2) $\int_{0}^{1}\frac{\mathrm{e}^x}{1+\mathrm{e}^x}\mathrm{d}x$

(3) $\int_{0}^{\frac{\pi}{2}}\sin^2 t\cos t\mathrm{d}t$ (4) $\int_{0}^{2}\sqrt{4-x^2}\mathrm{d}x$

2-6 利用函数的奇偶性计算下列各定积分。

(1) $\int_{-\pi}^{\pi}x\sin x^4\mathrm{d}x$ (2) $\int_{-2}^{2}\frac{1+\sin x}{1+x^2}\mathrm{d}x$

2-7 运用分部积分法计算下列各定积分。

(1) $\int_{1}^{3}\ln x\mathrm{d}x$ (2) $\int_{-\frac{\pi}{2}}^{\frac{\pi}{2}}x^2\cos x\mathrm{d}x$

2-8 计算下列各定积分。

(1) 设 $f(x)=\begin{cases}x+1 & (x\leqslant 2)\\ x^2-1 & (x>2)\end{cases}$,求$\int_{1}^{3}f(x)\mathrm{d}x$。

(2) $\int_{-1}^{1}x^2|x|\mathrm{d}x$

2-9 计算 $\int_{0}^{\frac{\pi}{2}}\sin t\cos t\mathrm{d}t$。

2-10 求下列各曲线所围成的图形的面积。

(1) $y=x^2$ 与 $x=y^2$

(2) $y=\ln x, y=0$ 与直线 $x=\mathrm{e}, x=\mathrm{e}^2$

第3章

线性代数

本章要点

(1) 行列式的概念、性质和计算,解方程组的克莱姆法则。

(2) 矩阵、逆矩阵、矩阵的秩等概念,矩阵的运算及其性质、矩阵的初等行变换、逆矩阵的求法。

(3) 线性方程组的解。

3.1 行列式

初等数学中,在求二元和三元线性方程组的解时引进了二阶和三阶行列式。为了研究一般的 n 元线性方程组,需要把二阶和三阶行列式的性质加以推广。

3.1.1 行列式的概念

1. 二阶和三阶行列式

对于二元线性方程组

$$\begin{cases} a_{11}x_1 + a_{12}x_2 = b_1 \\ a_{21}x_1 + a_{22}x_2 = b_2 \end{cases} \tag{3-1}$$

通常用消元法求解。在方程组(3-1)中消去 x_2 得

$$(a_{11}a_{22} - a_{12}a_{21})x_1 = b_1a_{22} - a_{12}b_2$$

同样,在方程组(3-1)中消去 x_1 得

$$(a_{11}a_{22} - a_{12}a_{21})x_2 = a_{11}b_2 - b_1a_{21}$$

若引用记号

$$\Delta = \begin{vmatrix} a_{11} & a_{12} \\ a_{21} & a_{22} \end{vmatrix} = a_{11}a_{22} - a_{12}a_{21}$$

$$\Delta_1 = \begin{vmatrix} b_1 & a_{12} \\ b_2 & a_{22} \end{vmatrix} = b_1a_{22} - a_{12}b_2$$

$$\Delta_2 = \begin{vmatrix} a_{11} & b_1 \\ a_{21} & b_2 \end{vmatrix} = a_{11}b_2 - b_1a_{21}$$

则当 $\Delta\neq0$ 时,线性方程组(3-1)的解是

$$x_1=\frac{\Delta_1}{\Delta}=\frac{b_1a_{22}-a_{12}b_2}{a_{11}a_{22}-a_{12}a_{21}},\quad x_2=\frac{\Delta_2}{\Delta}=\frac{a_{11}b_2-b_1a_{21}}{a_{11}a_{22}-a_{12}a_{21}} \tag{3-2}$$

记号

$$\begin{vmatrix} a_{11} & a_{12} \\ a_{21} & a_{22} \end{vmatrix}$$

称为**二阶行列式**。而 $a_{11}a_{22}-a_{12}a_{21}$ 是二阶行列式的**展开式**,Δ、Δ_1 等是行列式的约定记号。二阶行列式中的数 $a_{ij}(i=1,2;\ j=1,2)$ 称为行列式的**元素**,每个横排称为行列式的**行**,每个竖排称为行列式的**列**。a_{ij} 的第 1 个下标 i 表示它位于自上而下的第 i 行,第 2 个下标 j 表示它位于自左到右的第 j 列。

二阶行列式的展开式表明了它是 4 个元素间按上述约定运算得到的数值。

对于三元线性方程组

$$\begin{cases} a_{11}x_1+a_{12}x_2+a_{13}x_3=b_1 \\ a_{21}x_1+a_{22}x_2+a_{23}x_3=b_2 \\ a_{31}x_1+a_{32}x_2+a_{33}x_3=b_3 \end{cases} \tag{3-3}$$

同样可以用消元法求它的解。为了简单地表达它的解,需要引进三阶行列式的概念。三阶行列式的展开式规定为

$$\begin{aligned}\Delta&=\begin{vmatrix} a_{11} & a_{12} & a_{13} \\ a_{21} & a_{22} & a_{23} \\ a_{31} & a_{32} & a_{33} \end{vmatrix}\\ &=(-1)^{1+1}a_{11}\begin{vmatrix} a_{22} & a_{23} \\ a_{32} & a_{33} \end{vmatrix}+(-1)^{1+2}a_{12}\begin{vmatrix} a_{21} & a_{23} \\ a_{31} & a_{33} \end{vmatrix}+(-1)^{1+3}a_{13}\begin{vmatrix} a_{21} & a_{22} \\ a_{31} & a_{32} \end{vmatrix}\\ &=a_{11}(a_{22}a_{33}-a_{23}a_{32})-a_{12}(a_{21}a_{33}-a_{23}a_{31})+a_{13}(a_{21}a_{32}-a_{22}a_{31})\\ &=a_{11}a_{22}a_{33}+a_{12}a_{23}a_{31}+a_{13}a_{21}a_{32}-a_{13}a_{22}a_{31}-a_{11}a_{23}a_{32}-a_{12}a_{21}a_{33}\end{aligned}$$

所以,三阶行列式也是一个数值,它可以通过转化为二阶行列式的计算得到。

三阶行列式可以用来解三元一次方程组。若分别记

$$\Delta=\begin{vmatrix} a_{11} & a_{12} & a_{13} \\ a_{21} & a_{22} & a_{23} \\ a_{31} & a_{32} & a_{33} \end{vmatrix},\quad \Delta_1=\begin{vmatrix} b_1 & a_{12} & a_{13} \\ b_2 & a_{22} & a_{23} \\ b_3 & a_{32} & a_{33} \end{vmatrix}$$

$$\Delta_2=\begin{vmatrix} a_{11} & b_1 & a_{13} \\ a_{21} & b_2 & a_{23} \\ a_{31} & b_3 & a_{33} \end{vmatrix},\quad \Delta_3=\begin{vmatrix} a_{11} & a_{12} & b_1 \\ a_{21} & a_{22} & b_2 \\ a_{31} & a_{32} & b_3 \end{vmatrix}$$

则当 $\Delta\neq0$ 时,线性方程组(3-3)的解为

$$x_1=\frac{\Delta_1}{\Delta},\quad x_2=\frac{\Delta_2}{\Delta},\quad x_3=\frac{\Delta_3}{\Delta} \tag{3-4}$$

引进行列式的记号,可以简洁地表达二元或三元线性方程组的解。更重要的是:引进行列式的概念可以对 n 元线性方程组进行本质的研究。

二阶和三阶行列式的计算规则如图 3-1 所示,即用实线上的数相乘之和减去虚线上

的数相乘之和。

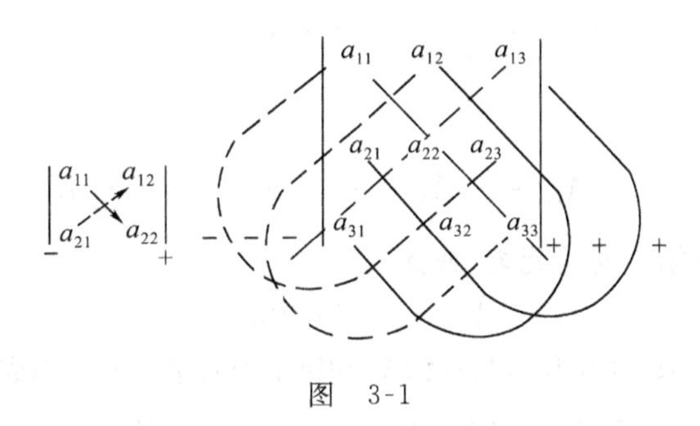

图　3-1

例 3-1　计算以下行列式的值。

$$\begin{vmatrix} 2 & 1 & 2 \\ -4 & 3 & 1 \\ 2 & 3 & 5 \end{vmatrix}$$

解　根据三阶行列式的展开式计算，得

$$\begin{aligned} \text{原式} &= 2\times3\times5+1\times1\times2+2\times(-4)\times3 \\ &\quad -2\times1\times3-1\times(-4)\times5-2\times3\times2 \\ &= 30+2-24-6+20-12=10 \end{aligned}$$

例 3-2　解以下方程组。

$$\begin{cases} 2x_1 - x_2 + x_3 = -1 \\ 3x_1 + 2x_2 + 5x_3 = 2 \\ x_1 + 3x_2 - 2x_3 = 9 \end{cases}$$

解　利用三阶行列式，有

$$\Delta = \begin{vmatrix} 2 & -1 & 1 \\ 3 & 2 & 5 \\ 1 & 3 & -2 \end{vmatrix} = -42, \quad \Delta_1 = \begin{vmatrix} -1 & -1 & 1 \\ 2 & 2 & 5 \\ 9 & 3 & -2 \end{vmatrix} = -42$$

$$\Delta_2 = \begin{vmatrix} 2 & -1 & 1 \\ 3 & 2 & 5 \\ 1 & 9 & -2 \end{vmatrix} = -84, \quad \Delta_3 = \begin{vmatrix} 2 & -1 & -1 \\ 3 & 2 & 2 \\ 1 & 3 & 9 \end{vmatrix} = 42$$

再根据式(3-4)，得到该方程组的解为

$$x_1 = \frac{\Delta_1}{\Delta} = \frac{-42}{-42} = 1, \quad x_2 = \frac{\Delta_2}{\Delta} = \frac{-84}{-42} = 2, \quad x_3 = \frac{\Delta_3}{\Delta} = \frac{42}{-42} = -1$$

2. *n* 阶行列式

定义 3-1　将 n^2 个数 $a_{ij}(i,j=1,2,\cdots,n)$ 排成一个有 n 行 n 列的记号

$$D_n = \begin{vmatrix} a_{11} & a_{12} & \cdots & a_{1n} \\ a_{21} & a_{22} & \cdots & a_{2n} \\ \vdots & \vdots & & \vdots \\ a_{n1} & a_{n2} & \cdots & a_{nn} \end{vmatrix} \tag{3-5}$$

称为 n 阶行列式，它代表一个由确定的运算关系所得的数。当 $n=2$ 时，

$$D_2=\begin{vmatrix}a_{11} & a_{12}\\ a_{21} & a_{22}\end{vmatrix}=a_{11}a_{22}-a_{12}a_{21}$$

当 $n>2$ 时,

$$D_n=a_{11}A_{11}+a_{12}A_{12}+\cdots+a_{1n}A_{1n}=\sum_{j=1}^{n}a_{1j}A_{1j} \tag{3-6}$$

其中,数 a_{ij} 称为第 i 行第 j 列的**元素**(或**元**)。

$$A_{ij}=(-1)^{i+j}M_{ij}$$

称为 a_{ij} 的**代数余子式**。M_{ij} 为由 D_n 划去第 i 行和第 j 列后余下元素构成的 $n-1$ 阶行列式,即

$$M_{ij}=\begin{vmatrix}a_{11} & \cdots & a_{1,j-1} & a_{1,j+1} & \cdots & a_{1n}\\ \vdots & & \vdots & \vdots & & \vdots\\ a_{i-1,1} & \cdots & a_{i-1,j-1} & a_{i-1,j+1} & \cdots & a_{i-1,n}\\ a_{i+1,1} & \cdots & a_{i+1,j-1} & a_{i+1,j+1} & \cdots & a_{i+1,n}\\ \vdots & & \vdots & \vdots & & \vdots\\ a_{n1} & \cdots & a_{n,j-1} & a_{n,j+1} & \cdots & a_{nn}\end{vmatrix}$$

称 M_{ij} 为 a_{ij} 的**余子式**。在行列式 D_n 中,从 a_{11} 经 a_{22},a_{33},…,直到 a_{nn} 称为行列式的**主对角线**,元素 $a_{ii}(i=1,2,\cdots,n)$ 称为行列式的**主对角线元素**。

实例 3-1 对于行列式

$$\begin{vmatrix}2 & 1 & 2\\ -4 & 3 & 1\\ 2 & 3 & 5\end{vmatrix}$$

而言,按定义 3-1 有

$$M_{12}=\begin{vmatrix}-4 & 1\\ 2 & 5\end{vmatrix},\quad M_{31}=\begin{vmatrix}1 & 2\\ 3 & 1\end{vmatrix}$$

并且有

$$A_{12}=(-1)^{1+2}M_{12}=-\begin{vmatrix}-4 & 1\\ 2 & 5\end{vmatrix},\quad A_{31}=(-1)^{3+1}M_{31}=\begin{vmatrix}1 & 2\\ 3 & 1\end{vmatrix}$$

n 阶行列式的展开式(3-6)表明,n 阶行列式展开成 n 个 $n-1$ 阶行列式的代数和,而每个 $n-1$ 阶行列式又展开成 $n-1$ 个 $n-2$ 阶行列式的代数和。根据归纳法可知,n 阶行列式全部展开应该有 $n!$ 项。

例 3-3 计算 4 阶行列式

$$D=\begin{vmatrix}0 & 2 & 0 & -1\\ 1 & 0 & 2 & 0\\ 0 & -2 & 2 & 0\\ 2 & 3 & 0 & 3\end{vmatrix}$$

解 按定义 3-1,有

$$D=(-1)^{1+2}\times 2\times\begin{vmatrix}1 & 2 & 0\\ 0 & 2 & 0\\ 2 & 0 & 3\end{vmatrix}+(-1)^{1+4}\times(-1)\times\begin{vmatrix}1 & 0 & 2\\ 0 & -2 & 2\\ 2 & 3 & 0\end{vmatrix}$$

$$=-2\times\left[(-1)^{1+1}\times 1\times\begin{vmatrix}2&0\\0&3\end{vmatrix}+(-1)^{1+2}\times 2\times\begin{vmatrix}0&0\\2&3\end{vmatrix}\right]$$

$$+1\times\left[(-1)^{1+1}\times 1\times\begin{vmatrix}-2&2\\3&0\end{vmatrix}+(-1)^{1+3}\times 2\times\begin{vmatrix}0&-2\\2&3\end{vmatrix}\right]$$

$$=-2\times(6-0)+1\times(-6+8)=-10$$

通过本题的求解可以看到，正是因为该行列式中有许多元素是 0，实际的计算量并不太大。对于 4 阶以上的行列式，如果绝大多数元素不为 0，直接按行列式的定义计算就非常麻烦了。3.1.2 小节将介绍行列式的简便的计算方法。

3. 几种特殊的行列式

下面利用行列式的定义计算几种特殊的 n 阶行列式。

主对角线外所有元素都是 0 的行列式称为**主对角行列式**。

例 3-4　证明主对角行列式

$$\begin{vmatrix}\lambda_1&0&\cdots&0&0\\0&\lambda_2&\cdots&0&0\\\vdots&\vdots&&\vdots&\vdots\\0&0&\cdots&\lambda_{n-1}&0\\0&0&\cdots&0&\lambda_n\end{vmatrix}=\lambda_1\lambda_2\cdots\lambda_n \tag{3-7}$$

证明　对行列式(3-7)，根据 n 阶行列式的定义逐步降低其阶数，得

$$\begin{vmatrix}\lambda_1&0&\cdots&0&0\\0&\lambda_2&\cdots&0&0\\\vdots&\vdots&&\vdots&\vdots\\0&0&\cdots&\lambda_{n-1}&0\\0&0&\cdots&0&\lambda_n\end{vmatrix}=(-1)^{1+1}\lambda_1\begin{vmatrix}\lambda_2&0&\cdots&0&0\\0&\lambda_3&\cdots&0&0\\\vdots&\vdots&&\vdots&\vdots\\0&0&\cdots&\lambda_{n-1}&0\\0&0&\cdots&0&\lambda_n\end{vmatrix}$$

$$=(-1)^{1+1}\lambda_1\lambda_2\begin{vmatrix}\lambda_3&0&\cdots&0&0\\0&\lambda_4&\cdots&0&0\\\vdots&\vdots&&\vdots&\vdots\\0&0&\cdots&\lambda_{n-1}&0\\0&0&\cdots&0&\lambda_n\end{vmatrix}$$

$$=\cdots=\lambda_1\lambda_2\cdots\lambda_n$$

证毕.

主对角线以上(下)的元素都为 0 的行列式称为**下(上)三角形行列式**。

例 3-5　证明下三角形行列式

$$D_n=\begin{vmatrix}a_{11}&0&\cdots&0\\a_{21}&a_{22}&\cdots&0\\\vdots&\vdots&&\vdots\\a_{n1}&a_{n2}&\cdots&a_{nn}\end{vmatrix}=a_{11}a_{22}\cdots a_{nn} \tag{3-8}$$

证明　对行列式(3-8)，根据 n 阶行列式的定义逐步降低其阶数，得

$$D_n=(-1)^{1+1}a_{11}\begin{vmatrix}a_{22}&0&\cdots&0\\a_{32}&a_{33}&\cdots&0\\\vdots&\vdots&&\vdots\\a_{n2}&a_{n3}&\cdots&a_{nn}\end{vmatrix}$$

$$=\cdots=(-1)^{1+1}a_{11}(-1)^{1+1}a_{22}\cdots a_{nn}=a_{11}a_{22}\cdots a_{nn}$$

证毕.

3.1.2 行列式的性质与计算

1. 行列式的性质

为了能够比较简便地计算行列式,下面介绍行列式的几个基本性质。

将行列式 D_n 的行、列互换得到的新的行列式 D_n^{T} 称为 D_n 的**转置行列式**。对于行列式(3-5),其转置行列式为

$$D_n^{\mathrm{T}}=\begin{vmatrix}a_{11}&a_{21}&\cdots&a_{n1}\\a_{12}&a_{22}&\cdots&a_{n2}\\\vdots&\vdots&&\vdots\\a_{1n}&a_{2n}&\cdots&a_{nn}\end{vmatrix}$$

实例 3-2 行列式

$$D=\begin{vmatrix}2&1&2\\-4&3&1\\2&3&5\end{vmatrix}$$

的转置行列式为

$$D^{\mathrm{T}}=\begin{vmatrix}2&-4&2\\1&3&3\\2&1&5\end{vmatrix}$$

性质 3-1 行列式与它的转置行列式相等,即 $D_n^{\mathrm{T}}=D_n$。

对于二阶行列式,性质 3-1 可由定义 3-1 直接验证,即

$$D_2=\begin{vmatrix}a_{11}&a_{12}\\a_{21}&a_{22}\end{vmatrix}=a_{11}a_{22}-a_{12}a_{21}$$

$$D_2^{\mathrm{T}}=\begin{vmatrix}a_{11}&a_{21}\\a_{12}&a_{22}\end{vmatrix}=a_{11}a_{22}-a_{21}a_{12}=D_2$$

性质 3-1 表明:行列式中行和列的地位是对称的,凡是对行成立的性质对列也成立。

例 3-6 证明以下上三角形行列式。

$$D_n=\begin{vmatrix}a_{11}&a_{12}&\cdots&a_{1n}\\0&a_{22}&\cdots&a_{2n}\\\vdots&\vdots&&\vdots\\0&0&\cdots&a_{nn}\end{vmatrix}=a_{11}a_{22}\cdots a_{nn}$$

证明 由性质 3-1 得

$$D_n=D_n^{\mathrm{T}}=\begin{vmatrix}a_{11}&0&\cdots&0\\a_{12}&a_{22}&\cdots&0\\\vdots&\vdots&&\vdots\\a_{1n}&a_{2n}&\cdots&a_{nn}\end{vmatrix}=a_{11}a_{22}\cdots a_{nn}\qquad(3\text{-}9)$$

证毕。

式(3-8)和式(3-9)表明，上、下三角形行列式都等于主对角线元素的乘积。

性质 3-2　互换行列式的任意两行，行列式仅改变符号。

对于二阶行列式，性质 3-2 可以直接验证，下面是交换两行的情形，即

$$\begin{vmatrix} a_{21} & a_{22} \\ a_{11} & a_{12} \end{vmatrix} = a_{21}a_{12} - a_{22}a_{11} = -(a_{11}a_{22} - a_{12}a_{21}) = -\begin{vmatrix} a_{11} & a_{12} \\ a_{21} & a_{22} \end{vmatrix}$$

推论　如果行列式有两行(或两列)的对应元素相等，则这个行列式等于 0。

性质 3-3　将行列式某一行(列)所有元素都乘以相同的数 k，其结果就等于用 k 乘这个行列式。换句话说，可以将行列式的某一行(列)中所有各元素的公因数 k 提到行列式符号前面，即

$$\begin{vmatrix} a_{11} & a_{12} & \cdots & a_{1n} \\ \vdots & \vdots & & \vdots \\ ka_{i1} & ka_{i2} & \cdots & ka_{in} \\ \vdots & \vdots & & \vdots \\ a_{n1} & a_{n2} & \cdots & a_{nn} \end{vmatrix} = k\begin{vmatrix} a_{11} & a_{12} & \cdots & a_{1n} \\ \vdots & \vdots & & \vdots \\ a_{i1} & a_{i2} & \cdots & a_{in} \\ \vdots & \vdots & & \vdots \\ a_{n1} & a_{n2} & \cdots & a_{nn} \end{vmatrix}$$

推论 1　行列式中如果有一行(列)的所有元素都是 0，则这个行列式等于 0。

由性质 3-2 的推论和性质 3-3 可以得到如下的推论 2。

推论 2　行列式中如果有两行(或两列)的对应元素成比例，则这个行列式等于 0。

性质 3-4　如果行列式的某行(列)，如第 i 行中各元素都可以写成两数之和，即

$$a_{ij} = b_j + c_j \quad (j = 1,2,\cdots,n)$$

那么这个行列式等于两个行列式之和，这两个行列式的第 i 行，一个是 $b_1,b_2,\cdots,b_n$，另一个是 $c_1,c_2,\cdots,c_n$，其他各行都和原来的行列式一样，即

$$\begin{vmatrix} a_{11} & a_{12} & \cdots & a_{1n} \\ \vdots & \vdots & & \vdots \\ b_1+c_1 & b_2+c_2 & \cdots & b_n+c_n \\ \vdots & \vdots & & \vdots \\ a_{n1} & a_{n2} & \cdots & a_{nn} \end{vmatrix} = \begin{vmatrix} a_{11} & a_{12} & \cdots & a_{1n} \\ \vdots & \vdots & & \vdots \\ b_1 & b_2 & \cdots & b_n \\ \vdots & \vdots & & \vdots \\ a_{n1} & a_{n2} & \cdots & a_{nn} \end{vmatrix} + \begin{vmatrix} a_{11} & a_{12} & \cdots & a_{1n} \\ \vdots & \vdots & & \vdots \\ c_1 & c_2 & \cdots & c_n \\ \vdots & \vdots & & \vdots \\ a_{n1} & a_{n2} & \cdots & a_{nn} \end{vmatrix}$$

性质 3-5　将行列式某一行(列)所有元素都乘以相同的数 k，再加到另一行(列)的对应元素上，得到的新行列式与原行列式相等，即

$$\begin{vmatrix} a_{11} & a_{12} & \cdots & a_{1n} \\ \vdots & \vdots & & \vdots \\ a_{i1} & a_{i2} & \cdots & a_{in} \\ \vdots & \vdots & & \vdots \\ a_{j1}+ka_{i1} & a_{j2}+ka_{i2} & \cdots & a_{jn}+ka_{in} \\ \vdots & \vdots & & \vdots \\ a_{n1} & a_{n2} & \cdots & a_{nn} \end{vmatrix} = \begin{vmatrix} a_{11} & a_{12} & \cdots & a_{1n} \\ \vdots & \vdots & & \vdots \\ a_{i1} & a_{i2} & \cdots & a_{in} \\ \vdots & \vdots & & \vdots \\ a_{j1} & a_{j2} & \cdots & a_{jn} \\ \vdots & \vdots & & \vdots \\ a_{n1} & a_{n2} & \cdots & a_{nn} \end{vmatrix}$$

性质 3-6　n 阶行列式等于任意一行(列)所有元素与其对应的代数余子式的乘积之和，即

$$D_n = a_{i1}A_{i1} + a_{i2}A_{i2} + \cdots + a_{in}A_{in} = \sum_{k=1}^{n} a_{ik}A_{ik} \quad (i = 1,2,\cdots,n)$$

$$D_n = a_{1j}A_{1j} + a_{2j}A_{2j} + \cdots + a_{nj}A_{nj} = \sum_{k=1}^{n} a_{kj}A_{kj} \quad (j = 1,2,\cdots,n)$$

性质 3-6 表明：行列式可按任意一行(列)展开。

性质 3-7 n 阶行列式中任意一行(列)的元素与另一行(列)的相应元素的代数余子式的乘积之和等于 0,即

$$a_{j1}A_{i1} + a_{j2}A_{i2} + \cdots + a_{jn}A_{in} = 0 \quad (i \neq j)$$

证明 在 n 阶行列式

$$D = \begin{vmatrix} a_{11} & a_{12} & \cdots & a_{1n} \\ \vdots & \vdots & & \vdots \\ a_{i1} & a_{i2} & \cdots & a_{in} \\ \vdots & \vdots & & \vdots \\ a_{j1} & a_{j2} & \cdots & a_{jn} \\ \vdots & \vdots & & \vdots \\ a_{n1} & a_{n2} & \cdots & a_{nn} \end{vmatrix} \begin{matrix} \\ \\ \leftarrow \text{第 } i \text{ 行} \\ \\ \leftarrow \text{第 } j \text{ 行} \\ \\ \\ \end{matrix}$$

中将第 i 行的元素都换成第 $j\,(i \neq j)$ 行的元素,得到另一个行列式

$$D_0 = \begin{vmatrix} a_{11} & a_{12} & \cdots & a_{1n} \\ \vdots & \vdots & & \vdots \\ a_{j1} & a_{j2} & \cdots & a_{jn} \\ \vdots & \vdots & & \vdots \\ a_{j1} & a_{j2} & \cdots & a_{jn} \\ \vdots & \vdots & & \vdots \\ a_{n1} & a_{n2} & \cdots & a_{nn} \end{vmatrix} \begin{matrix} \\ \\ \leftarrow \text{第 } i \text{ 行} \\ \\ \leftarrow \text{第 } j \text{ 行} \\ \\ \\ \end{matrix}$$

显然,D_0 的第 i 行的代数余子式与 D 的第 i 行的代数余子式是完全一样的。将 D_0 按第 i 行展开,得

$$D_0 = a_{j1}A_{i1} + a_{j2}A_{i2} + \cdots + a_{jn}A_{in}$$

因为 D_0 中有两行元素相同,所以 $D_0 = 0$。因此

$$a_{j1}A_{i1} + a_{j2}A_{i2} + \cdots + a_{jn}A_{in} = 0 \quad (i \neq j)$$

由性质 3-6 和性质 3-7 可以得到如下结论

$$a_{j1}A_{i1} + a_{j2}A_{i2} + \cdots + a_{jn}A_{in} = \begin{cases} D_n & (i = j) \\ 0 & (i \neq j) \end{cases} \tag{3-10}$$

证毕。

2. 行列式的计算

行列式的计算方法有多种,本教材主要介绍如何利用行列式的各项性质计算行列式。由于三角形行列式等于主对角线元素的乘积,所以对行列式进行恒等变换是将其化为三角形行列式是一个可行的方法,一般都是变换为上三角行列式。

例 3-7　计算 4 阶行列式

$$\begin{vmatrix} 2 & -5 & 1 & 2 \\ -3 & 7 & -1 & 4 \\ 5 & -9 & 2 & 7 \\ 4 & -6 & 1 & 2 \end{vmatrix}$$

解

$$\begin{vmatrix} 2 & -5 & 1 & 2 \\ -3 & 7 & -1 & 4 \\ 5 & -9 & 2 & 7 \\ 4 & -6 & 1 & 2 \end{vmatrix} \xlongequal{c_1 \leftrightarrow c_3\text{,使 } a_{11}=1} -\begin{vmatrix} 1 & -5 & 2 & 2 \\ -1 & 7 & -3 & 4 \\ 2 & -9 & 5 & 7 \\ 1 & -6 & 4 & 2 \end{vmatrix} \xlongequal{r_2+r_1, r_3-2r_1, r_4-r_1} -\begin{vmatrix} 1 & -5 & 2 & 2 \\ 0 & 2 & -1 & 6 \\ 0 & 1 & 1 & 3 \\ 0 & -1 & 2 & 0 \end{vmatrix}$$

$$\xlongequal{r_2 \leftrightarrow r_3\text{,使 } a_{22}=1} \begin{vmatrix} 1 & -5 & 2 & 2 \\ 0 & 1 & 1 & 3 \\ 0 & 2 & -1 & 6 \\ 0 & -1 & 2 & 0 \end{vmatrix} \xlongequal{r_3-2r_2, r_4+r_2} \begin{vmatrix} 1 & -5 & 2 & 2 \\ 0 & 1 & 1 & 3 \\ 0 & 0 & -3 & 0 \\ 0 & 0 & 3 & 3 \end{vmatrix} \xlongequal{r_4+r_3} \begin{vmatrix} 1 & -5 & 2 & 2 \\ 0 & 1 & 1 & 3 \\ 0 & 0 & -3 & 0 \\ 0 & 0 & 0 & 3 \end{vmatrix} = 1 \times 1 \times (-3) \times 3 = -9$$

行列式的计算步骤没有一定之规。将行列式化为三角形行列式通常不是最好的方法。对于不同的行列式，要仔细观察它有什么特点，然后决定选用恰当的步骤。一般来说，尽快将行列式降阶是比较好的方法。下面是计算行列式的一些比较常用的技巧。

(1) 如果某行(列)有公因数，应提取公因数；如果行列式中有分数，可通过提取公因数消除。这样做可以使以后的计算比较简单。

(2) 选择数字比较简单的行或列，设法仅保留该行(列)有一个元素不为 0，将其他元素都变为 0，再利用性质 3-6 将行列式降阶。如果某行(列)有多个 0，选该行(列)更为简捷。

(3) 主对角线元素最好是1,因为1可以使以后的计算中把该元素下面的各个元素化为0时的步骤最为简便,并且不出现分数。

(4) 如果行列式的各行(列)的和相同,就将各列(行)加到第1列(行),然后提取公因数(式)是最简便的方法。参见例3-9和例3-10。

因此,例3-7的解答采用的将行列式化为三角形行列式通常不是最好的方法。大多数情况下,尽快将行列式降阶比较简捷,下面的例3-8就是用这种方法解答的。

例 3-8 计算以下行列式的值。

$$\begin{vmatrix} -2 & 1 & 2 & 1 \\ 1 & 0 & -1 & 2 \\ -1 & -3 & 2 & 2 \\ 0 & 1 & 0 & -1 \end{vmatrix}$$

解 因这个行列式最后一行有两个0,所以还可以进行适当变换使最后一行只保留一个元素不为0,将其他非0元素化为0,然后再降阶,即

$$\begin{vmatrix} -2 & 1 & 2 & 1 \\ 1 & 0 & -1 & 2 \\ -1 & -3 & 2 & 2 \\ 0 & 1 & 0 & -1 \end{vmatrix} \xlongequal{c_4+c_2}$$

$$\begin{vmatrix} -2 & 1 & 2 & 2 \\ 1 & 0 & -1 & 2 \\ -1 & -3 & 2 & -1 \\ 0 & 1 & 0 & 0 \end{vmatrix} \xlongequal{\text{(按第 4 行展开)}}$$

$$(-1)^{4+2} \times 1 \times \begin{vmatrix} -2 & 2 & 2 \\ 1 & -1 & 2 \\ -1 & 2 & -1 \end{vmatrix} \xlongequal{\text{(第 1 行提取 } -2\text{)}}$$

$$-2 \times \begin{vmatrix} 1 & -1 & -1 \\ 1 & -1 & 2 \\ -1 & 2 & -1 \end{vmatrix} \xlongequal{\text{(逐步化为三角行列式)}}$$

$$-2 \times \begin{vmatrix} 1 & -1 & -1 \\ 0 & 0 & 3 \\ 0 & 1 & -2 \end{vmatrix} = 2 \times \begin{vmatrix} 1 & -1 & -1 \\ 0 & 1 & -2 \\ 0 & 0 & 3 \end{vmatrix} = 2 \times 1 \times 1 \times 3 = 6$$

例 3-9 计算以下行列式的值。

$$\begin{vmatrix} a & b & b & b \\ b & a & b & b \\ b & b & a & b \\ b & b & b & a \end{vmatrix}$$

解 这个行列式的特点是所有列的元素之和都是 $a+3b$,所以有下面的简单计算过程,即

$$\begin{vmatrix} a & b & b & b \\ b & a & b & b \\ b & b & a & b \\ b & b & b & a \end{vmatrix} \xlongequal{r_1 + r_2 + r_3 + r_4} \begin{vmatrix} a+3b & a+3b & a+3b & a+3b \\ b & a & b & b \\ b & b & a & b \\ b & b & b & a \end{vmatrix} =$$

$$(a+3b)\begin{vmatrix} 1 & 1 & 1 & 1 \\ b & a & b & b \\ b & b & a & b \\ b & b & b & a \end{vmatrix} \xlongequal{c_2 - c_1,\quad c_3 - c_1,\quad c_4 - c_1}$$

$$(a+3b)\begin{vmatrix} 1 & 0 & 0 & 0 \\ b & a-b & 0 & 0 \\ b & 0 & a-b & 0 \\ b & 0 & 0 & a-b \end{vmatrix} = (a+3b)(a-b)^3$$

例 3-10　计算以下行列式的值。

$$\begin{vmatrix} a & -a & 0 & 0 \\ 0 & b & -b & 0 \\ 0 & 0 & c & -c \\ 1 & 1 & 1 & 1 \end{vmatrix}$$

解　这个行列式的特点是前 3 行所有元素之和都是 0,所以有下面的简单计算过程:

$$\begin{vmatrix} a & -a & 0 & 0 \\ 0 & b & -b & 0 \\ 0 & 0 & c & -c \\ 1 & 1 & 1 & 1 \end{vmatrix} \xlongequal{c_1 + c_2 + c_3 + c_4} \begin{vmatrix} 0 & -a & 0 & 0 \\ 0 & b & -b & 0 \\ 0 & 0 & c & -c \\ 4 & 1 & 1 & 1 \end{vmatrix}$$

$$= -4\begin{vmatrix} -a & 0 & 0 \\ b & -b & 0 \\ 0 & c & -c \end{vmatrix} = 4abc$$

3.1.3　克莱姆法则

n 阶行列式的概念是二阶和三阶行列式的推广。既然二阶和三阶行列式的解法来源于解线性方程组,那么 n 阶行列式可否用来解由 n 个未知数和 n 个方程构成的线性方程组呢? 本小节将讨论这个问题。

含有 n 个方程、n 个未知数 $x_1, x_2, \cdots, x_n$ 的线性方程组

$$\begin{cases} a_{11}x_1 + a_{12}x_2 + \cdots + a_{1n}x_n = b_1 \\ a_{21}x_1 + a_{22}x_2 + \cdots + a_{2n}x_n = b_2 \\ \qquad\qquad\vdots \\ a_{n1}x_1 + a_{n2}x_2 + \cdots + a_{nn}x_n = b_n \end{cases} \tag{3-11}$$

是否有解,如何求解将取决于定理 3-1。

定理 3-1(克莱姆法则) 如果线性方程组(3-11)的系数行列式

$$\Delta=\begin{vmatrix} a_{11} & a_{12} & \cdots & a_{1n} \\ a_{21} & a_{22} & \cdots & a_{2n} \\ \vdots & \vdots & & \vdots \\ a_{n1} & a_{n2} & \cdots & a_{nn} \end{vmatrix} \neq 0$$

那么线性方程组(3-11)一定有唯一一组解,其解为

$$x_1=\frac{\Delta_1}{\Delta},\quad x_2=\frac{\Delta_2}{\Delta},\quad \cdots,\quad x_n=\frac{\Delta_n}{\Delta} \tag{3-12}$$

其中,$\Delta_j(j=1,2,\cdots,n)$是把系数行列式Δ中第j列用方程组的常数列$b_1,b_2,\cdots,b_n$来代替,而其余各列不变所得到的n阶行列式,即

$$\Delta_j=\begin{vmatrix} a_{11} & \cdots & a_{1,j-1} & b_1 & a_{1,j+1} & \cdots & a_{1n} \\ a_{21} & \cdots & a_{2,j-1} & b_2 & a_{2,j+1} & \cdots & a_{2n} \\ \vdots & & \vdots & \vdots & \vdots & & \vdots \\ a_{n1} & \cdots & a_{n,j-1} & b_n & a_{n,j+1} & \cdots & a_{nn} \end{vmatrix} \tag{3-13}$$

证明 用Δ中第j列的各元素的代数余子式$A_{1j},A_{2j},\cdots,A_{nj}$依次乘方程组(3-11)的第1、第2、…、第$n$个方程,再将等式两端分别相加和整理,得

$$\begin{aligned}&(a_{11}A_{1j}+a_{21}A_{2j}+\cdots+a_{n1}A_{nj})x_1+\cdots+(a_{1j}A_{1j}+a_{2j}A_{2j}+\cdots+a_{nj}A_{nj})x_j\\&+\cdots+(a_{1n}A_{1j}+a_{2n}A_{2j}+\cdots+a_{nn}A_{nj})x_n\\=&\ b_1A_{1j}+b_2A_{2j}+\cdots+b_nA_{nj}\end{aligned}$$

根据式(3-10)有

$$0\cdot x_1+\cdots+\Delta\cdot x_j+\cdots+0\cdot x_n=\Delta_j$$

所以

$$x_j=\frac{\Delta_j}{\Delta}$$

证毕。

由于上面的证明过程中j可以任取为$1,2,\cdots,n$中的任一个值,因而式(3-12)得证。

例 3-11 解线性方程组

$$\begin{cases}2x_1+x_2-5x_3+x_4=8\\x_1-3x_2-6x_4=9\\2x_2-x_3+2x_4=-5\\x_1+4x_2-7x_3+6x_4=0\end{cases}$$

解 对于本题,有

$$\Delta=\begin{vmatrix}2&1&-5&1\\1&-3&0&-6\\0&2&-1&2\\1&4&-7&6\end{vmatrix}=-\begin{vmatrix}1&-3&0&-6\\2&1&-5&1\\0&2&-1&2\\1&4&-7&6\end{vmatrix}$$

$$=-\begin{vmatrix}1&-3&0&-6\\0&7&-5&13\\0&2&-1&2\\0&7&-7&12\end{vmatrix}=-\begin{vmatrix}7&-5&13\\2&-1&2\\7&-7&12\end{vmatrix}$$

$$=-\begin{vmatrix}7 & -5 & 13\\2 & -1 & 2\\0 & -2 & -1\end{vmatrix}=\begin{vmatrix}1 & -2 & 7\\2 & -1 & 2\\0 & 2 & 1\end{vmatrix}=\begin{vmatrix}1 & -2 & 7\\0 & 3 & -12\\0 & 2 & 1\end{vmatrix}$$

$$=3\times 1-(-12)\times 2=27$$

$$\Delta_1=\begin{vmatrix}8 & 1 & -5 & 1\\9 & -3 & 0 & -6\\-5 & 2 & -1 & 2\\0 & 4 & -7 & 6\end{vmatrix}=81,\quad \Delta_2=\begin{vmatrix}2 & 8 & -5 & 1\\1 & 9 & 0 & -6\\0 & -5 & -1 & 2\\1 & 0 & -7 & 6\end{vmatrix}=-108$$

$$\Delta_3=\begin{vmatrix}2 & 1 & 8 & 1\\1 & -3 & 9 & -6\\0 & 2 & -5 & 2\\1 & 4 & 0 & 6\end{vmatrix}=-27,\quad \Delta_4=\begin{vmatrix}2 & 1 & -5 & 8\\1 & -3 & 0 & 9\\0 & 2 & -1 & -5\\1 & 4 & -7 & 0\end{vmatrix}=27$$

于是,原方程组的解为

$$x_1=\frac{\Delta_1}{\Delta}=\frac{81}{27}=3,\qquad x_2=\frac{\Delta_2}{\Delta}=-\frac{108}{27}=-4$$

$$x_3=\frac{\Delta_3}{\Delta}=-\frac{27}{27}=-1,\quad x_4=\frac{\Delta_4}{\Delta}=\frac{27}{27}=1$$

在上面的解题过程中,计算 Δ 的步骤比较详细是为了读者阅读和理解的方便,而计算 Δ_1,Δ_2,Δ_3 和 Δ_4 时省略中间步骤是为了节省篇幅。

从例 3-11 可以看出,用克莱姆法则解多元线性方程组需要计算多个高阶行列式,且计算量很大。所以,在一般情况下,不用克莱姆法则解多元线性方程组。但是,克莱姆法则在理论上很有价值,下面是其中的两点。

(1) 当含有 n 个方程、n 个未知数的线性方程组的系数行列式不等于 0 时,该方程组有唯一一组解。

(2) 当线性方程组的系数行列式不等于 0 时,该方程组的唯一一组解可以用式(3-12)表示。

当线性方程组(3-11)的常数项 $b_1,b_2,\cdots,b_n$ 全为 0 时,方程组变成如下形式。

$$\begin{cases}a_{11}x_1+a_{12}x_2+\cdots+a_{1n}x_n=0\\a_{21}x_1+a_{22}x_2+\cdots+a_{2n}x_n=0\\\qquad\vdots\\a_{n1}x_1+a_{n2}x_2+\cdots+a_{nn}x_n=0\end{cases}\tag{3-14}$$

方程组(3-14)称为**齐次线性方程组**。相应地,方程组(3-11)称为**非齐次线性方程组**。显然,

$$x_j=0\qquad(j=1,2,\cdots,n)$$

肯定是齐次线性方程组(3-14)的解。未知数全部为 0 的解称为**零解**。另一方面,当齐次线性方程组(3-14)的系数行列式 $\Delta\neq 0$ 时,根据克莱姆法则,它有唯一一组解。于是有下面的推论。

推论　如果齐次线性方程组(3-14)的系数行列式不等于 0,则它只有零解。

齐次线性方程组(3-14)有没有其他解,以及非齐次线性方程组(3-11)解的全面讨论将在3.3节进行。

例3-12 当k取何值时,齐次线性方程组

$$\begin{cases} kx_1 + x_2 + x_3 = 0 \\ x_1 + kx_2 + x_3 = 0 \\ x_1 + x_2 + kx_3 = 0 \end{cases}$$

有非零解?

解 $$\Delta = \begin{vmatrix} k & 1 & 1 \\ 1 & k & 1 \\ 1 & 1 & k \end{vmatrix} \xlongequal{r_1 + r_2 + r_3} \begin{vmatrix} k+2 & k+2 & k+2 \\ 1 & k & 1 \\ 1 & 1 & k \end{vmatrix}$$

$$= (k+2)\begin{vmatrix} 1 & 1 & 1 \\ 1 & k & 1 \\ 1 & 1 & k \end{vmatrix} = (k+2)\begin{vmatrix} 1 & 1 & 1 \\ 0 & k-1 & 0 \\ 0 & 0 & k-1 \end{vmatrix} = (k+2)(k-1)^2$$

根据定理3-1的推论可知,只有当$\Delta=0$时,齐次方程组才有非零解。令$\Delta=(k+2)(k-1)^2=0$,解得$k=-2$或$k=1$。此时,该方程组有非零解。

3.2 矩阵

3.1节的讨论得到如下结论:只有当线性方程组中未知数的个数和方程的个数相同,并且系数行列式不等于0时,线性方程组有唯一一组解。对线性方程组解的全面讨论需要借助于矩阵这一重要工具。

本节将介绍关于矩阵的基本知识。

3.2.1 矩阵的概念

在工程技术和经济领域,常常要用到一些矩形数表。例如,表3-1列出的某校机电系各专业2004年在校学生人数。

表3-1 机电系各专业2004年在校学生人数

专　业	2002级	2003级	2004级
制冷工程	96	98	98
机电设备维修	52	55	64
数控与模具	56	52	92
汽车维修	64	92	99

如果用矩形数表可以简洁地表示为

$$\begin{pmatrix} 96 & 98 & 98 \\ 52 & 55 & 64 \\ 56 & 52 & 92 \\ 64 & 92 & 99 \end{pmatrix}$$

这类矩形数表在数学上就是下面定义的矩阵。

定义 3-2　由 $m\times n$ 个数 $a_{ij}(i=1,2,\cdots,m;\ j=1,2,\cdots,n)$ 排成如下的 m 行 n 列矩形数表

$$\boldsymbol{A}=\begin{pmatrix} a_{11} & a_{12} & \cdots & a_{1n} \\ a_{21} & a_{22} & \cdots & a_{2n} \\ \vdots & \vdots & & \vdots \\ a_{m1} & a_{m2} & \cdots & a_{mn} \end{pmatrix}$$

称为 **m 行 n 列矩阵**，简称为 **$m\times n$ 矩阵**。通常用大写字母 $\boldsymbol{A},\boldsymbol{B},\boldsymbol{C},\cdots$ 表示矩阵，a_{ij} 称为矩阵 $\boldsymbol{A}$ 的第 i 行 j 列的元素。有时为了标明一个矩阵的行数和列数，用 $\boldsymbol{A}_{m\times n}$ 或 $\boldsymbol{A}=(a_{ij})_{m\times n}$ 表示一个 m 行 n 列的矩阵。

下面介绍几种特殊矩阵。

(1) 当 $m=n$ 时，矩阵 $\boldsymbol{A}$ 称为 **n 阶方阵**。

(2) 当 $m=1$ 时，矩阵 $\boldsymbol{A}$ 称为**行矩阵**，此时

$$\boldsymbol{A}=(a_{11}\quad a_{12}\quad \cdots\quad a_{1n})$$

(3) 当 $n=1$ 时，矩阵 $\boldsymbol{A}$ 称为**列矩阵**，此时

$$\boldsymbol{A}=\begin{pmatrix} a_{11} \\ a_{21} \\ \vdots \\ a_{m1} \end{pmatrix}$$

(4) 当 $a_{ij}=0(i=1,2,\cdots,m;\ j=1,2,\cdots,n)$ 时，称 $\boldsymbol{A}$ 为**零矩阵**，记为 $\boldsymbol{O}_{m\times n}$ 或 $\boldsymbol{O}$。

(5) 如果 n 阶方阵 $\boldsymbol{A}$ 的主对角线以外所有元素都是 0，则称 $\boldsymbol{A}$ 为 **n 阶对角矩阵**。

(6) 如果 n 阶对角矩阵 $\boldsymbol{A}$ 的主对角线上的元素全为 1，则称 $\boldsymbol{A}$ 为 **n 阶单位矩阵**，记作 $\boldsymbol{E}_n$ 或 $\boldsymbol{E}$，即

$$\boldsymbol{E}_n=\begin{pmatrix} 1 & 0 & 0 & \cdots & 0 \\ 0 & 1 & 0 & \cdots & 0 \\ \vdots & \vdots & \vdots & & \vdots \\ 0 & 0 & 0 & \cdots & 1 \end{pmatrix}$$

3.2.2　矩阵的运算及其性质

1. 矩阵的加法与数乘

若矩阵 $\boldsymbol{A}$ 和矩阵 $\boldsymbol{B}$ 的行数和列数分别相等，则称 $\boldsymbol{A},\boldsymbol{B}$ 为**同型矩阵**。若矩阵 $\boldsymbol{A}$ 和矩阵 $\boldsymbol{B}$ 为同型矩阵，即

$$\boldsymbol{A}=\begin{pmatrix} a_{11} & a_{12} & \cdots & a_{1n} \\ a_{21} & a_{22} & \cdots & a_{2n} \\ \vdots & \vdots & & \vdots \\ a_{m1} & a_{m2} & \cdots & a_{mn} \end{pmatrix},\quad \boldsymbol{B}=\begin{pmatrix} b_{11} & b_{12} & \cdots & b_{1n} \\ b_{21} & b_{22} & \cdots & b_{2n} \\ \vdots & \vdots & & \vdots \\ b_{m1} & b_{m2} & \cdots & b_{mn} \end{pmatrix}$$

并且对应的元素相等，即 $a_{ij}=b_{ij}(i=1,2,\cdots,m;\ j=1,2,\cdots,n)$，则称矩阵 $\boldsymbol{A}$ 和矩阵 $\boldsymbol{B}$ 相

等,记作

$$\boldsymbol{A}=\boldsymbol{B}$$

将两个同型矩阵 $\boldsymbol{A}$ 和 $\boldsymbol{B}$ 的对应元素相加得到的矩阵 $\boldsymbol{C}$,称为矩阵 $\boldsymbol{A}$ 和 $\boldsymbol{B}$ 的和,记作

$$\boldsymbol{C}=\boldsymbol{A}+\boldsymbol{B}$$

其中:

$$c_{ij}=a_{ij}+b_{ij}\quad(i=1,2,\cdots,m;\ j=1,2,\cdots,n)$$

以常数 k 乘矩阵 $\boldsymbol{A}$ 的每一个元素所得到的矩阵

$$\boldsymbol{C}=\begin{pmatrix}c_{11} & c_{12} & \cdots & c_{1n}\\ c_{21} & c_{22} & \cdots & c_{2n}\\ \vdots & \vdots & & \vdots\\ c_{m1} & c_{m2} & \cdots & c_{mn}\end{pmatrix}$$

称为**数 k 与矩阵 $\boldsymbol{A}$ 的乘积**,简称**数乘**,记作

$$\boldsymbol{C}=k\boldsymbol{A}$$

其中:

$$c_{ij}=ka_{ij}\quad(i=1,2,\cdots,m;\ j=1,2,\cdots,n)$$

矩阵的加法与数乘满足以下运算法则(假定下列矩阵都是 $m\times n$ 矩阵)。

(1) $\boldsymbol{A}+\boldsymbol{B}=\boldsymbol{B}+\boldsymbol{A}$

(2) $\boldsymbol{A}+(\boldsymbol{B}+\boldsymbol{C})=(\boldsymbol{A}+\boldsymbol{B})+\boldsymbol{C}$

(3) $\boldsymbol{A}+\boldsymbol{O}=\boldsymbol{O}+\boldsymbol{A}=\boldsymbol{A}$

(4) $k(\boldsymbol{A}+\boldsymbol{B})=k\boldsymbol{A}+k\boldsymbol{B}$

(5) $(k+l)\boldsymbol{A}=k\boldsymbol{A}+l\boldsymbol{A}$

(6) $(kl)\boldsymbol{A}=k(l\boldsymbol{A})$

【说明】 只有两个同型矩阵才有相等或不等关系(没有大小关系);也只有两个同型矩阵才能相加或相减。两个不同型矩阵不能进行比较。

例 3-13 设

$$\boldsymbol{A}=\begin{pmatrix}3 & 2 & -2\\ -1 & 3 & 1\end{pmatrix},\quad \boldsymbol{B}=\begin{pmatrix}2 & -1 & 3\\ 1 & -2 & 2\end{pmatrix}$$

求:(1) $\boldsymbol{A}+2\boldsymbol{B}$;(2) $\boldsymbol{B}-3\boldsymbol{A}$。

解 (1) $\boldsymbol{A}+2\boldsymbol{B}=\begin{pmatrix}3 & 2 & -2\\ -1 & 3 & 1\end{pmatrix}+2\begin{pmatrix}2 & -1 & 3\\ 1 & -2 & 2\end{pmatrix}$

$$=\begin{pmatrix}3+2\times2 & 2+2\times(-1) & -2+2\times3\\ -1+2\times1 & 3+2\times(-2) & 1+2\times2\end{pmatrix}=\begin{pmatrix}7 & 0 & 4\\ 1 & -1 & 5\end{pmatrix}$$

(2) $\boldsymbol{B}-3\boldsymbol{A}=\begin{pmatrix}2 & -1 & 3\\ 1 & -2 & 2\end{pmatrix}-3\begin{pmatrix}3 & 2 & -2\\ -1 & 3 & 1\end{pmatrix}$

$$=\begin{pmatrix}2-3\times3 & -1-3\times2 & 3-3\times(-2)\\ 1-3\times(-1) & -2-3\times3 & 2-3\times1\end{pmatrix}=\begin{pmatrix}-7 & -7 & 9\\ 4 & -11 & -1\end{pmatrix}$$

含有未知矩阵的方程称为**矩阵方程**。下面是矩阵方程的一个简单例题。

例 3-14 解矩阵方程 $3\boldsymbol{A}+2\boldsymbol{X}=\boldsymbol{B}$。

$$A=\begin{pmatrix}3&1&0&2\\-1&2&1&4\\1&4&3&2\end{pmatrix},\quad B=\begin{pmatrix}1&0&2&0\\2&-1&0&1\\0&-2&1&1\end{pmatrix}$$

解　由 $3\boldsymbol{A}+2\boldsymbol{X}=\boldsymbol{B}$ 得

$$\boldsymbol{X}=\frac{1}{2}(\boldsymbol{B}-3\boldsymbol{A})$$

将 $\boldsymbol{A},\boldsymbol{B}$ 代入上式，得

$$\boldsymbol{X}=\frac{1}{2}\left[\begin{pmatrix}1&0&2&0\\2&-1&0&1\\0&-2&1&1\end{pmatrix}-3\begin{pmatrix}3&1&0&2\\-1&2&1&4\\1&4&3&2\end{pmatrix}\right]$$

$$=\frac{1}{2}\begin{pmatrix}-8&-3&2&-6\\5&-7&-3&-11\\-3&-14&-8&-5\end{pmatrix}=\begin{pmatrix}-4&-\frac{3}{2}&1&-3\\\frac{5}{2}&-\frac{7}{2}&-\frac{3}{2}&-\frac{11}{2}\\-\frac{3}{2}&-7&-4&-\frac{5}{2}\end{pmatrix}$$

2. 矩阵的乘法

在引进矩阵乘法的概念以前，先看一个实例。本节一开始就介绍了某校机电系各专业2004 年在校学生人数。如果给出 2004—2005 学年不同年级学生应交的学费和书费，则可以计算各专业学生应交学费和书费的总额。下面用矩阵表示学生人数和每人应交学费额。

$$\boldsymbol{A}=\begin{pmatrix}96&98&98\\52&55&64\\56&52&92\\64&92&99\end{pmatrix}\begin{matrix}\leftarrow \text{制冷工程}\\\leftarrow \text{机电设备}\\\leftarrow \text{数控模具}\\\leftarrow \text{汽车维修}\end{matrix},\quad \boldsymbol{B}=\begin{pmatrix}3\,800&500\\3\,900&550\\3\,950&450\end{pmatrix}\begin{matrix}\leftarrow 2002\text{级}\\\leftarrow 2003\text{级}\\\leftarrow 2004\text{级}\end{matrix}$$

（$\boldsymbol{A}$ 的列依次为：2002 级　2003 级　2004 级；$\boldsymbol{B}$ 的列依次为：学费　书费）

各专业学生应交费用总额是这样计算的：用各年级人数乘相应的个人费用，然后再相加。例如，计算机电设备专业的应交学费总额，应如下计算。

$$52\times 3\,800+55\times 3\,900+64\times 3\,950=664\,900(\text{元})$$

从给出的矩阵看，上面的计算恰好是矩阵 $\boldsymbol{A}$ 中的第 2 行各个元素与矩阵 $\boldsymbol{B}$ 第 1 列各个对应元素相乘，然后再求和。实际上，其他专业应交学费（或书费）的总额也是用类似方法计算的。许多实际问题都有类似的计算。将这类实际问题抽象出来就得到关于矩阵乘法的定义。

定义 3-3　设 $\boldsymbol{A}$ 为 $m\times s$ 矩阵，$\boldsymbol{B}$ 为 $s\times n$ 矩阵，即

$$\boldsymbol{A}=\begin{pmatrix}a_{11}&a_{12}&\cdots&a_{1s}\\a_{21}&a_{22}&\cdots&a_{2s}\\\vdots&\vdots&&\vdots\\a_{m1}&a_{m2}&\cdots&a_{ms}\end{pmatrix},\quad \boldsymbol{B}=\begin{pmatrix}b_{11}&b_{12}&\cdots&b_{1n}\\b_{21}&b_{22}&\cdots&b_{2n}\\\vdots&\vdots&&\vdots\\b_{s1}&b_{s2}&\cdots&b_{sn}\end{pmatrix}$$

由元素

$$c_{ij} = a_{i1}b_{1j} + a_{i2}b_{2j} + \cdots + a_{is}b_{sj} = \sum_{k=1}^{s} a_{ik}b_{kj} \quad (i = 1,2,\cdots,m; j = 1,2,\cdots,n)$$

构成的 m 行 n 列矩阵 $\boldsymbol{C}$,称为矩阵 $\boldsymbol{A}$ 与矩阵 $\boldsymbol{B}$ 的乘积,记作

$$\boldsymbol{C} = \boldsymbol{AB}$$

例 3-15 利用矩阵乘法计算前面所举实例中各专业学生应交学费和书费的总额。

解

$$\boldsymbol{AB} = \begin{pmatrix} 96 & 98 & 98 \\ 52 & 55 & 64 \\ 56 & 52 & 92 \\ 64 & 92 & 99 \end{pmatrix} \begin{pmatrix} 3\,800 & 500 \\ 3\,900 & 550 \\ 3\,950 & 450 \end{pmatrix}$$

$$= \begin{pmatrix} 96 \times 3\,800 + 98 \times 3\,900 + 98 \times 3\,950 & 96 \times 500 + 98 \times 550 + 98 \times 450 \\ 52 \times 3\,800 + 55 \times 3\,900 + 64 \times 3\,950 & 52 \times 500 + 55 \times 550 + 64 \times 450 \\ 56 \times 3\,800 + 52 \times 3\,900 + 92 \times 3\,950 & 56 \times 500 + 52 \times 550 + 92 \times 450 \\ 64 \times 3\,800 + 92 \times 3\,900 + 99 \times 3\,950 & 64 \times 500 + 92 \times 550 + 99 \times 450 \end{pmatrix}$$

$$= \begin{pmatrix} 1\,134\,100 & 146\,000 \\ 664\,900 & 85\,050 \\ 779\,000 & 98\,000 \\ 993\,050 & 127\,150 \end{pmatrix}$$

从本例可以看出,利用矩阵乘法进行相关计算很有规律、非常方便,更有利于使用计算机进行矩阵的计算。但是,与矩阵的加法和数乘相比,矩阵乘法要复杂得多。为了对矩阵乘法有深刻的了解,再看几个例题。

例 3-16 设

$$\boldsymbol{A} = \begin{pmatrix} 3 & 2 & -2 \\ -1 & 3 & 1 \end{pmatrix}, \quad \boldsymbol{B} = \begin{pmatrix} -1 & 2 \\ 2 & 0 \\ 3 & -2 \end{pmatrix}$$

求:(1)$\boldsymbol{AB}$;(2)$\boldsymbol{BA}$。

解 (1)

$$\boldsymbol{AB} = \begin{pmatrix} 3 & 2 & -2 \\ -1 & 3 & 1 \end{pmatrix} \begin{pmatrix} -1 & 2 \\ 2 & 0 \\ 3 & -2 \end{pmatrix}$$

$$= \begin{pmatrix} 3 \times (-1) + 2 \times 2 + (-2) \times 3 & 3 \times 2 + 2 \times 0 + (-2) \times (-2) \\ (-1) \times (-1) + 3 \times 2 + 1 \times 3 & (-1) \times 2 + 3 \times 0 + 1 \times (-2) \end{pmatrix}$$

$$= \begin{pmatrix} -5 & 10 \\ 10 & -4 \end{pmatrix}$$

(2)

$$\boldsymbol{BA} = \begin{pmatrix} -1 & 2 \\ 2 & 0 \\ 3 & -2 \end{pmatrix} \begin{pmatrix} 3 & 2 & -2 \\ -1 & 3 & 1 \end{pmatrix}$$

$$= \begin{pmatrix} (-1) \times 3 + 2 \times (-1) & (-1) \times 2 + 2 \times 3 & (-1) \times (-2) + 2 \times 1 \\ 2 \times 3 + 0 \times (-1) & 2 \times 2 + 0 \times 3 & 2 \times (-2) + 0 \times 1 \\ 3 \times 3 + (-2) \times (-1) & 3 \times 2 + (-2) \times 3 & 3 \times (-2) + (-2) \times 1 \end{pmatrix}$$

$$=\begin{bmatrix}-5 & 4 & 4\\ 6 & 4 & -4\\ 11 & 0 & -8\end{bmatrix}$$

例 3-17　设

$$\boldsymbol{A}=\begin{pmatrix}2 & -1\\ 1 & 2\end{pmatrix},\quad \boldsymbol{B}=\begin{pmatrix}3 & 4\\ 2 & -1\end{pmatrix}$$

求：(1) $\boldsymbol{AB}$；(2) $\boldsymbol{BA}$。

解　(1)

$$\boldsymbol{AB}=\begin{pmatrix}2 & -1\\ 1 & 2\end{pmatrix}\begin{pmatrix}3 & 4\\ 2 & -1\end{pmatrix}$$

$$=\begin{pmatrix}2\times3+(-1)\times2 & 2\times4+(-1)\times(-1)\\ 1\times3+2\times2 & 1\times4+2\times(-1)\end{pmatrix}=\begin{pmatrix}4 & 9\\ 7 & 2\end{pmatrix}$$

(2)

$$\boldsymbol{BA}=\begin{pmatrix}3 & 4\\ 2 & -1\end{pmatrix}\begin{pmatrix}2 & -1\\ 1 & 2\end{pmatrix}$$

$$=\begin{pmatrix}3\times2+4\times1 & 3\times(-1)+4\times2\\ 2\times2+(-1)\times1 & 2\times(-1)+(-1)\times2\end{pmatrix}=\begin{pmatrix}10 & 5\\ 3 & -4\end{pmatrix}$$

例 3-18　设

$$\boldsymbol{A}=\begin{pmatrix}1 & 1\\ 0 & 1\end{pmatrix},\quad \boldsymbol{B}=\begin{pmatrix}2 & 3\\ 0 & 2\end{pmatrix}$$

求：(1) $\boldsymbol{AB}$；(2) $\boldsymbol{BA}$。

解　(1)

$$\boldsymbol{AB}=\begin{pmatrix}1 & 1\\ 0 & 1\end{pmatrix}\begin{pmatrix}2 & 3\\ 0 & 2\end{pmatrix}=\begin{pmatrix}2 & 5\\ 0 & 2\end{pmatrix}$$

(2)

$$\boldsymbol{BA}=\begin{pmatrix}2 & 3\\ 0 & 2\end{pmatrix}\begin{pmatrix}1 & 1\\ 0 & 1\end{pmatrix}=\begin{pmatrix}2 & 5\\ 0 & 2\end{pmatrix}$$

通过以上几例可知，关于矩阵乘法有以下 4 点值得注意。

(1) 只有左边矩阵 $\boldsymbol{A}$ 的列数与右边矩阵 $\boldsymbol{B}$ 的行数相等时，$\boldsymbol{A}$ 与 $\boldsymbol{B}$ 才能相乘，称为**行乘列规则**。通常称 $\boldsymbol{AB}$ 为 $\boldsymbol{A}$ 左乘 $\boldsymbol{B}$(或 $\boldsymbol{B}$ 右乘 $\boldsymbol{A}$)。

(2) 如果 $\boldsymbol{A}$ 能左乘 $\boldsymbol{B}$，并不保证 $\boldsymbol{B}$ 一定能左乘 $\boldsymbol{A}$(如例 3-14)。

(3) 如果 $\boldsymbol{AB}$ 和 $\boldsymbol{BA}$ 都存在，它们可能不是同型矩阵(如例 3-16)，也可能是同型矩阵(如例 3-17 和例 3-18)。

(4) 如果 $\boldsymbol{AB}$ 和 $\boldsymbol{BA}$ 是同型矩阵，一般情况下 $\boldsymbol{AB}$ 和 $\boldsymbol{BA}$ 不相等(如例 3-17)，只有在很特殊的情况下才有 $\boldsymbol{AB}=\boldsymbol{BA}$(如例 3-18)。

综上所述，进行矩阵乘法时，不能随意改变乘的次序，即矩阵乘法不满足交换律。还要指出的是：矩阵乘法不满足消去律，即不能由 $\boldsymbol{AB}=\boldsymbol{AC}$ 一定得到 $\boldsymbol{B}=\boldsymbol{C}$。

为简便起见，对于方阵 $\boldsymbol{A}$，通常将 $\boldsymbol{AA}$，$\boldsymbol{AAA}$ 分别记为 $\boldsymbol{A}^2$，$\boldsymbol{A}^3$ 等。

矩阵乘法的运算满足下列性质(假定所有的矩阵乘法都能进行)。

(1) $(\boldsymbol{AB})\boldsymbol{C}=\boldsymbol{A}(\boldsymbol{BC})$

(2) $k(\boldsymbol{AB})=(k\boldsymbol{A})\boldsymbol{B}=\boldsymbol{A}(k\boldsymbol{B})$

(3) $(\boldsymbol{A}+\boldsymbol{B})\boldsymbol{C}=\boldsymbol{AC}+\boldsymbol{BC}$

(4) $\boldsymbol{A}(\boldsymbol{B}+\boldsymbol{C})=\boldsymbol{AB}+\boldsymbol{AC}$

(5) $\boldsymbol{E}_m\boldsymbol{A}_{m\times n}=\boldsymbol{A}_{m\times n},\boldsymbol{A}_{m\times n}\boldsymbol{E}_n=\boldsymbol{A}_{m\times n}$

(6) 当 $\boldsymbol{A}$ 是 n 阶方阵时,$\boldsymbol{E}_n\boldsymbol{A}=\boldsymbol{AE}_n=\boldsymbol{A}$

(7) $\boldsymbol{A}^k\boldsymbol{A}^l=\boldsymbol{A}^{k+l},(\boldsymbol{A}^k)^l=\boldsymbol{A}^{kl}$

显然,一个矩阵与单位矩阵相乘的结果仍然是这个矩阵。这表明,单位矩阵在矩阵乘法中的作用与数 1 在数的乘法中的作用类似。

在矩阵乘法中有一个奇特的现象:矩阵 $\boldsymbol{A}$ 和矩阵 $\boldsymbol{B}$ 都是非零矩阵($\boldsymbol{A}\neq\boldsymbol{O},\boldsymbol{B}\neq\boldsymbol{O}$),但 $\boldsymbol{AB}$ 可能是零矩阵。这就是说,两个非零矩阵的乘积可能是零矩阵。例如:

$$\boldsymbol{A}=\begin{pmatrix}1 & 1\\ -1 & -1\end{pmatrix},\quad \boldsymbol{B}=\begin{pmatrix}1 & -1\\ -1 & 1\end{pmatrix}$$

都是非零矩阵;而

$$\boldsymbol{AB}=\begin{pmatrix}0 & 0\\ 0 & 0\end{pmatrix}$$

是零矩阵。这种情况在数的乘法中不存在。

3. 矩阵的转置

定义 3-4 把 $m\times n$ 矩阵

$$\boldsymbol{A}=\begin{pmatrix}a_{11} & a_{12} & \cdots & a_{1n}\\ a_{21} & a_{22} & \cdots & a_{2n}\\ \vdots & \vdots & & \vdots\\ a_{m1} & a_{m2} & \cdots & a_{mn}\end{pmatrix}$$

的行、列互换得到的 $n\times m$ 矩阵称为 $\boldsymbol{A}$ 的转置矩阵,记作 $\boldsymbol{A}^{\mathrm{T}}$,即

$$\boldsymbol{A}^{\mathrm{T}}=\begin{pmatrix}a_{11} & a_{21} & \cdots & a_{m1}\\ a_{12} & a_{22} & \cdots & a_{m2}\\ \vdots & \vdots & & \vdots\\ a_{1n} & a_{2n} & \cdots & a_{mn}\end{pmatrix}$$

矩阵的转置运算满足下列性质。

(1) $(\boldsymbol{A}^{\mathrm{T}})^{\mathrm{T}}=\boldsymbol{A}$

(2) $(\boldsymbol{A}+\boldsymbol{B})^{\mathrm{T}}=\boldsymbol{A}^{\mathrm{T}}+\boldsymbol{B}^{\mathrm{T}}$

(3) $(k\boldsymbol{A})^{\mathrm{T}}=k\boldsymbol{A}^{\mathrm{T}}$

(4) $(\boldsymbol{AB})^{\mathrm{T}}=\boldsymbol{B}^{\mathrm{T}}\boldsymbol{A}^{\mathrm{T}}$

如果方阵 $\boldsymbol{A}$ 满足 $\boldsymbol{A}^{\mathrm{T}}=\boldsymbol{A}$,即 $a_{ji}=a_{ij}(i,j=1,2,\cdots,n)$,则称 $\boldsymbol{A}$ 为**对称矩阵**。如果方阵 $\boldsymbol{A}$ 满足 $\boldsymbol{A}^{\mathrm{T}}=-\boldsymbol{A}$,即 $a_{ji}=-a_{ij}(i,j=1,2,\cdots,n)$,则称 $\boldsymbol{A}$ 为**反对称矩阵**。显然,反对称矩阵的主对角元素都是 0。

例 3-19 设

$$\boldsymbol{A}=\begin{pmatrix}1 & 1 & 0\\ -1 & 2 & 3\\ 0 & 3 & 2\end{pmatrix},\quad \boldsymbol{B}=\begin{pmatrix}1 & 2\\ 3 & 2\\ 1 & -1\end{pmatrix}$$

计算$(\boldsymbol{AB})^{\mathrm{T}}$和$\boldsymbol{B}^{\mathrm{T}}\boldsymbol{A}^{\mathrm{T}}$。

解　由于

$$\boldsymbol{AB}=\begin{pmatrix}1&1&0\\-1&2&3\\0&3&2\end{pmatrix}\begin{pmatrix}1&2\\3&2\\1&-1\end{pmatrix}=\begin{pmatrix}4&4\\8&-1\\11&4\end{pmatrix}$$

所以

$$(\boldsymbol{AB})^{\mathrm{T}}=\begin{pmatrix}4&8&11\\4&-1&4\end{pmatrix}$$

又因为

$$\boldsymbol{A}^{\mathrm{T}}=\begin{pmatrix}1&-1&0\\1&2&3\\0&3&2\end{pmatrix},\quad \boldsymbol{B}^{\mathrm{T}}=\begin{pmatrix}1&3&1\\2&2&-1\end{pmatrix}$$

所以

$$\boldsymbol{B}^{\mathrm{T}}\boldsymbol{A}^{\mathrm{T}}=\begin{pmatrix}1&3&1\\2&2&-1\end{pmatrix}\begin{pmatrix}1&-1&0\\1&2&3\\0&3&2\end{pmatrix}=\begin{pmatrix}4&8&11\\4&-1&4\end{pmatrix}$$

4. n 阶方阵的行列式

定义 3-5　设 n 阶方阵

$$\boldsymbol{A}=\begin{pmatrix}a_{11}&a_{12}&\cdots&a_{1n}\\a_{21}&a_{22}&\cdots&a_{2n}\\\vdots&\vdots&&\vdots\\a_{n1}&a_{n2}&\cdots&a_{nn}\end{pmatrix}$$

则称对应的行列式

$$\begin{vmatrix}a_{11}&a_{12}&\cdots&a_{1n}\\a_{21}&a_{22}&\cdots&a_{2n}\\\vdots&\vdots&&\vdots\\a_{n1}&a_{n2}&\cdots&a_{nn}\end{vmatrix}$$

为**方阵 $\boldsymbol{A}$ 的行列式**，记为 $\det\boldsymbol{A}$。

对于单位阵 $\boldsymbol{E}_n$，显然有 $\det(\boldsymbol{E}_n)=1$。

n 阶矩阵的行列式有下列性质。

(1) $\det\boldsymbol{A}^{\mathrm{T}}=\det(\boldsymbol{A}^{\mathrm{T}})$

(2) $\det(k\boldsymbol{A})=k^n\det\boldsymbol{A}$

(3) $\det(\boldsymbol{AB})=\det\boldsymbol{A}\det\boldsymbol{B}$

例 3-20　设

$$\boldsymbol{A}=\begin{pmatrix}1&3\\-2&1\end{pmatrix},\quad \boldsymbol{B}=\begin{pmatrix}2&3\\4&1\end{pmatrix}$$

验证 $\det(\boldsymbol{AB})=\det\boldsymbol{A}\det\boldsymbol{B}$。

解 因为

$$\boldsymbol{AB}=\begin{pmatrix}1 & 3\\ -2 & 1\end{pmatrix}\begin{pmatrix}2 & 3\\ 4 & 1\end{pmatrix}=\begin{pmatrix}14 & 6\\ 0 & -5\end{pmatrix}$$

所以

$$\det(\boldsymbol{AB})=\begin{vmatrix}14 & 6\\ 0 & -5\end{vmatrix}=-70$$

又因为

$$\det\boldsymbol{A}=\begin{vmatrix}1 & 3\\ -2 & 1\end{vmatrix}=7,\quad \det\boldsymbol{B}=\begin{vmatrix}2 & 3\\ 4 & 1\end{vmatrix}=-10$$

所以

$$\det\boldsymbol{A}\det\boldsymbol{B}=7\times(-10)=-70=\det(\boldsymbol{AB})$$

3.2.3 逆矩阵

1. 逆矩阵的概念

利用矩阵,可以把线性方程组(3-11)表示为

$$\boldsymbol{AX}=\boldsymbol{B}$$

其中

$$\boldsymbol{A}=\begin{pmatrix}a_{11} & a_{12} & \cdots & a_{1n}\\ a_{21} & a_{22} & \cdots & a_{2n}\\ \vdots & \vdots & & \vdots\\ a_{n1} & a_{n2} & \cdots & a_{nn}\end{pmatrix},\quad \boldsymbol{X}=\begin{pmatrix}x_1\\ x_2\\ \vdots\\ x_n\end{pmatrix},\quad \boldsymbol{B}=\begin{pmatrix}b_1\\ b_2\\ \vdots\\ b_n\end{pmatrix}$$

这样,对线性方程组(3-11)解的讨论就转化为对矩阵方程 $\boldsymbol{AX}=\boldsymbol{B}$ 的讨论。但是,矩阵不能进行除法运算,所以要寻求别的途径。为此,先介绍 n 阶方阵 $\boldsymbol{A}$ 的逆矩阵的概念。

定义 3-6 设 $\boldsymbol{A}$ 为 n 阶方阵,如果存在 n 阶方阵 $\boldsymbol{B}$,使得

$$\boldsymbol{AB}=\boldsymbol{BA}=\boldsymbol{E}$$

则称方阵 $\boldsymbol{A}$ 是**可逆的**(简称 $\boldsymbol{A}$ **可逆**),并把方阵 $\boldsymbol{B}$ 称为 $\boldsymbol{A}$ 的**逆矩阵**(简称为 $\boldsymbol{A}$ 的**逆阵**,或 $\boldsymbol{A}$ 的**逆**)。

一般地,$\boldsymbol{A}$ 的逆矩阵记为 $\boldsymbol{A}^{-1}$(读做"$\boldsymbol{A}$ 逆"),即若 $\boldsymbol{AB}=\boldsymbol{BA}=\boldsymbol{E}$,则 $\boldsymbol{B}=\boldsymbol{A}^{-1}$。

于是,若矩阵 $\boldsymbol{A}$ 是可逆矩阵,则存在矩阵 $\boldsymbol{A}^{-1}$,满足

$$\boldsymbol{AA}^{-1}=\boldsymbol{A}^{-1}\boldsymbol{A}=\boldsymbol{E}$$

例 3-21 设

$$\boldsymbol{A}=\begin{pmatrix}-1 & 2\\ 2 & -3\end{pmatrix},\quad \boldsymbol{B}=\begin{pmatrix}3 & 2\\ 2 & 1\end{pmatrix}$$

验证 $\boldsymbol{B}$ 是 $\boldsymbol{A}$ 的逆矩阵。

解 因为

$$\boldsymbol{AB}=\begin{pmatrix}-1 & 2\\ 2 & -3\end{pmatrix}\begin{pmatrix}3 & 2\\ 2 & 1\end{pmatrix}=\begin{pmatrix}1 & 0\\ 0 & 1\end{pmatrix},\quad \boldsymbol{BA}=\begin{pmatrix}3 & 2\\ 2 & 1\end{pmatrix}\begin{pmatrix}-1 & 2\\ 2 & -3\end{pmatrix}=\begin{pmatrix}1 & 0\\ 0 & 1\end{pmatrix}$$

所以，$\boldsymbol{B}$ 确是 $\boldsymbol{A}$ 的逆矩阵。

2. 逆矩阵的性质

求逆运算满足下列性质。

(1) 若 $\boldsymbol{A}$ 可逆，则 $\boldsymbol{A}^{-1}$ 是唯一的

(2) $(\boldsymbol{A}^{-1})^{-1}=\boldsymbol{A}$

(3) $(\boldsymbol{AB})^{-1}=\boldsymbol{B}^{-1}\boldsymbol{A}^{-1}$

(4) $(\boldsymbol{A}^{\mathrm{T}})^{-1}=(\boldsymbol{A}^{-1})^{\mathrm{T}}$

(5) $\det(\boldsymbol{A}^{-1})=(\det\boldsymbol{A})^{-1}$

这些性质不难根据定义直接证明。

3. 用伴随矩阵求逆矩阵

矩阵在什么条件下是可逆矩阵？当它可逆时怎样求它的逆矩阵？下面的定理 3-2 和定理 3-3 将做出回答。

定理 3-2 如果矩阵 $\boldsymbol{A}$ 可逆，则有 $\det\boldsymbol{A}\neq 0$。

证明 因为 $\boldsymbol{A}$ 可逆，所以存在 $\boldsymbol{A}^{-1}$，使 $\boldsymbol{AA}^{-1}=\boldsymbol{E}$，由于

$$\det(\boldsymbol{AA}^{-1})=\det\boldsymbol{E}=1\neq 0 \tag{3-15}$$

另一方面

$$\det(\boldsymbol{AA}^{-1})=\det\boldsymbol{A}\det(\boldsymbol{A}^{-1}) \tag{3-16}$$

由式(3-15)和式(3-16)得

$$\det\boldsymbol{A}\det(\boldsymbol{A}^{-1})=1\neq 0 \tag{3-17}$$

所以

$$\det\boldsymbol{A}\neq 0$$

证毕。

实际上，同时也得到 $\det(\boldsymbol{A}^{-1})\neq 0$。

定义 3-7 设有 n 阶方阵

$$\boldsymbol{A}=\begin{pmatrix} a_{11} & a_{12} & \cdots & a_{1n} \\ a_{21} & a_{22} & \cdots & a_{2n} \\ \vdots & \vdots & & \vdots \\ a_{n1} & a_{n2} & \cdots & a_{nn} \end{pmatrix}$$

则由 $\boldsymbol{A}$ 的行列式 $\det\boldsymbol{A}$ 中元素 a_{ij} 的代数余子式 A_{ij} 所构成的 n 阶方阵称为 $\boldsymbol{A}$ 的**伴随矩阵**，记为 $\boldsymbol{A}^*$，即

$$\boldsymbol{A}^*=\begin{pmatrix} A_{11} & A_{21} & \cdots & A_{n1} \\ A_{12} & A_{22} & \cdots & A_{n2} \\ \vdots & \vdots & & \vdots \\ A_{1n} & A_{2n} & \cdots & A_{nn} \end{pmatrix}$$

定理 3-3 如果矩阵 $\boldsymbol{A}$ 为 n 阶方阵，且 $\det\boldsymbol{A}\neq 0$，则它的逆矩阵 $\boldsymbol{A}^{-1}$ 为

$$\boldsymbol{A}^{-1}=\frac{1}{\det\boldsymbol{A}}\boldsymbol{A}^* \tag{3-18}$$

证明 设

$$A=\begin{pmatrix} a_{11} & a_{12} & \cdots & a_{1n} \\ a_{21} & a_{22} & \cdots & a_{2n} \\ \vdots & \vdots & & \vdots \\ a_{n1} & a_{n2} & \cdots & a_{nn} \end{pmatrix}$$

并记 $\boldsymbol{AA}^*=(c_{ij})_{n\times n}$。由行列式的性质知

$$c_{ij}=a_{i1}A_{j1}+a_{i2}A_{j2}+\cdots+a_{in}A_{jn}=\begin{cases}\det\boldsymbol{A} & (i=j)\\ 0 & (i\neq j)\end{cases}$$

因而

$$\boldsymbol{AA}^*=\begin{pmatrix} a_{11} & a_{12} & \cdots & a_{1n} \\ a_{21} & a_{22} & \cdots & a_{2n} \\ \vdots & \vdots & & \vdots \\ a_{n1} & a_{n2} & \cdots & a_{nn} \end{pmatrix}\begin{pmatrix} A_{11} & A_{21} & \cdots & A_{n1} \\ A_{12} & A_{22} & \cdots & A_{n2} \\ \vdots & \vdots & & \vdots \\ A_{1n} & A_{2n} & \cdots & A_{nn} \end{pmatrix}=\begin{pmatrix} \det\boldsymbol{A} & 0 & \cdots & 0 \\ 0 & \det\boldsymbol{A} & \cdots & 0 \\ \vdots & \vdots & & \vdots \\ 0 & 0 & \cdots & \det\boldsymbol{A} \end{pmatrix}=(\det\boldsymbol{A})\boldsymbol{E}$$

同理可证得：$\boldsymbol{A}^*\boldsymbol{A}=(\det\boldsymbol{A})\boldsymbol{E}$，即有 $\boldsymbol{AA}^*=\boldsymbol{A}^*\boldsymbol{A}=(\det\boldsymbol{A})\boldsymbol{E}$。因 $\det\boldsymbol{A}\neq 0$，从上式得

$$\boldsymbol{A}\left(\frac{1}{\det\boldsymbol{A}}\boldsymbol{A}^*\right)=\left(\frac{1}{\det\boldsymbol{A}}\boldsymbol{A}^*\right)\boldsymbol{A}=\boldsymbol{E}$$

所以按定义 3-6，有

$$\boldsymbol{A}^{-1}=\frac{1}{\det\boldsymbol{A}}\boldsymbol{A}^*$$

证毕。

例 3-22 求矩阵

$$\boldsymbol{A}=\begin{pmatrix} 1 & 1 & 2 \\ -1 & 2 & 0 \\ 2 & 1 & 3 \end{pmatrix}$$

的逆矩阵。

解 因为

$$\det\boldsymbol{A}=\begin{vmatrix} 1 & 1 & 2 \\ -1 & 2 & 0 \\ 2 & 1 & 3 \end{vmatrix}=-1\neq 0$$

所以，$\boldsymbol{A}$ 可逆。又因为

$$A_{11}=(-1)^{1+1}\begin{vmatrix} 2 & 0 \\ 1 & 3 \end{vmatrix}=6,\quad A_{12}=(-1)^{1+2}\begin{vmatrix} -1 & 0 \\ 2 & 3 \end{vmatrix}=3,\quad A_{13}=(-1)^{1+3}\begin{vmatrix} -1 & 2 \\ 2 & 1 \end{vmatrix}=-5$$

$$A_{21}=(-1)^{2+1}\begin{vmatrix} 1 & 2 \\ 1 & 3 \end{vmatrix}=-1,\quad A_{22}=(-1)^{2+2}\begin{vmatrix} 1 & 2 \\ 2 & 3 \end{vmatrix}=-1,\quad A_{23}=(-1)^{2+3}\begin{vmatrix} 1 & 1 \\ 2 & 1 \end{vmatrix}=1$$

$$A_{31}=(-1)^{3+1}\begin{vmatrix} 1 & 2 \\ 2 & 0 \end{vmatrix}=-4,\quad A_{32}=(-1)^{3+2}\begin{vmatrix} 1 & 2 \\ -1 & 0 \end{vmatrix}=-2,\quad A_{33}=(-1)^{3+3}\begin{vmatrix} 1 & 1 \\ -1 & 2 \end{vmatrix}=3$$

所以

$$\boldsymbol{A}^{-1}=\frac{1}{\det\boldsymbol{A}}\boldsymbol{A}^*=\frac{1}{-1}\begin{pmatrix} 6 & -1 & -4 \\ 3 & -1 & -2 \\ -5 & 1 & 3 \end{pmatrix}=\begin{pmatrix} -6 & 1 & 4 \\ -3 & 1 & 2 \\ 5 & -1 & -3 \end{pmatrix}$$

用伴随矩阵求矩阵的逆矩阵是求逆矩阵的一种方法，但不是最好的方法。如果用这种方法求 4 阶或更高阶矩阵的逆矩阵会很麻烦。更好的方法见 3.2.4 小节。

3.2.4　矩阵的初等行变换

本小节将介绍矩阵的一种变换方式，它在求解线性方程组时有重要作用。

1. 矩阵的初等变换

用消元法解线性方程组时，经常要进行以下 3 种变换。

(1) 互换两个方程的位置；

(2) 将一个方程乘以一个非零常数 k；

(3) 将一个方程乘以一个非零常数 k 后加到另一个方程上去。

这 3 种变换称为线性方程组的**初等变换**。线性方程组经过初等变换后并不改变它的解。也就是说，线性方程组的初等变换是**同解变换**。

从矩阵的角度看方程组的初等变换，就得到矩阵的初等行变换的概念。

定义 3-8　矩阵的**初等行变换**是指：

(1) **互换变换**　互换矩阵中任意两行的位置；

(2) **倍乘变换**　将矩阵的某一行的所有元素都乘以一个非零常数 k；

(3) **倍加变换**　将矩阵的某一行的所有元素都乘以一个非零常数 k 后加到另一行的对应元素上。

如果把定义 3-8 中对矩阵进行"行"的变换改为对"列"的变换，则称为矩阵的**初等列变换**。矩阵的初等行变换和矩阵的初等列变换统称为矩阵的**初等变换**。本教材主要运用矩阵的初等行变换。

在后面的例题解答中将对上述 3 种行变换采用如下的表示方式。

(1) 互换第 i,j 两行并用记号 $r_i \leftrightarrow r_j$ 表示；

(2) 将第 i 行的所有元素都乘以 k 并用记号 kr_i 表示；

(3) 将第 i 行的所有元素都乘以 k 并加到第 j 行的对应元素上，用记号 $r_j + kr_i$ 表示。

2. 用初等行变换求逆矩阵

运用初等行变换求逆矩阵的方法是：在可逆矩阵 $\boldsymbol{A}$ 的右边放置一个同阶单位矩阵 $\boldsymbol{E}$，写成一个长方形矩阵$(\boldsymbol{A} \mid \boldsymbol{E})$。对$(\boldsymbol{A} \mid \boldsymbol{E})$进行若干次行变换，当左边的 $\boldsymbol{A}$ 变成 $\boldsymbol{E}$ 时，右边的 $\boldsymbol{E}$ 就变成了 $\boldsymbol{A}^{-1}$，即

$$(\boldsymbol{A} \mid \boldsymbol{E}) \xrightarrow{\text{经初等行变换}} (\boldsymbol{E} \mid \boldsymbol{A}^{-1})$$

这样就求出了 $\boldsymbol{A}^{-1}$。任何一本《线性代数》都有这种方法的证明过程。

例 3-23　用初等变换求矩阵

$$\boldsymbol{A} = \begin{pmatrix} 1 & 1 & 2 \\ -1 & 2 & 0 \\ 2 & 1 & 3 \end{pmatrix}$$

的逆矩阵。

解　由于

$$(\boldsymbol{A} \vdots \boldsymbol{E})=\left(\begin{array}{ccc:ccc} 1 & 1 & 2 & 1 & 0 & 0 \\ -1 & 2 & 0 & 0 & 1 & 0 \\ 2 & 1 & 3 & 0 & 0 & 1 \end{array}\right)$$

$$\xrightarrow{r_2+r_1,r_3-2r_1}\left(\begin{array}{ccc:ccc} 1 & 1 & 2 & 1 & 0 & 0 \\ 0 & 3 & 2 & 1 & 1 & 0 \\ 0 & -1 & -1 & -2 & 0 & 1 \end{array}\right)$$

$$\xrightarrow{r_2\leftrightarrow r_3}\left(\begin{array}{ccc:ccc} 1 & 1 & 2 & 1 & 0 & 0 \\ 0 & -1 & -1 & -2 & 0 & 1 \\ 0 & 3 & 2 & 1 & 1 & 0 \end{array}\right)$$

$$\xrightarrow{r_3+3r_2}\left(\begin{array}{ccc:ccc} 1 & 1 & 2 & 1 & 0 & 0 \\ 0 & -1 & -1 & -2 & 0 & 1 \\ 0 & 0 & -1 & -5 & 1 & 3 \end{array}\right)$$

$$\xrightarrow{-1\times r_2,-1\times r_3}\left(\begin{array}{ccc:ccc} 1 & 1 & 2 & 1 & 0 & 0 \\ 0 & 1 & 1 & 2 & 0 & -1 \\ 0 & 0 & 1 & 5 & -1 & -3 \end{array}\right)$$

$$\xrightarrow{r_1-r_2-r_3,r_2-r_3}\left(\begin{array}{ccc:ccc} 1 & 0 & 0 & -6 & 1 & 4 \\ 0 & 1 & 0 & -3 & 1 & 2 \\ 0 & 0 & 1 & 5 & -1 & -3 \end{array}\right)$$

因此,所求的逆矩阵为

$$\boldsymbol{A}^{-1}=\begin{pmatrix} -6 & 1 & 4 \\ -3 & 1 & 2 \\ 5 & -1 & -3 \end{pmatrix}$$

3.2.5 矩阵的秩

为了进一步讨论线性方程组的求解,还需要介绍矩阵的秩及其他相关概念。

1. 矩阵秩的概念

定义 3-9 设 $\boldsymbol{A}$ 是一个 $m\times n$ 矩阵,在 $\boldsymbol{A}$ 中任取 k 行和 k 列,位于这些行列相交处的 k^2 个元素,保持它们原来的相对位置不变,组成一个 k 阶行列式,称为矩阵 $\boldsymbol{A}$ 的一个 $\boldsymbol{k}$ **阶子行列式(或 $\boldsymbol{k}$ 阶子式)**。

例如,矩阵 $\begin{pmatrix} 1 & 1 & -1 & 2 \\ 2 & -2 & 1 & -3 \\ 3 & -1 & 0 & -1 \end{pmatrix}$ 中,位于第 1,2 行和第 1,3 列相交处的 4 个元素组成的二阶子式是 $\begin{vmatrix} 1 & -1 \\ 2 & 1 \end{vmatrix}$;而位于第 1,2,3 行和第 1,3,4 列相交处的 9 个元素组成的三阶子式是 $\begin{vmatrix} 1 & -1 & 2 \\ 2 & 1 & -3 \\ 3 & 0 & -1 \end{vmatrix}$。

n 阶方阵 $\boldsymbol{A}$ 的 n 阶子式就是方阵 $\boldsymbol{A}$ 的行列式 $\det\boldsymbol{A}$。

定义 3-10　矩阵 $\boldsymbol{A}_{m\times n}$ 中不为零子式的最高阶数称为矩阵的**秩**，记作 $r(\boldsymbol{A})$。

显然，对于任意矩阵 $\boldsymbol{A}=(a_{ij})_{m\times n}$，都有 $r(\boldsymbol{A})\leqslant\min(m,n)$。如果方阵 $\boldsymbol{A}_{n\times n}$ 的 $\det\boldsymbol{A}\neq 0$，那么一定有 $r(\boldsymbol{A})=n$，这时称方阵 $\boldsymbol{A}$ 是**满秩**的。

例 3-24　求矩阵

$$\boldsymbol{A}=\begin{pmatrix}1 & 1 & -1 & 2\\ 2 & -2 & 1 & -3\\ 3 & -1 & 0 & -1\end{pmatrix}$$

的秩。

解　因为

$$\begin{vmatrix}1 & 1\\ 2 & -2\end{vmatrix}=-4\neq 0$$

所以，矩阵 $\boldsymbol{A}$ 不为零子式的最高阶数至少是 2。而 $\boldsymbol{A}$ 的所有 4 个三阶子式均为零，即

$$\begin{vmatrix}1 & 1 & -1\\ 2 & -2 & 1\\ 3 & -1 & 0\end{vmatrix}=0,\quad \begin{vmatrix}1 & 1 & 2\\ 2 & -2 & -3\\ 3 & -1 & -1\end{vmatrix}=0,$$

$$\begin{vmatrix}1 & -1 & 2\\ 2 & 1 & -3\\ 3 & 0 & -1\end{vmatrix}=0,\quad \begin{vmatrix}1 & -1 & 2\\ -2 & 1 & -3\\ -1 & 0 & -1\end{vmatrix}=0$$

于是，$r(\boldsymbol{A})=2$。

由定义知，如果矩阵 $\boldsymbol{A}$ 的秩是 r，则 $\boldsymbol{A}$ 至少有一个 r 阶子式不为零，而 $\boldsymbol{A}$ 的所有高于 r 阶的子式均为零。

因为零矩阵的所有子式均为零，故规定零矩阵的秩为零。

2. 用初等行变换求矩阵的秩

用定义 3-10 求矩阵的秩，对于低阶矩阵计算量不是很大，但对于高阶矩阵来说，计算量很大，非常麻烦。下面介绍用初等行变换求矩阵的秩的方法。为此，先介绍阶梯形矩阵的概念和有关定理。

定义 3-11　满足下列两个条件的矩阵称为**阶梯形矩阵**。

(1) 如果该矩阵有零行，则它们位于矩阵的最下方；

(2) 如果有多个非零行，则下一非零行的第 1 个非零元素在上一非零行第 1 个非零元素的右边。

显然，下列矩阵

$$\boldsymbol{A}=\begin{pmatrix}1 & 0 & 2 & -2 & 5\\ 0 & -2 & 3 & 0 & 1\\ 0 & 0 & 0 & 2 & -3\\ 0 & 0 & 0 & 0 & 0\end{pmatrix},\quad \boldsymbol{B}=\begin{pmatrix}1 & 0 & -1 & 2\\ 0 & 0 & 3 & 0\\ 0 & 0 & 0 & 5\end{pmatrix}$$

都是阶梯形矩阵。而矩阵

$$C=\begin{pmatrix}1&-1&0&2\\0&0&3&1\\0&0&2&5\end{pmatrix},\quad D=\begin{pmatrix}2&3&0\\0&0&0\\0&1&0\end{pmatrix}$$

都不是阶梯形矩阵。

显然,阶梯形矩阵的秩等于该矩阵非零行的行数。

定理 3-4 初等行变换不改变矩阵的秩。

定理 3-5 任一矩阵 $\boldsymbol{A}$ 必可通过有限次行初等变换化成阶梯形矩阵 $\boldsymbol{B}$。

定理 3-4 和定理 3-5 的证明从略。有了这两个定理就可以用行初等变换求矩阵的秩了。

例 3-25 求矩阵

$$A=\begin{pmatrix}1&2&-1&4\\2&4&3&5\\-1&-2&6&-7\end{pmatrix}$$

的秩。

解 因为

$$A=\begin{pmatrix}1&2&-1&4\\2&4&3&5\\-1&-2&6&-7\end{pmatrix}\xrightarrow{r_2-2r_1,r_3+r_1}\begin{pmatrix}1&2&-1&4\\0&0&5&-3\\0&0&5&-3\end{pmatrix}\xrightarrow{r_3-r_2}\begin{pmatrix}1&2&-1&4\\0&0&5&-3\\0&0&0&0\end{pmatrix}$$

所以,$r(\boldsymbol{A})=2$。

3.2.6 利用矩阵设置密码

进入现代社会,大量的信息传输和存储都需要保密。随着计算机技术的发展,不但扩大了保密的范围,还促进了保密技术自身的发展。这里先介绍最常用的密码本加密法。

远古时代的希腊人发明了不同数字与字母一一对应的密码本。然后把由字母组成的信息转换成一串数字。这样,信息就不容易被没有该密码本的人识破。这种方法一直延续到现代。为了说明问题,下面举一个简单的例子。

如表 3-2 所示,把 26 个英文大写字母与 26 个不同数字一一对应。这就是一个简单的密码本。如果要把信息 NO SLEEPPING 发给朋友,又不想让其他人看懂,可以将信息中的每一个字母改用对应的数字发出去。即实际发出去的信息是:14,15,19,12,5,5,16,16,9,14,7。收到信息的人按表 3-2 所示编码转换成字母就懂了。这类编码容易编制,但也容易被人识破。

表 3-2

A	B	C	D	…	X	Y	Z
1	2	3	4	…	24	25	26

下面介绍利用矩阵设置密码的一种方法。

(1) 预先设定一个 n 阶可逆矩阵 $\boldsymbol{A}$ 作为密码。

(2) 将已经得到的数字信息分为若干含有 n 个元素的列矩阵 $\boldsymbol{X}_1,\boldsymbol{X}_2,\cdots$,若不够分加

0补足。

（3）进行矩阵运算：$\boldsymbol{Y}_1=\boldsymbol{A}\boldsymbol{X}_1,\boldsymbol{Y}_2=\boldsymbol{A}\boldsymbol{X}_2,\cdots$。

这样得到的$\boldsymbol{Y}_1,\boldsymbol{Y}_2,\cdots$就是加密了的新码，外人看不懂。

知道密码的人只要进行运算$\boldsymbol{X}_1=\boldsymbol{A}^{-1}\boldsymbol{Y}_1,\boldsymbol{X}_2=\boldsymbol{A}^{-1}\boldsymbol{Y}_2,\cdots$，就能获取原来的信息编码。

现在把上面的例子做实际的解答。

（1）预先设定一个3阶可逆矩阵$\boldsymbol{A}=\begin{pmatrix}1&1&2\\-1&2&0\\2&1&3\end{pmatrix}$作为密码。

（2）将已经得到的数字信息分为4个列矩阵：

$$\boldsymbol{X}_1=\begin{pmatrix}14\\15\\19\end{pmatrix},\quad \boldsymbol{X}_2=\begin{pmatrix}12\\5\\5\end{pmatrix},\quad \boldsymbol{X}_3=\begin{pmatrix}16\\16\\9\end{pmatrix},\quad \boldsymbol{X}_4=\begin{pmatrix}14\\7\\0\end{pmatrix}$$

（3）进行矩阵运算：

$$\boldsymbol{Y}_1=\boldsymbol{A}\boldsymbol{X}_1=\begin{pmatrix}1&1&2\\-1&2&0\\2&1&3\end{pmatrix}\begin{pmatrix}14\\15\\19\end{pmatrix}=\begin{pmatrix}67\\16\\100\end{pmatrix}$$

同样的计算可得$\boldsymbol{Y}_2=\begin{pmatrix}27\\-2\\44\end{pmatrix},\boldsymbol{Y}_3=\begin{pmatrix}50\\16\\75\end{pmatrix},\boldsymbol{Y}_4=\begin{pmatrix}21\\0\\35\end{pmatrix}$。加密了的新码为67,16,100,27,−2,44,50,16,75,21,0。35是多余信息，但在获取原来的信息编码时需要它参与计算。获取原来的信息编码留给读者自己做。

3.3　线性方程组

3.1.3小节用克莱姆法则讨论了含有n个方程、n个未知数的线性方程组求解的方法。但是，对含有m个方程、n个未知数的一般线性方程组没有讨论。本节以矩阵为工具讨论一般线性方程组求解的方法，并讨论用什么方法判定线性方程组是否有解；在有解的情况下，解是否唯一，又如何求解。

3.3.1　高斯—约当消元法

由3.2.4小节的内容可知，对线性方程组进行初等行变换得到的新方程组与原方程组同解。为了对一般线性方程组的解有更多的了解，本节用初等行变换解几个有代表性的方程组，这个方法称为**高斯—约当消元法**。

例3-26　解线性方程组

$$\begin{cases}3x_1+2x_2+6x_3=6\\3x_1+5x_2+9x_3=9\\6x_1+4x_2+15x_3=6\end{cases}$$

解　对该方程组所有系数和常数组成的矩阵（即3.3.2小节将要介绍的增广矩阵）进行初等行变换，使其化成阶梯形矩阵，即

$$\begin{pmatrix}3&2&6&6\\3&5&9&9\\6&4&15&6\end{pmatrix}\xrightarrow{r_2-r_1,r_3-2r_1}\begin{pmatrix}3&2&6&6\\0&3&3&3\\0&0&3&-6\end{pmatrix}\xrightarrow{r_1-2r_3,r_2-r_3}\begin{pmatrix}3&2&0&18\\0&3&0&9\\0&0&3&-6\end{pmatrix}$$

$$\xrightarrow{r_1-\frac{2}{3}r_2}\begin{pmatrix}3&0&0&12\\0&3&0&9\\0&0&3&-6\end{pmatrix}\xrightarrow{\frac{1}{3}\times r_1,\frac{1}{3}\times r_2,\frac{1}{3}\times r_3}\begin{pmatrix}1&0&0&4\\0&1&0&3\\0&0&1&-2\end{pmatrix}$$

于是,原方程组的解为

$$x_1=4,\quad x_2=3,\quad x_3=-2$$

例 3-27 解以下线性方程组。

$$\begin{cases}x_1-x_2+x_3+x_4=0\\x_1+x_2+3x_3+x_4=-2\\2x_1-x_2+7x_3+6x_4=-5\end{cases}$$

解 对该方程组的增广矩阵进行初等行变换,使其化成阶梯形矩阵,即

$$\begin{pmatrix}1&-1&1&1&0\\1&1&3&1&-2\\2&-1&7&6&-5\end{pmatrix}\xrightarrow{r_2-r_1,r_3-2r_1}\begin{pmatrix}1&-1&1&1&0\\0&2&2&0&-2\\0&1&5&4&-5\end{pmatrix}$$

$$\xrightarrow{\frac{1}{2}\times r_2}\begin{pmatrix}1&-1&1&1&0\\0&1&1&0&-1\\0&1&5&4&-5\end{pmatrix}\xrightarrow{r_3-r_2}\begin{pmatrix}1&-1&1&1&0\\0&1&1&0&-1\\0&0&4&4&-4\end{pmatrix}$$

$$\xrightarrow{\frac{1}{4}\times r_3}\begin{pmatrix}1&-1&1&1&0\\0&1&1&0&-1\\0&0&1&1&-1\end{pmatrix}$$

与最后得到的阶梯矩阵对应的方程组为

$$\begin{cases}x_1-x_2+x_3+x_4=0\\x_2+x_3=-1\\x_3+x_4=-1\end{cases}\tag{3-19}$$

显然方程组(3-19)与原方程组是同解方程组。将方程组(3-19)中的 x_4 移到等号右边解得

$$\begin{cases}x_1=x_4+1\\x_2=x_4\\x_3=-x_4-1\end{cases}\tag{3-20}$$

对未知数 x_4 任意取一个值,代入方程组(3-20)就可以求得相应的 x_1,x_2,x_3 的值。这样得到的 x_1,x_2,x_3,x_4 的一组值就是原方程组的一组解。由于 x_4 可以任意取值,故原方程组有无穷多组解。方程组(3-20)右端的未知数 x_4 称为**自由未知量**,实际上,也可以选 x_3(或 x_1,x_2)为自由未知量。对于某些方程组,自由未知量可以有多个。

例 3-28 解以下线性方程组。

$$\begin{cases}x_1+x_2-2x_3=5\\2x_1+3x_2-7x_3=13\\x_1+2x_2-5x_3=10\end{cases}$$

解 对该方程组的增广矩阵进行初等行变换,使其转化成阶梯形矩阵,即

$$\begin{pmatrix}1 & 1 & -2 & 5\\2 & 3 & -7 & 13\\1 & 2 & -5 & 10\end{pmatrix}\xrightarrow{r_2-2r_1,r_3-r_1}\begin{pmatrix}1 & 1 & -2 & 5\\0 & 1 & -3 & 3\\0 & 1 & -3 & 5\end{pmatrix}\xrightarrow{r_3-r_2}\begin{pmatrix}1 & 1 & -2 & 5\\0 & 1 & -3 & 3\\0 & 0 & 0 & 2\end{pmatrix}$$

与最后得到的阶梯矩阵对应的方程组为

$$\begin{cases}x_1+x_2-2x_3=5\\x_2-3x_3=3\\0=2\end{cases}\tag{3-21}$$

显然,无论 x_1,x_2,x_3 取什么值都不可能使方程组(3-21)中的 $0=2$ 成立,因此原方程组无解。

例 3-29 解以下线性方程组。

$$\begin{cases}x_1+x_2-2x_3=0\\2x_1+3x_2-7x_3=0\\x_1+2x_2-5x_3=0\end{cases}$$

解 对该方程组的增广矩阵进行行变换,使其化成阶梯形矩阵,即

$$\begin{pmatrix}1 & 1 & -2 & 0\\2 & 3 & -7 & 0\\1 & 2 & -5 & 0\end{pmatrix}\xrightarrow{r_2-2r_1,r_3-r_1}\begin{pmatrix}1 & 1 & -2 & 0\\0 & 1 & -3 & 0\\0 & 1 & -3 & 0\end{pmatrix}$$

$$\xrightarrow{r_3-r_2}\begin{pmatrix}1 & 1 & -2 & 0\\0 & 1 & -3 & 0\\0 & 0 & 0 & 0\end{pmatrix}$$

与最后得到的阶梯矩阵对应的方程组为

$$\begin{cases}x_1+x_2-2x_3=0\\x_2-3x_3=0\end{cases}\tag{3-22}$$

显然,方程组(3-22)与原方程组是同解方程组。选 x_3 为自由未知量,解得

$$\begin{cases}x_1=-x_3\\x_2=3x_3\end{cases}$$

例 3-30 解线性方程组

$$\begin{cases}x_1-x_2+2x_3+x_4=1\\2x_1-x_2+x_3+2x_4=3\\x_1-x_3+x_4=2\\3x_1-x_2+3x_4=5\end{cases}$$

解 对该方程组的增广矩阵进行行变换,使其化成阶梯形矩阵,即

$$\begin{pmatrix}1 & -1 & 2 & 1 & 1\\2 & -1 & 1 & 2 & 3\\1 & 0 & -1 & 1 & 2\\3 & -1 & 0 & 3 & 5\end{pmatrix}\xrightarrow{r_2-2r_1,r_3-r_1,r_4-3r_1}\begin{pmatrix}1 & -1 & 2 & 1 & 1\\0 & 1 & -3 & 0 & 1\\0 & 1 & -3 & 0 & 1\\0 & 2 & -6 & 0 & 2\end{pmatrix}$$

$$\xrightarrow{r_3-r_2,r_4-2r_2}\begin{pmatrix}1 & -1 & 2 & 1 & 1\\ 0 & 1 & -3 & 0 & 1\\ 0 & 0 & 0 & 0 & 0\\ 0 & 0 & 0 & 0 & 0\end{pmatrix}$$

与最后得到的阶梯矩阵对应的方程组为

$$\begin{cases}x_1 - x_2 + 2x_3 + x_4 = 1\\ x_2 - 3x_3 \qquad = 1\end{cases} \tag{3-23}$$

显然,方程组(3-23)与原方程组是同解方程组。选 x_3 和 x_4 为自由未知量,解得

$$\begin{cases}x_1 = x_3 - x_4 + 2\\ x_2 = 3x_3 \qquad + 1\end{cases}$$

从上面5个例题可以看出,线性方程组有无穷多组解的情况比较复杂。自由未知量可以是一个或多个。

一般情况下,自由未知量可以任选。特殊情况下,自由未知量不能任选。如例3-30,不能选 x_2 和 x_3 为自由未知量。那么,如何才能正确选定自由未知量呢?其中的一个肯定正确的方法是:选最后得到的增广矩阵中非零行第1个非零元素所在列以外的列对应的未知量作为自由未知量。

从上面5个例题可知,一般的线性方程组可能有唯一一组解,也可能有无穷多组解,也可能无解。并且还知道,线性方程组有没有解、解的多少不是简单地取决于方程的个数和未知数的个数。3.3.2小节将给出完整的结论。

3.3.2 线性方程组的基本定理

非齐次线性方程组的一般形式为

$$\begin{cases}a_{11}x_1 + a_{12}x_2 + \cdots + a_{1n}x_n = b_1\\ a_{21}x_1 + a_{22}x_2 + \cdots + a_{2n}x_n = b_2\\ \qquad\vdots\\ a_{m1}x_1 + a_{m2}x_2 + \cdots + a_{mn}x_n = b_m\end{cases} \tag{3-24}$$

齐次线性方程组的一般形式为

$$\begin{cases}a_{11}x_1 + a_{12}x_2 + \cdots + a_{1n}x_n = 0\\ a_{21}x_1 + a_{22}x_2 + \cdots + a_{2n}x_n = 0\\ \qquad\vdots\\ a_{m1}x_1 + a_{m2}x_2 + \cdots + a_{mn}x_n = 0\end{cases} \tag{3-25}$$

利用矩阵,可以把线性方程组(3-24)和线性方程组(3-25)分别表示为

$$\boldsymbol{AX} = \boldsymbol{b} \tag{3-26}$$

和

$$\boldsymbol{AX} = \boldsymbol{O} \tag{3-27}$$

式中:

$$\boldsymbol{A}=\begin{pmatrix} a_{11} & a_{12} & \cdots & a_{1n} \\ a_{21} & a_{22} & \cdots & a_{2n} \\ \vdots & \vdots & & \vdots \\ a_{m1} & a_{m2} & \cdots & a_{mn} \end{pmatrix},\quad \boldsymbol{X}=\begin{pmatrix} x_1 \\ x_2 \\ \vdots \\ x_n \end{pmatrix},\quad \boldsymbol{b}=\begin{pmatrix} b_1 \\ b_2 \\ \vdots \\ b_m \end{pmatrix}$$

分别为线性方程组(3-24)和线性方程组(3-25)的**系数矩阵**、**未知数矩阵**和**常数矩阵**。

矩阵$(\boldsymbol{A} \mid \boldsymbol{b})$，即

$$\begin{pmatrix} a_{11} & a_{12} & \cdots & a_{1n} & b_1 \\ a_{21} & a_{22} & \cdots & a_{2n} & b_2 \\ \vdots & \vdots & & \vdots & \vdots \\ a_{m1} & a_{m2} & \cdots & a_{mn} & b_m \end{pmatrix}$$

称为线性方程组(3-24)的**增广矩阵**。

显然，线性方程组(3-24)完全由它的增广矩阵决定。所以，可以通过研究增广矩阵来研究线性方程组(3-24)的求解方法。为了简捷，本教材经常把线性方程组简称为方程组。

方程组(3-26)与方程组(3-24)是等价的。方程组(3-27)与方程组(3-25)也是等价的。以后为了叙述的方便，可能对方程组采用不同的表示方式。

如果方程组(3-27)与方程组(3-26)的系数矩阵相同，则称方程组(3-27)是方程组(3-26)的**对应齐次方程组**。

由于线性方程组的系数矩阵 $\boldsymbol{A}$ 是增广矩阵$(\boldsymbol{A} \mid \boldsymbol{b})$的一部分，根据矩阵秩的定义，系数矩阵 $\boldsymbol{A}$ 的秩不可能大于增广矩阵$(\boldsymbol{A} \mid \boldsymbol{b})$的秩，即必然有

$$r(\boldsymbol{A}) \leqslant r(\boldsymbol{A} \mid \boldsymbol{b})$$

定理 3-6 根据线性方程组系数矩阵的秩、增广矩阵的秩以及未知数的个数间的大小关系回答了本节开始提出的问题。

定理 3-6　*对于线性方程组(3-24)(即式(3-26))，*

(1) 若 $r(\boldsymbol{A}) < r(\boldsymbol{A} \mid \boldsymbol{b})$，则方程组无解；

(2) 若 $r(\boldsymbol{A}) = r(\boldsymbol{A} \mid \boldsymbol{b}) = n$，则方程组有唯一一组解；

(3) 若 $r(\boldsymbol{A}) = r((\boldsymbol{A} \mid \boldsymbol{b}) < n$，则方程组有无穷多组解。

例 3-31　判断下列各方程组是否有解，如果有解，其解是否唯一：

(1) $\begin{cases} x_1 - x_2 + 3x_3 = 8 \\ 3x_1 + 2x_2 - x_3 = -1 \\ 4x_1 - 3x_2 + 2x_3 = 11 \end{cases}$　　(2) $\begin{cases} 2x_1 + x_2 + 3x_3 = 6 \\ 3x_1 + 2x_2 + x_3 = 1 \\ 5x_1 + 3x_2 + 4x_3 = 13 \end{cases}$

(3) $\begin{cases} 2x_1 + x_2 + 3x_3 = 6 \\ 3x_1 + 2x_2 + x_3 = 1 \\ 5x_1 + 3x_2 + 4x_3 = 7 \end{cases}$

解　(1) $\begin{pmatrix} 1 & -1 & 3 & 8 \\ 3 & 2 & -1 & -1 \\ 4 & -3 & 2 & 11 \end{pmatrix} \xrightarrow{r_2 - 3r_1,\, r_3 - 4r_1}$

$$\begin{pmatrix}1 & -1 & 3 & 8\\0 & 5 & -10 & -25\\0 & 1 & -10 & -21\end{pmatrix}\xrightarrow{\frac{1}{5}\times r_2}$$

$$\begin{pmatrix}1 & -1 & 3 & 8\\0 & 1 & -2 & -5\\0 & 1 & -10 & -21\end{pmatrix}\xrightarrow{r_3-r_2}\begin{pmatrix}1 & -1 & 3 & 8\\0 & 1 & -2 & -5\\0 & 0 & -8 & -16\end{pmatrix}$$

由于 $r(\boldsymbol{A})=r(\boldsymbol{A}\,\vdots\,\boldsymbol{b})=3$,所以原方程组有唯一一组解。

(2)
$$\begin{pmatrix}2 & 1 & 3 & 6\\3 & 2 & 1 & 1\\5 & 3 & 4 & 13\end{pmatrix}\xrightarrow{r_1-r_2}\begin{pmatrix}-1 & -1 & 2 & 5\\3 & 2 & 1 & 1\\5 & 3 & 4 & 13\end{pmatrix}\xrightarrow{r_3+5r_1,r_2+3r_1}$$

$$\begin{pmatrix}-1 & -1 & 2 & 5\\0 & -1 & 7 & 16\\0 & -2 & 14 & 38\end{pmatrix}\xrightarrow{r_3-2r_2}\begin{pmatrix}-1 & -1 & 2 & 5\\0 & -1 & 7 & 16\\0 & 0 & 0 & 6\end{pmatrix}$$

由于 $r(\boldsymbol{A})=2$,$r(\boldsymbol{A}\,\vdots\,\boldsymbol{b})=3$,两者不相等,故原方程组无解。

(3)
$$\begin{pmatrix}2 & 1 & 3 & 6\\3 & 2 & 1 & 1\\5 & 3 & 4 & 7\end{pmatrix}\xrightarrow{r_3-r_1-r_2}\begin{pmatrix}2 & 1 & 3 & 6\\3 & 2 & 1 & 1\\0 & 0 & 0 & 0\end{pmatrix}\xrightarrow{r_1-r_2}$$

$$\begin{pmatrix}-1 & -1 & 2 & 5\\3 & 2 & 1 & 1\\0 & 0 & 0 & 0\end{pmatrix}\xrightarrow{r_2+3r_1}\begin{pmatrix}-1 & -1 & 2 & 5\\0 & -1 & 7 & 16\\0 & 0 & 0 & 0\end{pmatrix}$$

由于 $r(\boldsymbol{A})=r(\boldsymbol{A}\,\vdots\,\boldsymbol{b})=2<3$(未知数的个数),所以原方程组有无穷多组解。

例 3-32 λ,μ 为何值时,方程组

$$\begin{cases}x_1+2x_2+3x_3=6\\x_1-x_2+6x_3=0\\3x_1-2x_2+\lambda x_3=\mu\end{cases}$$

无解?或有唯一一组解?或有无穷多组解?

解
$$\begin{pmatrix}1 & 2 & 3 & 6\\1 & -1 & 6 & 0\\3 & -2 & \lambda & \mu\end{pmatrix}\xrightarrow{r_2-r_1,r_3-3r_1}\begin{pmatrix}1 & 2 & 3 & 6\\0 & -3 & 3 & -6\\0 & -8 & \lambda-9 & \mu-18\end{pmatrix}\xrightarrow{\frac{1}{3}\times r_2}$$

$$\begin{pmatrix}1 & 2 & 3 & 6\\0 & -1 & 1 & -2\\0 & -8 & \lambda-9 & \mu-18\end{pmatrix}\xrightarrow{r_3-8r_2}\begin{pmatrix}1 & 2 & 3 & 6\\0 & -1 & 1 & -2\\0 & 0 & \lambda-17 & \mu-2\end{pmatrix}$$

根据最后的阶梯形矩阵,得到如下结论。

(1) 当 $\lambda-17\neq0$,即 $\lambda\neq17$ 时,$r(\boldsymbol{A})=r(\boldsymbol{A}\,\vdots\,\boldsymbol{b})=3=n$,方程组有唯一一组解。

(2) 当 $\lambda-17=0$,且 $\mu-2\neq0$,即 $\lambda=17$,且 $\mu\neq2$ 时,$r(\boldsymbol{A})=2<r(\boldsymbol{A}\,\vdots\,\boldsymbol{b})=3$,方程组无解。

(3) 当 $\lambda-17=0$,且 $\mu-2=0$,即 $\lambda=17$,且 $\mu=2$ 时,$r(\boldsymbol{A})=r(\boldsymbol{A}\,\vdots\,\boldsymbol{b})=2<3$,方程组

有无穷多组解。

对于齐次线性方程组(3-25)(即式(3-27)),系数矩阵的秩与增广矩阵的秩总是相等的。所以,齐次线性方程组总是有解。

定理 3-7　对于齐次线性方程组(3-25)(即式(3-27)),

(1) 若 $r(\boldsymbol{A})=n$,则方程组有唯一一组解,即零解;

(2) 若 $r(\boldsymbol{A})<n$,则方程组有无穷多组解,或者说有非零解。

例 3-33　判断下列各齐次方程组是只有零解还是有非零解。

(1) $\begin{cases}2x_1-3x_2+3x_3=0\\3x_1-x_2+x_3=0\\2x_1-3x_2+2x_3=0\end{cases}$　　(2) $\begin{cases}2x_1-3x_2+3x_3=0\\3x_1-x_2+x_3=0\\2x_1-3x_2+3x_3=0\end{cases}$

解　(1) 对该方程组的系数矩阵进行行变换,使其化成阶梯形矩阵,即

$$\begin{pmatrix}2&-3&3\\3&-1&1\\2&-3&2\end{pmatrix}\xrightarrow{r_1-r_2}\begin{pmatrix}-1&-2&2\\3&-1&1\\2&-3&2\end{pmatrix}\xrightarrow{r_2+3r_1,r_3+2r_1}$$

$$\begin{pmatrix}-1&-2&2\\0&-7&7\\0&-7&6\end{pmatrix}\xrightarrow{r_3-r_2,\frac{1}{7}r_2}\begin{pmatrix}-1&-3&2\\0&-1&1\\0&0&-1\end{pmatrix}$$

由于 $r(\boldsymbol{A})=3$,所以原方程组只有零解。

(2) 对该方程组的系数矩阵进行行变换,使其化成阶梯形矩阵,即

$$\begin{pmatrix}2&-3&3\\3&-1&1\\2&-3&3\end{pmatrix}\xrightarrow{r_1-r_2}\begin{pmatrix}-1&-2&2\\3&-1&1\\2&-3&3\end{pmatrix}\xrightarrow{r_2+3r_1,r_3+2r_1}$$

$$\begin{pmatrix}-1&-2&2\\0&-7&7\\0&-7&7\end{pmatrix}\xrightarrow{r_3-r_2,\frac{1}{7}r_2}\begin{pmatrix}-1&-3&2\\0&-1&1\\0&0&0\end{pmatrix}$$

由于 $r(\boldsymbol{A})=2<3$,所以原方程组有非零解。

3.4　本章小结

本章介绍了行列式、矩阵、线性方程组的基本知识。

下面是本章的知识要点和要求:

(1) 理解行列式的概念,熟悉行列式的性质,并能利用这些性质进行行列式的计算。

(2) 会用克莱姆法则解线性方程组。

(3) 理解矩阵、逆矩阵、矩阵的秩等概念。

(4) 清楚矩阵的运算及其性质、矩阵的初等行变换、逆矩阵的求法。

(5) 清楚判断线性方程组无解、有唯一一组解或有无穷多组解的方法。会用初等行变换方法求解线性方程组。

习　　题

一、判断题(下列各命题中,哪些是正确的,哪些是错误的?)

3-1　任何一个行列式都与它的转置行列式相等。　(　　)

3-2　行列式的第一列乘 2,同时第二列除 2,行列式的值不变。　(　　)

3-3　互换行列式的任意两列所得到的行列式一定与原行列式相等。　(　　)

3-4　行列式可以按任意一行展开。　(　　)

3-5　如果行列式主对角线上的所有元素都是 0,则这个行列式等于 0。　(　　)

3-6　如果线性方程组的系数行列式不等于零,则该方程组有唯一一组解。　(　　)

3-7　如果齐次线性方程组的系数行列式等于零,则该方程组有非零解。　(　　)

3-8　行矩阵不可能是列矩阵。　(　　)

3-9　上三角矩阵可以是下三角矩阵。　(　　)

3-10　数量矩阵不可能是零矩阵。　(　　)

3-11　数量矩阵一定是对称矩阵。　(　　)

3-12　零矩阵一定是对称矩阵。　(　　)

3-13　矩阵 $\boldsymbol{A}_{3\times4}$ 与 $\boldsymbol{B}_{4\times3}$ 可以相加。　(　　)

3-14　只有同型矩阵才能相乘。　(　　)

3-15　两个非零矩阵相乘不可能得零矩阵。　(　　)

3-16　矩阵 $\boldsymbol{A}_{3\times4}$ 可以左乘 $\boldsymbol{B}_{4\times3}$。　(　　)

3-17　对称矩阵可以是反对称矩阵。　(　　)

3-18　在对称矩阵中,如果 $a_{13}=7$,则必定 $a_{31}=-7$。　(　　)

3-19　如果矩阵 $\boldsymbol{A}$ 中第 1 行第 3 列的元素是 7,则在 $\boldsymbol{A}^{\mathrm{T}}$ 中第 3 行第 1 列的元素是 7。　(　　)

3-20　如果 $r(\boldsymbol{A})=2$,则矩阵 $\boldsymbol{A}$ 的所有 2 阶子式都不等于 0 。　(　　)

3-21　如果 $r(\boldsymbol{A})=2$,则矩阵 $\boldsymbol{A}$ 的所有 4 阶子式都等于 0 。　(　　)

3-22　对于矩阵 $\boldsymbol{A}_{3\times4}$,必定 $r(\boldsymbol{A})>0$。　(　　)

3-23　对于矩阵 $\boldsymbol{A}_{3\times4}$,必定 $r(\boldsymbol{A})=3$。　(　　)

3-24　对于矩阵 $\boldsymbol{A}_{3\times4}$,可能 $r(\boldsymbol{A})=4$。　(　　)

3-25　只有满秩矩阵才有逆矩阵。　(　　)

3-26　单位矩阵的逆矩阵就是该单位矩阵。　(　　)

3-27　含有 4 个方程、3 个未知量的线性方程组可能无解。　(　　)

3-28　含有 3 个方程、4 个未知量的线性方程组一定有无穷多组解。　(　　)

二、单项选择题

3-1　$\begin{vmatrix} 2 & 1 & 2 \\ -4 & 3 & 1 \\ 2 & 3 & 5 \end{vmatrix}$ 的代数余子式 A_{12} 是________。

A. $-\begin{vmatrix} 2 & 1 \\ -4 & 3 \end{vmatrix}$　　B. $\begin{vmatrix} 2 & 1 \\ -4 & 3 \end{vmatrix}$　　C. $-\begin{vmatrix} -4 & 1 \\ 2 & 5 \end{vmatrix}$　　D. $\begin{vmatrix} -4 & 1 \\ 2 & 5 \end{vmatrix}$

3-2　设 $\boldsymbol{A}$ 是 3 阶方阵，k 为实数，下列各式肯定成立的是________。

A. $\det(k\boldsymbol{A})=k\det\boldsymbol{A}$　　B. $\det(k\boldsymbol{A})=|k|\det\boldsymbol{A}$

C. $\det(k\boldsymbol{A})=|k^3|\det\boldsymbol{A}$　　D. $\det(k\boldsymbol{A})=k^3\det\boldsymbol{A}$

3-3　以下不属于矩阵初等行变换的是________。

A. 把矩阵的第 2 行乘以 5 加到第 3 行

B. 将矩阵转置

C. 互换矩阵的第 2 行和第 3 行

D. 将矩阵第 2 行除以 5

3-4　如果矩阵 $\boldsymbol{A}$ 的秩是 3，则下列各命题中正确的是________。

A. 矩阵 $\boldsymbol{A}$ 所有 3 阶子式都不等于 0

B. 矩阵 $\boldsymbol{A}$ 至少有一个 4 阶子式不等于 0

C. 矩阵 $\boldsymbol{A}$ 所有 2 阶子式都等于 0

D. 矩阵 $\boldsymbol{A}$ 至少有一个 3 阶子式不等于 0

3-5　下列各命题中错误的是________。

A. 初等行变换改变矩阵的秩

B. 任何一个满秩方阵经初等行变换都可以变为单位矩阵

C. 阶梯形矩阵的秩等于其非零行的行数

D. 任何一个可逆矩阵经初等行变换都可以变为单位矩阵

3-6　含有 n 个未知量的非齐次线性方程组无解(有无穷多组解，有唯一一组解)的充分必要条件是________。

A. $r(\boldsymbol{A})<r(\boldsymbol{A}\,\vdots\,\boldsymbol{b})$　　B. $r(\boldsymbol{A})=r(\boldsymbol{A}\,\vdots\,\boldsymbol{b})<n$

C. $r(\boldsymbol{A})>r(\boldsymbol{A}\,\vdots\,\boldsymbol{b})$　　D. $r(\boldsymbol{A})=r(\boldsymbol{A}\,\vdots\,\boldsymbol{b})=n$

3-7　对于一个含有 3 个方程、4 个未知量的非齐次线性方程组 $\boldsymbol{AX}=\boldsymbol{b}$，下列各命题中正确的是________。

A. 当 $r(\boldsymbol{A})=r(\boldsymbol{A}\,\vdots\,\boldsymbol{b})<4$ 时，方程组无解

B. 当 $r(\boldsymbol{A})=r(\boldsymbol{A}\,\vdots\,\boldsymbol{b})=3$ 时，方程组有唯一一组解

C. 当 $r(\boldsymbol{A})<r(\boldsymbol{A}\,\vdots\,\boldsymbol{b})$时，方程组有无穷多组解

D. 以上命题都是错的

三、填空题

3-1　$\begin{vmatrix} 1 & 2 & 3 \\ 0 & 4 & 5 \\ 0 & 0 & 6 \end{vmatrix}=$________。

3-2　若 $\begin{vmatrix} 3 & 2 \\ 4 & 5 \end{vmatrix}=\begin{vmatrix} k & 5 \\ 7 & 6 \end{vmatrix}$，则 $k=$________。

3-3 $\begin{vmatrix} 2 & 1 & 2 \\ -4 & 3 & 1 \\ 2 & 3 & 5 \end{vmatrix}$的余子式 $M_{32}=\begin{vmatrix} \quad & \quad \end{vmatrix}$,代数余子式 $A_{12}=\begin{vmatrix} \quad & \quad \end{vmatrix}$。

3-4 若$\begin{vmatrix} a & b \\ c & d \end{vmatrix}=-12$,则$\begin{vmatrix} c & d \\ a & b \end{vmatrix}=$________。

3-5 若 $\begin{vmatrix} a & c \\ b & d \end{vmatrix}=3$,则 $\begin{vmatrix} 2a & -2c \\ 2b & -2d \end{vmatrix}=$________,$\begin{vmatrix} -a & -2c \\ -b & -2d \end{vmatrix}=$________,$\begin{vmatrix} 2a & 2c \\ -b & -d \end{vmatrix}=$________。

3-6 矩阵 **A** 和矩阵 **B** 可以相加的条件为:矩阵 **A** 和矩阵 **B** 是________。

3-7 矩阵 **A** 可以左乘矩阵 **B** 的条件为:矩阵 **A** 的________等于矩阵 **B** 的________。

3-8 $\begin{pmatrix} 1 & 2 \\ -1 & 3 \end{pmatrix}+2\begin{pmatrix} -2 & -1 \\ 2 & 0 \end{pmatrix}=\begin{pmatrix} \quad & \quad \end{pmatrix}$。

3-9 设矩阵 $\boldsymbol{A}=\begin{pmatrix} 2 & 3 \\ -1 & 0 \end{pmatrix}$,$\boldsymbol{B}=\begin{pmatrix} -2 & 3 \\ 0 & -1 \end{pmatrix}$,则 $3\boldsymbol{A}-\boldsymbol{B}=\begin{pmatrix} \quad & \quad \end{pmatrix}$。

3-10 设矩阵 $\boldsymbol{A}=\begin{pmatrix} -2 & -1 \\ 3 & -2 \end{pmatrix}$,$\boldsymbol{B}=\begin{pmatrix} 3 & 2 \\ -2 & 5 \end{pmatrix}$,则 $\boldsymbol{BA}=\begin{pmatrix} \quad & \quad \end{pmatrix}$。

3-11 如果 $\det\boldsymbol{A}=3$,$\det\boldsymbol{B}=-2$,则 $\det(\boldsymbol{AB})=$________。

3-12 方阵 **A** 存在逆矩阵的充分必要条件为________。

3-13 矩阵的初等行变换是指________变换、________变换和________变换。

3-14 线性方程组 $\boldsymbol{AX}=\boldsymbol{b}$ 有唯一一组解(或有无穷多组解、或无解)的充分必要条件是________。

3-15 齐次线性方程组 $\boldsymbol{AX}=\boldsymbol{0}$ 只有零解(或有非零解)的充分必要条件是________。

四、综合题

3-1 计算下列行列式。

(1) $\begin{vmatrix} 3 & -6 \\ 5 & 4 \end{vmatrix}$

(2) $\begin{vmatrix} -2 & -4 & 1 \\ 3 & 0 & 3 \\ 5 & 4 & -2 \end{vmatrix}$

(3) $\begin{vmatrix} x+y & y & x \\ x & x+y & y \\ y & x & x+y \end{vmatrix}$

(4) $\begin{vmatrix} 1 & 2 & 3 & 4 \\ 2 & 3 & 4 & 1 \\ 3 & 4 & 1 & 2 \\ 4 & 1 & 2 & 3 \end{vmatrix}$

3-2 利用 3 阶行列式解方程组。

$$\begin{cases} x_1-2x_2+x_3=1 \\ 4x_1-3x_2+x_3=3 \\ 2x_1-5x_2-3x_3=-9 \end{cases}$$

3-3 计算下列行列式。

(1) $\begin{vmatrix} 1 & 2 & 0 & 1 \\ 1 & 3 & 5 & 0 \\ 0 & 1 & 5 & 6 \\ 1 & 2 & 3 & 4 \end{vmatrix}$　　　(2) $\begin{vmatrix} 5 & 0 & 4 & 2 \\ 1 & 1 & 1 & 1 \\ 4 & 1 & 2 & 0 \\ 1 & 1 & 2 & 1 \end{vmatrix}$

3-4　用克莱姆法则解方程组。

$$\begin{cases} x_1 - x_2 + x_3 - x_4 = 2 \\ 2x_1 - x_3 + 2x_4 = 4 \\ 3x_1 + 2x_2 + x_3 \\ -x_1 + 2x_2 - x_3 + x_4 = -4 \end{cases}$$

3-5　当 a 取何值时，线性方程组

$$\begin{cases} ax_1 - x_2 - x_3 = 1 \\ x_1 + ax_2 + x_3 = 1 \\ -x_1 + x_2 + ax_3 = 1 \end{cases}$$

有唯一一组解？

3-6　已知

$$\boldsymbol{A} = \begin{pmatrix} 1 & 2 & 3 & 4 \\ 0 & -1 & 5 & 2 \\ 2 & 3 & 1 & 0 \end{pmatrix},\quad \boldsymbol{B} = \begin{pmatrix} 0 & 2 & 1 & 3 \\ 4 & 1 & 0 & 2 \\ 0 & -3 & 2 & 5 \end{pmatrix}$$

求 $\boldsymbol{A}+\boldsymbol{B}$，$2\boldsymbol{A}+3\boldsymbol{B}$。

3-7　解矩阵方程 $2\boldsymbol{A}+3\boldsymbol{X}=\boldsymbol{B}$，其中：

$$\boldsymbol{A} = \begin{pmatrix} 0 & -1 \\ 1 & 2 \end{pmatrix},\quad \boldsymbol{B} = \begin{pmatrix} 3 & 4 \\ 2 & 1 \end{pmatrix}$$

3-8　已知

$$\boldsymbol{A} = \begin{pmatrix} 3 & 2 & -1 \\ 2 & -3 & 5 \end{pmatrix},\quad \boldsymbol{B} = \begin{bmatrix} 1 & 3 \\ -5 & 4 \\ 3 & 6 \end{bmatrix}$$

求 $\boldsymbol{AB}$ 及 $\boldsymbol{BA}$。

3-9　已知

$$\boldsymbol{A} = \begin{bmatrix} 1 & 3 \\ -2 & 2 \\ -1 & -5 \end{bmatrix},\quad \boldsymbol{B} = \begin{pmatrix} 1 & 2 & -1 \\ -1 & -3 & 2 \end{pmatrix}$$

验证：$(\boldsymbol{AB})^{\mathrm{T}}=\boldsymbol{B}^{\mathrm{T}}\boldsymbol{A}^{\mathrm{T}}$。

3-10　已知

$$\boldsymbol{A} = \begin{pmatrix} -2 & 1 \\ 3 & 2 \end{pmatrix},\quad \boldsymbol{B} = \begin{pmatrix} 2 & 4 \\ -5 & 1 \end{pmatrix}$$

验证：$\det(\boldsymbol{AB})=\det\boldsymbol{A}\det\boldsymbol{B}$。

3-11 用伴随矩阵和初等变换两种方法求矩阵 $\boldsymbol{A}=\begin{pmatrix}1 & 0 & 1\\ -1 & 1 & 1\\ -2 & -1 & 1\end{pmatrix}$ 的逆矩阵。

3-12 用初等变换求矩阵 $\boldsymbol{A}=\begin{pmatrix}1 & 0 & 0 & 0\\ 1 & 2 & 0 & 0\\ 2 & 4 & 3 & 0\\ 1 & -2 & 6 & 4\end{pmatrix}$ 的逆矩阵。

3-13 求矩阵 $\boldsymbol{A}=\begin{pmatrix}1 & -1 & 2 & -1\\ 3 & 1 & 0 & 2\\ 1 & 3 & -4 & 4\end{pmatrix}$ 的秩。

3-14 同学们两人一组,利用矩阵做密码互相练习收发一条加密的信息。

3-15 解下列各方程组。

(1) $\begin{cases}x_1+x_2-3x_3=1\\ -x_1+x_2-x_3-2x_4=-1\\ x_1-2x_2+3x_3+3x_4=1\end{cases}$　(2) $\begin{cases}x_1+2x_2+4x_3=0\\ 2x_1-x_2+3x_3=0\\ 3x_1+2x_2-x_3=0\end{cases}$

3-16 判断下列各方程组是否有解。如果有解,其解是否唯一?

(1) $\begin{cases}2x_1+x_2+x_3=2\\ x_1+3x_2+x_3=5\\ x_1+x_2+5x_3=-7\\ 2x_1+3x_2-3x_3=14\end{cases}$　(2) $\begin{cases}x_1+x_2-3x_3=-3\\ x_1+x_2-x_3=-1\\ x_1+x_2+x_3=1\\ 3x_1+3x_2-5x_3=-5\end{cases}$

(3) $\begin{cases}x_1+2x_2-x_3+x_4=1\\ -2x_1+3x_2+2x_3-3x_4=2\\ x_1+5x_2-x_3+2x_4=-1\\ -x_1+2x_2+x_3-3x_4=4\end{cases}$

3-17 试讨论当 k 满足什么条件时,下列方程组只有零解、有非零解?

(1) $\begin{cases}x_1+x_2+x_3=0\\ x_1+2x_2+3x_3=0\\ x_1+3x_2+kx_3=0\end{cases}$　(2) $\begin{cases}x_1+x_2+x_3=0\\ x_1+2x_2+3x_3=0\\ 2x_1+kx_2+4x_3=0\end{cases}$

3-18 设方程组为 $\begin{cases}x_1+x_2+2x_3=4\\ 2x_1+3x_2+6x_3=11\\ x_1+2x_2+ax_3=b\end{cases}$,问 a 与 b 各取何值时,该方程组

(1) 有唯一一组解?

(2) 有无穷多组解?

(3) 无解?

第4章

概　率　论

本章要点

(1) 随机事件、样本空间、事件间的关系、概率、条件概率、事件的独立性、随机变量、随机变量的分布函数、数学期望、方差等基本概念。

(2) 事件间的运算、概率的性质、概率的乘法公式、全概率公式、贝叶斯公式、数学期望的性质、方差的性质等基本知识。

(3) 随机变量的几类典型分布以及它们的数学期望和方差的计算公式。

4.1 随机事件及其相关概念

4.1.1 随机试验与随机事件

在自然界和人类社会发生的种种现象,大体可以分为确定性现象和随机现象两大类。

确定性现象就是在一定条件下必然发生的现象。例如:在标准大气压下,水温降到0℃以下会结冰;向上抛起一颗石子,它会落向地面;同性电荷相斥等。

随机现象是在一定条件下可能发生也可能不发生的现象,也称为**非确定现象**。下面是随机现象的几个例子。

(1) 向上抛一枚硬币,落地时正面朝上。

(2) 买10张体育彩票,有1张中奖。

(3) 掷一颗骰子,观察到朝上一面的点数是5。

(4) 一个人开车通过5个有红绿灯的路口会遇到3次红灯。

(5) 检验50件同类产品,发现有3件不合格。

(6) 一次射击命中靶子8～10环。

(7) 一个人在某公共汽车站等车的时间不超过5分钟。

正如上面7个例子所体现的那样,所有随机现象都有如下特征。

(1) 试验可以在相同条件下重复进行。

(2) 每次试验的可能结果不止一个,在试验结束前不可能知道出现哪一种结果。

(3) 事先知道试验的所有可能的结果。

如果在相同条件下进行大量重复试验,随机现象会呈现出某种规律性,这种规律性通常称为随机现象的**统计规律性**。符合这些特征的试验称为**随机试验**,简称**试验**。

研究随机现象的统计规律性是概率论的一个基本任务。

试验的结果叫做事件。事件可以分为 3 类:随机事件、必然事件和不可能事件。

在一次试验中可能发生也可能不发生的事件叫做**随机事件**,简称**事件**。在每次试验中必然发生的事件叫做**必然事件**。在任何一次试验中都不发生的事件叫做**不可能事件**。必然事件和不可能事件都是确定性事件。为了讨论问题的方便,本书将它们当做两个特殊的随机事件。

随机事件通常用英文大写字母 $A,B,C,A_1,B_1,\cdots$ 表示。必然事件通常用大写希腊字母 Ω 表示。不可能事件通常用符号 $\varnothing$ 表示。

虽然随机试验每次试验的结果事先无法确定,但在相同的条件下进行大量重复试验,其结果会呈现一定的数量规律性。历史上,有多人做过抛硬币试验,其中的一些数据如表 4-1 所示。

表 4-1

试验人	试验次数 n	正面朝上的次数 m	正面朝上的频率 $\frac{m}{n}$
蒲丰	4 040	2 048	0.506 9
德·摩根	4 092	2 048	0.500 5
皮尔逊	24 000	12 012	0.500 5
维尼	30 000	14 994	0.499 8

由表 4-1 可以看出,大量的试验呈现这样的规律性:正面朝上的次数很接近总试验次数的一半。实际上,这反映了这个试验的本质。这一点将在后面讨论。

4.1.2 样本空间

随机试验的每一可能结果,称为一个**样本点**,记作 $\omega_1,\omega_2,\cdots$。随机试验的全体样本点构成的集合,称为**样本空间**,记作 Ω,即 $\Omega=\{\omega_1,\omega_2,\cdots\}$。

有了随机事件和样本空间的概念就可以说:任意一个随机事件都是其样本空间的**子集**。由一个样本点构成的单点集称为**基本事件**。

例 4-1 写出下列各个事件的样本空间。

(1) 掷一颗质量均匀的骰子,观察朝上一面的点数。

(2) 将一枚质量均匀的硬币掷两次,观察正面朝上的次数。

(3) 在一批同样的产品中任取 10 件,记录次品所占的比例。

(4) 某路公共汽车每隔 10 分钟发一辆,记录乘客等车的时间。

解 (1) 骰子朝上一面的点数有 6 种情况:1 点、2 点、3 点、4 点、5 点和 6 点,所以,本试验的样本空间为

$$\Omega=\{1,2,3,4,5,6\}$$

(2) 正面朝上的次数有 3 种情况:0 次、1 次和 2 次。故本试验的样本空间为

$$\Omega=\{0,1,2\}$$

(3) 次品所占的比例只能是 $0,0.1,0.2,\cdots,0.9,1$ 其中之一,所以,本试验的样本空

间为

$$\Omega=\{0,0.1,0.2,\cdots,0.9,1\}$$

(4) 等车的时间只能在 0～10 分钟之间，因而，本试验的样本空间为

$$\Omega=\{t \mid 0<t<10\}$$

例 4-2　写出下列各个随机事件所包含的基本事件。

(1) 掷一颗质量均匀的骰子。随机事件 A 为朝上一面的点数是偶数。

(2) 将一枚质量均匀的硬币掷三次。随机事件 B 为恰有一次正面朝上。

(3) 在一批同样的产品中任取 10 件。随机事件 C 为次品所占的比例不超过 0.3。

(4) 某路公共汽车每隔 10 分钟发一辆。随机事件 D 为乘客等车的时间在 5～8 分钟之间(不包括 5 分钟和 8 分钟)。

解　各小题均用例 4-1 指出的基本事件，则

(1) $A=\{2,4,6\}$

(2) $B=\{1\}$

(3) $C=\{0,0.1,0.2\}$

(4) $D=\{t|5<t<8\}$

例 4-3　写出下列各个随机事件所包含的基本事件。

(1) 口袋里有红球、白球和黑球各 1 个，从中任取两个。随机事件 A 为取出的球中肯定有红球。

(2) 甲、乙二人对同一目标各射一发子弹。随机事件 B 为有且仅有一人射中目标。

解　(1) 这个随机试验共有 3 个基本事件：ω_1 表示取到红球和白球，ω_2 表示取到红球和黑球，ω_3 表示取到白球和黑球。采用这样的记号时，$A=\{\omega_1,\ \omega_2\}$。

(2) 这个随机试验共有 4 个基本事件：ω_1 表示甲、乙二人都射中目标，ω_2 表示甲射中目标乙没射中目标，ω_3 表示表示甲没射中目标乙射中目标，ω_4 表示甲、乙二人都没射中目标。采用这样的记号时，$B=\{\omega_2,\ \omega_3\}$。

例 4-3 表明，许多随机试验的基本事件并不“简单”。例如，(1)中取到一个红球、取到一个白球和取到一个黑球都不是基本事件，因为基本事件是指取两个球的各种情况；(2)中甲射中目标和乙射中目标都不是基本事件，因为基本事件是指两个人射击的各种情况。

如果一个事件由 n 个部分组成，则基本事件也必须由 n 个部分组成。在例 4-3 中，(1)的基本事件由取两个球组成；(2)的基本事件由射两发子弹组成。记住这一点，确定基本事件就不困难了。

4.1.3　事件间的关系与运算

在实际问题中，往往需要在一个随机试验中同时研究几个事件以及它们之间的关系。例如，一个班级参加计算机数学考试，就有“不及格人数是 2”、“不及格人数少于 4”、“所有的人都及格”等事件。显然，这些事件间有一定的关系。

随机事件有的比较简单，有的比较复杂。为了便于讨论和计算随机事件的概率，下面介绍事件间的一些主要关系及运算。事件的运算与集合的运算十分相似。

1. 事件的包含

如果事件 A 发生必然导致事件 B 发生，则称事件 B **包含**事件 A，记作 $A \subset B$ 或 $B \supset A$（分别读作“A 包含于 B”和“B 包含 A”）。

例如，一个班级参加计算机数学考试，设事件 $A=\{$不及格人数是 $2\}$，$B=\{$不及格人数少于 $4\}$，则 $A \subset B$。

2. 事件的相等

设 A、B 为两个事件，如果 $A \subset B$，且 $B \subset A$，则称事件 A 与事件 B **相等**(或**等价**)，记作 $A=B$。

例如，一个班级参加计算机数学考试，设事件 $A=\{$所有的人都及格$\}$，$B=\{$没有人不及格$\}$，则 $A=B$。

显然，两事件等价是两事件包含的特例。

3. 事件的和

事件 A 与事件 B 至少有一个发生所构成的事件，称为事件 A 与事件 B 的**和**(或**并**)，记作 $A+B$，或 $A \cup B$(读做“A 并 B”)。

例如，设事件 $A=\{1,3,5,7,9\}$，$B=\{1,2,3,4,5\}$，则 $A+B=\{1,2,3,4,5,7,9\}$。

类似地，$\sum_{i=1}^{n} A_i$ 表示 $A_1, A_2, \cdots, A_n$ 这 n 个事件至少有一个发生。$\sum_{i=1}^{n} A_i$ 称为 $A_1, A_2, \cdots, A_n$ 这 n 个事件的和(或并)。

4. 事件的差

事件 A 发生而事件 B 不发生所构成的事件，称为事件 A 与事件 B 的**差**，记作 $A-B$(读做“A 减 B”)。

例如，设事件 $A=\{1,3,5,7,9\}$，$B=\{1,2,3,4,5\}$，则 $A-B=\{7,9\}$，$B-A=\{2,4\}$。

5. 事件的积

事件 A 与事件 B 同时发生所构成的事件，称为事件 A 与事件 B 的**积**(或**交**)，记作 AB 或 $A \cap B$(读做“A 交 B”或“A 且 B”)。

例如，设事件 $A=\{1,3,5,7,9\}$，$B=\{1,2,3,4,5\}$，则 $AB=\{1,3,5\}$。

类似地，$\prod_{i=1}^{n} A_i$ 表示 $A_1, A_2, \cdots, A_n$ 这 n 个事件同时发生。$\prod_{i=1}^{n} A_i$ 称为 $A_1, A_2, \cdots, A_n$ 这 n 个事件的积(或交)。

6. 互斥事件

如果事件 A 与事件 B 不能同时发生，即 $AB=\varnothing$，则称事件 A 与事件 B 为**互斥事件**(或**互不相容事件**)。

例如，掷一颗质量均匀的骰子，设事件 $A=\{$出现的点数是 2 或 $3\}$，事件 $B=\{$出现的点数大于 $3\}$，则 $AB=\varnothing$，即事件 A 与事件 B 互不相容。

7. 互逆事件

如果事件 A 与事件 B 不能同时发生，但必然发生其一，即 $AB=\varnothing$，且 $A+B=\Omega$，则

称事件 A 与事件 B 为**互逆事件**(或**对立事件**)。

事件 A 与事件 B 互逆，也称 B 是 A 的**逆事件**，或 A 是 B 的逆事件。A 的逆事件通常用 $\overline{A}$ 表示。

例如，掷一颗质量均匀的骰子，设事件 $A=\{$出现的点数是偶数$\}$，事件 $B=\{$出现的点数是奇数$\}$，则 $AB=\varnothing$，且 $A+B=\Omega$，即事件 A 与事件 B 互逆。

显然，互逆事件一定是互不相容事件，而互不相容事件不一定是互逆事件。

8. 完备事件组

在试验中，如果事件 $A_1,A_2,\cdots,A_n$ 必发生其一，且 $A_1,A_2,\cdots,A_n$ 两两互不相容，即 $A_iA_j=\varnothing(i,j=1,2,\cdots,n$，但 $i\neq j)$，且 $A_1+A_2+\cdots+A_n=\Omega$，则称事件组 $A_1,A_2,\cdots,A_n$ 为**完备事件组**。

例如，将一枚硬币掷两次，记正面朝上的次数。设事件 $B_0=\{0$ 次$\}$，$B_1=\{1$ 次$\}$，$B_2=\{2$ 次$\}$，则事件组 B_0,B_1,B_2 为完备事件组。

事件间的关系可以用称为**文氏图**的图形直观表示。这里，文氏图用一个矩形代表样本空间，用圆(或其他简单封闭曲线)代表随机事件。前面介绍的事件间的各种关系可以用图 4-1 来表示。

下面通过一个例子来加深对各种事件间的关系及运算的感性认识。

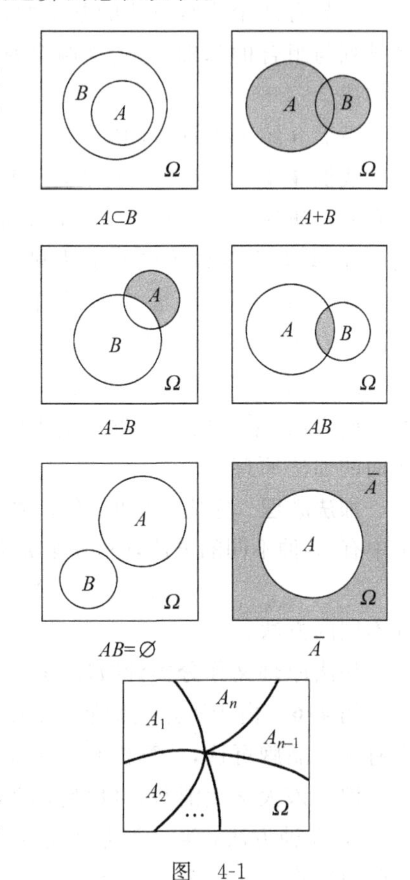

图　4-1

例 4-4　掷一颗质量均匀的骰子，设各个事件如下：$A=\{$出现的点数是 2 或 3$\}$，$B=\{$出现的点数大于 3$\}$，$C=\{$出现的点数是偶数$\}$，$D=\{$出现的点数不是 3$\}$。求：(1) AC；(2) AB；(3) BC；(4) $A+D$；(5) $C-B$；(6) $D-C$。

解　为了清晰地表达，先把已知的各个事件改用下面的方式表示

$$A=\{2,3\}$$
$$B=\{4,5,6\}$$
$$C=\{2,4,6\}$$
$$D=\{1,2,4,5,6\}$$

则有

(1) $AC=\{2\}$

(2) $AB=\varnothing$

(3) $BC=\{4,6\}$

(4) $A+D=\{1,2,3,4,5,6\}=\Omega$

(5) $C-B=\{2\}$

(6) $D-C=\{1,5\}$

例 4-5　甲、乙二人射击同一个目标。设事件 A 表示甲射中目标，设事件 B 表示乙射中目标。试用符号表示下列各个事件。

(1) 全部基本事件;

(2) 甲、乙二人至少有一人射中目标;

(3) 甲、乙二人仅有一人射中目标。

解 (1) 全部基本事件是下面 4 个。

AB：甲、乙二人都射中目标;

$A\overline{B}$：甲射中目标且乙没有射中目标;

$\overline{A}B$：甲没有射中目标且乙射中目标;

$\overline{A}\overline{B}$：甲、乙二人都没有射中目标。

(2) $A+B$。

(3) $A\overline{B}+\overline{A}B$。

4.2 计数

排列与组合是普遍存在的重要计数问题。本节将介绍排列与组合的基本概念和典型例题。

4.2.1 加法原理和乘法原理

计数有两个非常重要的基本原理,一个是加法原理,另一个是乘法原理。这两个原理是排列与组合的基础,运用这两个原理,可以将复杂的问题分解为若干个比较简单的问题来解决。

下面介绍一类计数问题。

实例 4-1 从甲地到乙地,既可以乘火车,也可以乘汽车,还可以乘轮船。一天中,火车有 6 个班次,汽车有 3 个班次,轮船有 2 个班次。那么一天中乘坐这些交通工具从甲地到乙地,共有多少种不同的走法呢?

显然,在火车、汽车、轮船中任选一类交通工具中的任何一个班次都能完成一次旅行,所以共有 11(6+3+2)种不同的走法。

这类问题有这样一个共同的特点:完成一件事,可以有几类办法,每一类办法又有多种不同方法,采取任何一类办法中的某一种方法都可以完成这件事。解决这类问题依据下面的加法原理。

加法原理 完成一件事,有 n 类办法,在第 1 类办法中有 m_1 种不同的方法,在第 2 类办法中有 m_2 种不同的方法,…,在第 n 类办法中有 m_n 种不同的方法,那么完成这件事共有

$$N = m_1 + m_2 + \cdots + m_n \tag{4-1}$$

种不同的方法。

加法原理又称**分类计数原理**。

例 4-6 由于费用的限制,某大学生只能在数码相机和计算机中选购一种。数码相机有 3 个品牌可选,计算机有 5 个品牌可选。问该大学生共有几种消费选择?

解 该大学生消费,可以有两类办法。第 1 类办法是从 3 个品牌的数码相机中任选 1 个,有 3 种方法;第 2 类办法是从 5 个品牌的计算机中任选 1 个,有 5 种方法。根据公式(4-1),有

$$3+5=8(\text{种})$$

故该大学生共有 8 种消费选择。

下面介绍另一类计数问题。

实例 4-2　从甲地到丙地只能乘汽车，从丙地到乙地只能乘轮船。一天中，从甲地到丙地的汽车有 3 个班次，从丙地到乙地的轮船有 2 个班次。某人计划第 1 天从甲地到丙地，第 2 天从丙地到乙地。那么某人完成一次旅行共有多少种不同的走法呢？

如果将一天中从甲地到丙地的汽车班次记为汽车 1、汽车 2 和汽车 3，从丙地到乙地的轮船班次记为轮船 1 和轮船 2。显然，所有不同的走法是：汽车 1＋轮船 1、汽车 1＋轮船 2、汽车 2＋轮船 1、汽车 2＋轮船 2、汽车 3＋轮船 1、汽车 3＋轮船 2。因此，共有 6(＝3×2)种不同的走法。

这类问题有这样一个共同的特点：完成一件事，需要分成几个步骤；每一个步骤又有多种不同方法；必须经过每一个步骤(只要其中的某一种方法)才能完成这件事。解决这类问题依据下面的乘法原理。

乘法原理　完成一件事，需要分成 n 个步骤，做第 1 步有 m_1 种不同的方法，做第 2 步有 m_2 种不同的方法，…，做第 n 步有 m_n 种不同的方法，那么完成这件事共有

$$N=m_1m_2\cdots m_n \tag{4-2}$$

种不同的方法。

乘法原理又称**分步计数原理**。

例 4-7　衣橱中有 4 件 T 恤，3 条牛仔裤和 2 条腰带。如果现在要穿 1 件 T 恤，1 条牛仔和扎 1 条腰带出门，共有几种选法？

解　本题符合乘法原理，根据公式(4-2)，有

$$4\times3\times2=24(\text{种})$$

因此，共有 24 种不同的选法。

对每一个具体问题，尤其是比较复杂的问题，首先要仔细分析，看它是符合加法原理还是乘法原理，然后才能正确解答。加法原理针对“分类”问题，其中各种方法相互独立，用其中任何一种方法都能完成这件事；乘法原理针对“分步”问题，不同步骤间的方法相互依存，只有各个步骤都完成才算做完这件事。

例 4-8　有三名男生(赵、钱、孙)和三名女生(李、周、吴)参加联谊活动，某游戏需一名男生和一名女生配对进行，共有几种不同的配对方式？

解　必须确定一名男生和一名女生，并且确定男生和确定女生互相独立，所以本小题符合乘法原理，根据公式(4-2)，有

$$3\times3=9(\text{种})$$

共有 9 种不同的配对方式。

本题所有可能的配对一一列出是：赵李、赵周、赵吴、钱李、钱周、钱吴、孙李、孙周、孙吴。

4.2.2　排列与组合

有了加法原理和乘法原理的知识就可以介绍排列与组合了。

1. 排列

先看一个排列问题的实例。

实例 4-3 从甲、乙、丙、丁 4 名同学中推选 2 名分别参加两个会议,其中 1 名同学参加校团委的座谈会,另 1 名同学参加教务处的座谈会,有多少不同的推选方案?

可以按这样的方法解决这个问题:分 2 个步骤推选。第 1 步,推选参加团委座谈会的同学,从 4 人中任选 1 人,有 4 种方法。第 2 步,在推选参加团委座谈会的同学后再推选参加教务处座谈会的同学,从余下的 3 人中任选 1 人,有 3 种方法。根据乘法原理,共有 12(=4×3)种不同的推选方案。

实际上,实例 4-3 也可以按照先推选参加教务处座谈会的同学,后推选参加团委座谈会的同学的顺序进行,其结果是一样的。

这类问题有这样一个共同的特点:完成一件事,需要分成几个性质相同的步骤,每个步骤选择 1 个对象,已经被选择的对象在以后的步骤中不能再被选择。实际上,被选中的对象是按一定的顺序排列的。这类问题就是下面定义的排列。在排列中被选取的对象称为**元素**。

定义 4-1 从含 n 个元素的集合 S 中任取 m ($m \leqslant n$)个元素,按照一定的顺序排成一列,称为 S 的一个 m **排列**。所有这些 m 排列的个数,称为 S 的 m **排列数**,记为 A_n^m 或 P_n^m。如果 $m=n$,则称为 S 的**全排列**,简称为 S 的排列。

显然,实例 4-3 有 $A_4^2=4\times 3=12$ 种推选方案。对于一般的情形,是依据下面的定理 4-1 计算 A_n^m 的。

定理 4-1 设 $n\in \mathbf{Z}^+$,$m\in \mathbf{Z}^+$,当 $m\leqslant n$ 时,有

$$A_n^m = n(n-1)(n-2)\cdots(n-m+1) \tag{4-3}$$

为了方便表达排列与组合问题中有关公式,需要引进阶乘记号:正整数 1 到 n 的连乘称为 n 的**阶乘**,记为 $n!$,即

$$n! = n\times(n-1)\times(n-2)\times\cdots\times 2\times 1 \tag{4-4}$$

为了使阶乘的记号能在必要的范围内都适用,规定 $0!=1$。

引用阶乘记号,公式(4-3)可以写成

$$A_n^m = \frac{n!}{(n-m)!} \tag{4-5}$$

显然,对于全排列有

$$A_n^n = n! \tag{4-6}$$

例 4-9 由 1、2、3、4、5 五个数字可以组成几个不含有重复数字的五位数?

解 这是全排列问题,根据公式(4-6),有

$$A_5^5 = 5! = 5\times 4\times 3\times 2\times 1 = 120(\text{个})$$

2. 组合

组合不同于排列,但与排列有密切联系,先看一个实例。

实例 4-4 从甲、乙、丙、丁 4 名同学中推选 2 名去参观一个展览,有多少不同的推选方案?

实例 4-4 与实例 4-3 不同,实例 4-3 推选出的 2 名同学参加的活动不同(可以认为有“顺序”),实例 4-4 推选出的 2 名同学参加的活动相同(没有“顺序”)。“先选甲,后选乙”与“先选乙,后选甲”实际上是同一种推选方案。

将实例 4-4 所有可能的推选一一列出：甲乙、甲丙、甲丁、乙丙、乙丁、丙丁。所以，共有 6 种不同的推选方案。

这类问题有这样一个共同的特点：完成一件事，需要分成几个性质相同的步骤，每个步骤选择 1 个对象，已经被选择的对象在以后的步骤中不能再被选择。所有被选中的对象组成一组(没有顺序关系)。这类问题就是下面定义的组合。在组合中被选取的对象也称为元素。

定义 4-2　从含 n 个元素的集合 S 中任取 m ($m\leqslant n$)个元素组成一组，称为 S 的一个 m **组合**。所有这些 m 组合的个数，称为 S 的 m **组合数**，记为 C_n^m 或 $\binom{n}{m}$。

根据实际需要，当 $n\geqslant 0$ 时，规定 $\mathrm{C}_n^0=1$。

对于一般的情形，是依据下面的定理 4-2 计算 C_n^m 的。

定理 4-2　设 $n\in\mathbf{Z}^+$，$m\in\mathbf{Z}^+$，当 $m\leqslant n$ 时，

$$A_n^m = m!\mathrm{C}_n^m \tag{4-7}$$

将公式(4-5)代入上式，得

$$\mathrm{C}_n^m = \frac{n!}{m!(n-m)!} \tag{4-8}$$

约去分子分母中的公因数$(n-m)!$，得组合数的另一个计算公式：

$$\mathrm{C}_n^m = \frac{n(n-1)(n-2)\cdots(n-m+1)}{m!} \tag{4-9}$$

显然，仅含 1 个元素的排列与组合是完全相同的，即 $A_n^1=\mathrm{C}_n^1$，在实际解题时用哪个都可以。

例 4-10　从 8 名同学中任选 3 名参加数学竞赛，有几种选法？

解　这是组合问题，根据公式(4-9)，有

$$\mathrm{C}_8^3 = \frac{8\times 7\times 6}{3\times 2\times 1} = 56(\text{种})$$

3. 组合的性质

组合的重要性质　设 $n\in\mathbf{N}$，$m\in\mathbf{N}$，当 $m\leqslant n$ 时，有

$$\mathrm{C}_n^m = \mathrm{C}_n^{n-m} \tag{4-10}$$

例 4-11　计算 C_{100}^{98}。

解　利用公式(4-10)，得

$$\begin{aligned}\mathrm{C}_{100}^{98} &= \mathrm{C}_{100}^{100-98} = \mathrm{C}_{100}^{2}\\ &= \frac{100\times 99}{2\times 1} = 4950\end{aligned}$$

4.3　概率及其性质

既然随机事件在一次试验中有可能发生，就有可能性大小的问题。实际上，仅仅知道试验中可能出现哪些事件是不够的，更重要的是需要对事件发生的可能性进行量的描述。概率就是度量随机事件发生的可能性大小的重要数量指标。

4.3.1 概率的定义

本小节将在不同的背景下介绍概率的两个定义。

1. 概率的古典定义

具有以下特征的随机试验模型称为**古典概型**(概型是概率模型的简称)。

(1) 基本事件的总数为有限个;

(2) 试验中每个基本事件发生的可能性相等。

古典概型又称为**等可能性概型**,是最基本的概率模型。例 4-1 中的掷骰子问题是古典概型的代表。

定义 4-3 设随机试验 E 为古典概型,它的样本空间 Ω 包含 n 个基本事件,随机事件 A 包含 k 个基本事件,则称比值为随机事件 A 的**概率**,记作 $P(A)$。即

$$P(A)=\frac{k}{n}=\frac{A\text{ 中的基本事件数}}{\Omega\text{ 中的基本事件数}} \tag{4-11}$$

定义 4-3 通常称为概率的**古典定义**。

例 4-12 掷一颗骰子,求下列事件的概率。

(1) 出现的点数是 3;

(2) 出现的点数大于 2;

(3) 出现的点数是偶数。

解 本例属于古典概型,且 $\Omega=\{1,2,3,4,5,6\}$。所以出现每一个点数的概率都是$\frac{1}{6}$。

(1) 出现的点数是 3 的概率为

$$P\{X=3\}=\frac{1}{6}$$

(2) 出现的点数大于 2 的概率为

$$\begin{aligned}P\{X>2\}&=P\{X=3\}+P\{X=4\}+P\{X=5\}+P\{X=6\}\\&=\frac{1}{6}+\frac{1}{6}+\frac{1}{6}+\frac{1}{6}=\frac{2}{3}\end{aligned}$$

(3) 出现的点数是偶数的概率为

$$P\{X\text{ 是偶数}\}=P\{X=2\}+P\{X=4\}+P\{X=6\}=\frac{1}{6}+\frac{1}{6}+\frac{1}{6}=\frac{1}{2}$$

古典概型看似简单,实际上蕴涵丰富。比较简单的古典概型问题容易解答,要想解答比较复杂的古典概型问题就不那么容易了。相当多的古典概型问题需要排列与组合等其他数学知识。

正确运用概率的古典定义解答概率问题的关键是正确判定古典概型问题中等可能性的基本事件和正确计算事件中的基本事件数。

例 4-13 在 10 张光盘中有 3 张是盗版。从其中任取 6 张,求其中恰有 2 张盗版光盘的概率。

解 从 10 张光盘中任取 6 张的事件总数为 C_{10}^{6}。其中恰有 2 张盗版光盘意味着 4 张

是从 7 张正版中取的，2 张是从 3 张盗版光盘中取的，因而事件数为 $C_7^4C_3^2$。所以该事件的概率为

$$P=\frac{C_7^4C_3^2}{C_{10}^6}=\frac{\frac{7\times6\times5\times4}{1\times2\times3\times4}\times\frac{3\times2}{1\times2}}{\frac{10\times9\times8\times7\times6\times5}{1\times2\times3\times4\times5\times6}}=\frac{1}{2}$$

例 4-14　将一枚硬币掷两次，求正面朝上的次数分别为 0 次、1 次和 2 次的概率。

这个概率问题确实属于古典概型。那么，它的等可能的基本事件是什么？如果认为正面朝上的次数分别为 0 次、1 次和 2 次是 3 个等可能的基本事件那就错了。

将一枚硬币掷两次，每一次正面朝上或反面朝上是等可能的。因此，所有可能的结果可简单地记作：正正、正反、反正、反反，其中，"正反"表示第一次正面朝上，第二次反面朝上(余类推)。显然，正正、正反、反正、反反才是这个问题的 4 个等可能的基本事件。下面解答这个问题。

解　记正面朝上为 1，反面朝上为 0。因而一枚硬币掷两次的基本事件为：$A_1=(0,0)$、$A_2=(0,1)$、$A_3=(1,0)$和 $A_4=(1,1)$，则 $\Omega=\{A_1,A_2,A_3,A_4\}$，属于古典概型；再记本问题中正面朝上次数分别为 0 次、1 次和 2 次为事件 B_0、B_1 和 B_2，则有

$$P(B_0)=P(A_1)=\frac{1}{4}$$

$$P(B_1)=P(A_2)+P(A_3)=\frac{1}{4}+\frac{1}{4}=\frac{1}{2}$$

$$P(B_2)=P(A_4)=\frac{1}{4}$$

解答表明，事件 B_0、B_1 和 B_2 不是等可能的。

2. 概率的统计定义

实际问题中，有一些随机试验不完全满足古典概型的条件。例如，检测一批产品的质量，求它的合格率。如果对所有的产品进行检测，一方面代价太高，另一方面或许不可能(如果检测是破坏性的)。这就需要给出概率的另一个定义。在这之前先介绍事件的频率概念。

定义 4-4　在相同的条件下将一随机试验重复 n 次，事件 A 发生了 m 次，则称 m 为在这 n 次试验中事件 A 发生的**频数**，称比值 $\frac{m}{n}$ 是事件 A 在这 n 次试验中发生的**频率**$\left(\text{简称}\frac{m}{n}\text{是事件}A\text{的频率}\right)$，记作 $f_n(A)$，即

$$f_n(A)=\frac{m}{n}$$

于是，就有了通常称为概率的**统计定义**的定义 4-5。

定义 4-5　在相同的条件下，重复进行 n 次试验，如果随着试验次数 n 的增大，事件 A 发生的频率 $\frac{m}{n}$ 仅在某个常数 p 附近有微小的变化，则称常数 p 为事件 A 的**概率**，即 $P(A)=p$。

定义 4-5 表明,频率$\frac{m}{n}$并不是随机事件的概率;但是,当 n 较大时,可以用频率$\frac{m}{n}$作为 $P(A)$的近似值,即

$$P(A)\approx\frac{m}{n}$$

而且,n 越大,近似程度越好。

尽管概率的统计定义是通过大量重复试验中频率的稳定性定义的,但不能认为概率取决于试验。

事件的频率由具体的试验以及试验次数的多少确定,是变化的。事件的概率完全由事件本身决定,是客观存在的,与是否做试验无关;事件的概率是唯一的。频率和概率是两个不同的概念。试验次数很多时,频率很接近概率。概率的统计定义正是根据这一点把两者联系到一起。

事件概率有两方面的含义:一方面它反映了在大量试验中该事件发生的频繁程度;另一方面它又反映了在一次试验中该事件发生的可能性的大小。例如,如果某厂生产的某种产品的合格率为 0.97,这意味着每 100 个产品中大约有 97 个是合格品;同时,也意味着抽取 1 个产品是合格品的可能性大约是 0.97。

概率的统计定义主要是具有理论上的价值,很少用它直接计算事件的概率;这是因为:①概率的统计定义是以频率为基础的,而频率必须依赖大量的试验才能得到较准确的数值;②即使得到了事件的频率也只能得到概率的近似值。

由概率的两个定义可知,任何随机事件 A 的概率都介于 0~1 之间,即 $0\leqslant P(A)\leqslant 1$。如果 $P(A)=1$,则事件 A 为必然事件;如果 $P(A)=0$,则事件 A 为不可能事件。

根据概率的统计定义,可以对样本空间很大的总数进行估计。例 4-15 是个典型的代表。

例 4-15 从某鱼池中捞取 100 条鱼,做上记号后再放入该鱼池中。过一段时间,再从该鱼池中捞取 40 条鱼,发现其中有 3 条有记号,问该鱼池中大约有多少条鱼?

解 设该鱼池中有 x 条鱼,则从鱼池捞到 1 条有记号鱼的概率为$\frac{100}{x}$,它应该近似于实际事件的频率$\frac{3}{40}$,即

$$\frac{100}{x}=\frac{3}{40}$$

由此解得 $x\approx 1\,333$,故该鱼池内大约有 1 333 条鱼。

例 4-15 所用的方法可以运用于许多场合,很有实际价值。

人口数据是国民经济中的一项重要指标。但是,做人口普查需要大量的人力和物力,只能隔几年进行一次。通常进行的人口抽查就是根据概率的统计定义获取比较可靠的数据,如人口总数、就业情况、性别比例、文化程度、年龄分段组成结构等。

4.3.2 概率的性质

实际问题中,存在着许多比较复杂的概率计算问题,下面的例 4-10 是其中的一例。

例 4-16　同时掷两颗骰子，求至少有一颗骰子出现的点数大于3的概率。

如果用A、B分别表示第一、第二颗骰子出现点数大于3的事件，则所求为$P(A+B)$。显然，$P(A+B)<1$，因为存在两颗骰子出现的点数都不大于3的事件。另一方面，由于$P(A)=P(B)=\frac{1}{2}$，因而$P(A)+P(B)=1$。这说明，一般情况下，$P(A+B)\neq P(A)+P(B)$。那么，$P(A+B)$该怎么计算呢？由于两颗骰子出现的点数都大于3的事件AB既包括在事件A中，也包括在事件B中，因此在计算$P(A)+P(B)$时重复计算了两次，所以应该把多计算的一次减去。因而应该是$P(A+B)=P(A)+P(B)-P(AB)$。

除了上述例子代表的情况外，还有其他比较复杂的事件需要计算它们的概率。下面介绍由概率的定义和事件的关系得出的概率的一些性质（本书省略它们的证明）。

性质 4-1　设A、B为试验E中两事件，则

$$P(A+B)=P(A)+P(B)-P(AB) \tag{4-12}$$

式(4-12)通常称为和事件的概率**加法公式**。特别地，如果A、B为互不相容事件，有$P(AB)=0$，则

$$P(A+B)=P(A)+P(B) \tag{4-13}$$

式(4-13)通常称为互不相容事件的概率加法公式。

性质 4-2　对于互逆事件A和$\overline{A}$，有

$$P(A)+P(\overline{A})=1 \tag{4-14}$$

式(4-14)通常称为互逆事件的概率加法公式。

性质 4-3　设A、B为试验E中两事件，且$A\subset B$，则

$$P(B-A)=P(B)-P(A) \tag{4-15}$$

有了这些性质，就大大方便了概率的计算。下面再解答例4-16。

解　设第1颗骰子和第2颗骰子出现的点数大于3，分别为事件A和B。显然，$P(A)=P(B)=\frac{1}{2}$。由于样本空间$\Omega=\{(1,1),(1,2),\cdots,(1,6),(2,1),(2,2),\cdots,(2,6),\cdots,(6,1),(6,2),\cdots,(6,6)\}$，包含36个样本点；事件$AB=\{(4,4),(4,5),(4,6),(5,4),(5,5),(5,6),(6,4),(6,5),(6,6)\}$，包含9个样本点。所以

$$P(AB)=\frac{9}{36}=\frac{1}{4}$$

因此

$$P(A+B)=P(A)+P(B)-P(AB)=\frac{1}{2}+\frac{1}{2}-\frac{1}{4}=\frac{3}{4}$$

例 4-17　从一副仅含4种花色的扑克牌中任抽一张，问抽到黑桃或红心的概率是多少？

解　设抽到黑桃和红心的事件分别为A和B，则抽到黑桃或红心的事件为$A+B$。由于A、B为互不相容事件，因而所求的概率为

$$P(A+B)=P(A)+P(B)=\frac{13}{52}+\frac{13}{52}=\frac{1}{2}$$

例 4-18　一批产品共有100件，其中5件是次品，从中任意抽取50件进行检查，问下

列事件的概率各是多少?

(1) 50 件产品中至多有一件次品;

(2) 50 件产品中至少有一件次品。

解 设 50 件产品中恰有 k 件次品为事件 $A_k(k=0,1,2,3,4,5)$。显然,事件 A_0,A_1,A_2,A_3,A_4,A_5 为完备事件组。

(1) 再设 50 件产品中至多有 1 件次品为事件 B,则 $B=A_0+A_1$,因而所求的概率为

$$P(B)=P(A_0+A_1)=P(A_0)+P(A_1)$$

$$=\frac{C_{95}^{50}}{C_{100}^{50}}+\frac{C_{95}^{49}C_5^1}{C_{100}^{50}}=\frac{\dfrac{95!}{50!(95-50)!}}{\dfrac{100!}{50!(100-50)!}}+\frac{\dfrac{95!}{49!(95-49)!}\cdot 5}{\dfrac{100!}{50!(100-50)!}}$$

$$=\frac{95!50!}{100!45!}+\frac{95!50!50!\cdot 5}{100!49!46!}$$

$$=\frac{50\times 49\times 48\times 47\times 46+50\times 50\times 49\times 48\times 47\times 5}{100\times 99\times 98\times 97\times 96}=0.181$$

(2) 再设 50 件产品中至少有 1 件次品为事件 C,则 $C=A_1+A_2+A_3+A_4+A_5$,这样计算比较麻烦。换一个角度考虑问题可以使计算比较简单。因为 $\overline{C}=A_0$,从而所求的概率为

$$P(C)=1-P(\overline{C})=1-P(A_0)$$

$$=1-\frac{C_{95}^{50}}{C_{100}^{50}}=1-\frac{\dfrac{95!}{50!(95-50)!}}{\dfrac{100!}{50!(100-50)!}}=1-\frac{95!50!}{100!45!}$$

$$=1-\frac{50\times 49\times 48\times 47\times 46}{100\times 99\times 98\times 97\times 96}=0.972$$

一般来说,若 n 件产品中有 l 件次品,从中任取 $m(m\leqslant n)$件恰有 $k(k\leqslant l)$件次品的概率为

$$p=\frac{C_l^k C_{n-l}^{m-k}}{C_n^m} \tag{4-16}$$

式(4-16)适合所有这类问题的概率计算。

4.4 条件概率与事件的相互独立性

4.4.1 条件概率

在实际问题中,不仅存在"求某事件发生的概率"这类问题,还需要解决"在某事件发生的条件下,求另一事件发生的概率"的问题。先看下面的例 4-19。

例 4-19 一、二两车间同一天生产同种产品,具体数据如表 4-2 所示,请分别求下列事件的概率。

(1) 抽到 1 件是次品;

(2) 抽到 1 件是一车间生产的产品;

(3) 抽到 1 件是一车间生产的次品；

(4) 在已知抽到 1 件是一车间产品的条件下，它又是次品。

表　4-2

	正品数	次品数	总　数
一车间	37	3	40
二车间	45	5	50
合　计	82	8	90

解　设抽到 1 件产品是次品为事件 A，抽到 1 件是一车间生产的产品为事件 B，则

(1) $P(A)=\frac{8}{90}=\frac{4}{45}$

(2) $P(B)=\frac{40}{90}=\frac{4}{9}$

(3) $P(AB)=\frac{3}{90}=\frac{1}{30}$

(4) 该事件与事件(3)是不同的，其样本空间为 40，这种有附加条件的概率将是下面定义 4-4 所述的条件概率，记作 $P(A|B)$。因此有

$$P(A \mid B)=\frac{3}{40}$$

一般地，有

$$P(A \mid B)=\frac{\text{在 } B \text{ 发生的条件下 } A \text{ 包含的基本事件数}}{\text{缩减后的样本空间 } \Omega_B \text{ 包含的基本事件数}} \tag{4-17}$$

对于例 4-19，很容易验证 $P(A|B)=\frac{P(AB)}{P(B)}$。它反映了 $P(A|B)$、$P(AB)$、$P(B)$这三者之间的关系，具有普遍性的意义。

定义 4-6　设 A、B 是试验 E 的两个事件，且 $P(B)>0$，则称

$$P(A \mid B)=\frac{P(AB)}{P(B)} \tag{4-18}$$

为在事件 B 发生的条件下事件 A 发生的条件概率。

类似地，如果 $P(A)>0$，那么有

$$P(B \mid A)=\frac{P(AB)}{P(A)} \tag{4-19}$$

由以上的讨论可知，计算条件概率有这样两种方法：如果有关样本点数容易得到，用式(4-17)计算最简便；如果有关样本点数不容易或无法得到，或者 $P(AB)$比较容易求，就用式(4-18)或式(4-19)计算。

例 4-20　袋中有 5 个球，其中 2 个白色，3 个黑色。现在不放回地摸球两次，每次 1 球。如果已经知道第 1 次摸到的是黑球，求第 2 次摸到的也是黑球的概率。

解　第 2 次摸到黑球的概率与第 1 次是否摸到黑球有关，显然属于条件概率。设第 1 次摸到黑球为事件 A，第 2 次摸到黑球为事件 B，则

方法 1　由题意知，事件 A 发生后样本空间包含的样本点数由原来的 5 减少为 4，且

事件 B 包含的样本点数为 2(事件 A 发生后,袋中黑球只剩 2 个),所以

$$P(B \mid A)=\frac{2}{4}=0.5$$

方法 2

$$P(A)=\frac{3}{5}=0.6$$

$$P(AB)=\frac{3}{5}\times\frac{2}{4}=0.3$$

$$P(B \mid A)=\frac{P(AB)}{P(A)}=\frac{0.3}{0.6}=0.5$$

例 4-21 设某种动物由出生算起,活到 15 年以上的概率为 0.8,活到 20 年以上的概率为 0.3。如果现在有一只活了 15 年的动物,求它能活 20 年以上的概率。

解 设这种动物能活 15 年以上为事件 A,能活 20 年以上为事件 B,则 $P(A)=0.8$,$P(B)=0.3$。由于 $B\subset A$,所以 $AB=B$,从而 $P(AB)=P(B)=0.3$。由于该动物已经活了 15 年,因而所求的概率为 $P(B|A)$。由式(4-9)得

$$P(B \mid A)=\frac{P(AB)}{P(B)}=\frac{0.3}{0.8}=0.375$$

4.4.2 概率的乘法公式

由式(4-19)可知,当 $P(A)>0$ 时,有

$$P(AB)=P(A)P(B \mid A) \tag{4-20}$$

由式(4-18)可知,当 $P(B)>0$ 时,有

$$P(AB)=P(B)P(A \mid B) \tag{4-21}$$

式(4-20)和式(4-21)通常称为**概率乘法公式**。概率乘法公式的含义是:两事件积的概率等于其中一个事件的概率乘以在这个事件发生的条件下另一事件发生的条件概率。

乘法公式可以推广到多个事件之积的情形,例如

$$P(ABC)=P(C \mid AB)P(B \mid A)P(A) \tag{4-22}$$

例 4-22 软件产品开发完成后,需要通过 3 种测试。已知软件通过第 1 种测试的概率为 1/3;若通过第 1 种测试,则通过第 2 种测试的概率为 2/5;若通过第 2 种测试,则通过第 3 种测试的概率为 9/10。求软件能通过这 3 种测试的概率。

解 设 $A_i(i=1,2,3)$表示事件"软件通过第 i 种测试",则所求的概率为$P(A_1A_2A_3)$。根据式(4-12)有

$$\begin{aligned}P(A_1A_2A_3)&=P(A_3 \mid A_1A_2)P(A_2 \mid A_1)P(A_1)\\&=\frac{9}{10}\times\frac{2}{5}\times\frac{1}{3}=0.12\end{aligned}$$

4.4.3 事件的相互独立性

一个事件的发生与另一个事件的发生可能有关,也可能无关。例如,计算机的性能与其硬件的配置有关,森林火灾与天气状况有关,一个人的体温与计算机病毒无关,考试成绩的好坏与中美会谈结果无关。同一个概率问题中的两事件虽然不像前面所举

的无关事件那样毫不相干，甚至涉及的面很窄，但也存在无关的可能。例如，将一颗骰子掷两次，第2次出现的点数与第1次出现的点数无关。这就需要对具体问题进行仔细的分析。

两个事件之间的关系影响到某些概率的计算，有必要进行讨论。如果两个事件发生与否相互没有影响，则称两个事件**互相独立**。相互独立事件有以下3个性质。

性质 4-4 若 A,B 相互独立，则

$$P(A \mid B) = P(A) \tag{4-23}$$

$$P(B \mid A) = P(B) \tag{4-24}$$

反之亦然。

性质 4-5 若 A,B 相互独立，则

$$P(AB) = P(A)P(B) \tag{4-25}$$

反之亦然。

性质 4-6 若事件 A 与 B 相互独立，则下列3对事件：A 与 $\overline{B}$、$\overline{A}$ 与 B、$\overline{A}$ 与 $\overline{B}$ 也互相独立。

事件的相互独立与事件的互斥是两个不同的概念。一定要正确理解。

事件 A 与 B 互相独立意味着事件 A 是否发生不影响事件 B 发生的条件概率。事件 A 与 B 互斥意味着事件 A 的发生必然导致事件 B 不发生，从而影响事件 B 发生的条件概率。下面作进一步的讨论。

事件 A 与 B 互相独立等价于概率

$$P(AB) = P(A)P(B)$$

而若事件 A 与 B 互斥，则概率

$$P(AB) = 0$$

当概率 $P(A)\neq 0, P(B)\neq 0$ 时，如果事件 A 与 B 互相独立，则有

$$P(AB) = P(A)P(B) \neq 0$$

于是事件 A 与 B 不互斥。如果事件 A 与 B 互斥，则有

$$P(AB) = 0 \neq P(A)P(B)$$

于是事件 A 与 B 不互相独立。

根据上面的讨论可以得到这样的结论：当概率 $P(A)\neq 0, P(B)\neq 0$ 时，事件 A 与 B 互相独立与事件 A 与 B 互斥不能同时成立。

例 4-23 甲、乙、丙3人射击同一目标，他们的命中率分别为0.3、0.4和0.5。如果每人发一枪，求下列各事件的概率。

(1) 目标被击中；

(2) 目标被击中一弹；

(3) 目标被击中两弹。

解 设 A_1,A_2,A_3 分别表示甲、乙、丙射中目标这3个事件，B 表示事件“目标被击中一弹”，C 表示事件“目标被击中两弹”。显然，A_1,A_2 和 A_3 相互独立，并且 $B=A_1\overline{A_2}\,\overline{A_3}+\overline{A_1}A_2\overline{A_3}+\overline{A_1}\,\overline{A_2}A_3$，$C=A_1A_2\overline{A_3}+A_1\overline{A_2}A_3+\overline{A_1}A_2A_3$。

(1) 所求的概率为 $P(A_1+A_2+A_3)$,因而

$$P(A_1+A_2+A_3)=1-P(\overline{A_1+A_2+A_3})=1-P(\overline{A_1}\,\overline{A_2}\,\overline{A_3})$$
$$=1-P(\overline{A_1})P(\overline{A_2})P(\overline{A_3})$$
$$=1-(1-0.3)\times(1-0.4)\times(1-0.5)=0.79$$

(2) $P(B)=P(A_1\overline{A_2}\,\overline{A_3}+\overline{A_1}A_2\overline{A_3}+\overline{A_1}\,\overline{A_2}A_3)$

$$=P(A_1\overline{A_2}\,\overline{A_3})+P(\overline{A_1}A_2\overline{A_3})+P(\overline{A_1}\,\overline{A_2}A_3)$$
$$=0.3\times(1-0.4)\times(1-0.5)+(1-0.3)\times0.4\times(1-0.5)$$
$$+(1-0.3)\times(1-0.4)\times0.5$$
$$=0.44$$

(3) $P(C)=P(A_1A_2\overline{A_3}+A_1\overline{A_2}A_3+\overline{A_1}A_2A_3)$

$$=P(A_1A_2\overline{A_3})+P(A_1\overline{A_2}A_3)+P(\overline{A_1}A_2A_3)$$
$$=0.3\times0.4\times(1-0.5)+0.3\times(1-0.4)\times0.5+(1-0.3)\times0.4\times0.5$$
$$=0.29$$

由本例可知,对于相互独立的事件,有关的概率计算比较简便。

4.5 全概率公式与贝叶斯公式

实际的概率问题可能比前面讨论过的还要复杂。例如,在试验 E 中,一个事件 B 往往伴随着一个完备事件组 $A_1,A_2,\cdots,A_n$ 中某事件的发生而发生。如果已知各概率 $P(A_i)$,$P(B|A_i)(i=1,2,\cdots,n)$,如何求 $P(B)$和 $P(A_i|B)$呢?本节将要介绍的全概率公式和贝叶斯公式是解答这两类问题的有效方法。

4.5.1 全概率公式

在例 4-20 的问题中,如果直接问第 2 次摸到黑球的概率(不管第 1 次摸球的情况),当然可以直接计算。但是,从另一个角度考虑,可以把这个问题看成“第 1 次摸到黑球且第 2 次摸到黑球”与“第 1 次摸到白球且第 2 次摸到黑球”这两个事件的和事件。这两种不同考虑下计算概率的方法也不同,但结果应该相同。如果仍设第1 次摸到黑球为事件 A,第 2 次摸到黑球为事件 B,则应该有

$$P(B)=P(BA)+P(B\overline{A})$$
$$=P(A)P(B\mid A)+P(\overline{A})P(B\mid\overline{A})$$

这个例子有普遍意义:如果直接求一个事件的概率有困难,可以把该事件分解为若干互不相容子事件的和,分别求各子事件的概率,再由加法公式求得最后结果,这就是下面介绍的全概率公式。

全概率公式 如果事件 $A_1,A_2,\cdots,A_n$ 是试验 E 的一个完备事件组,且 $P(A_i)>0$ $(i=1,2,\cdots,n)$,则对于 E 中任一事件 B,有

$$P(B)=P(A_1)P(B\mid A_1)+P(A_2)P(B\mid A_2)+\cdots+P(A_n)P(B\mid A_n)$$
$$=\sum_{i=1}^{n}P(A_i)P(B\mid A_i)\qquad(4\text{-}26)$$

通过图 4-2 所示的文氏图可以加深对全概率公式的理解。

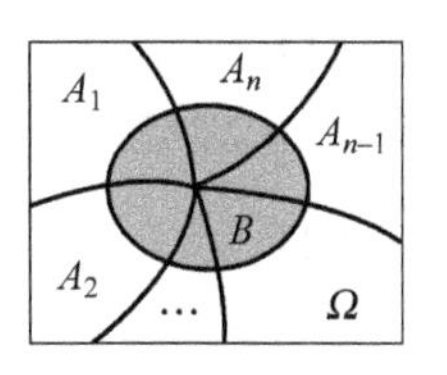

图 4-2

例 4-24 8 个乒乓球中有 6 个新的,2 个旧的。第 1 次比赛时取出了 2 个,用完放回。第 2 次比赛也取出 2 个。求第 2 次取出的 2 个都是新球的概率。

解 设 $A_i(i=0,1,2)$表示事件"第 1 次比赛取到 i 个新球",B 表示事件"第 2 次比赛取出的 2 个都是新球"。注意到:如果第 1 次比赛取到 i 个新球,则在第 2 次比赛取球前的新球数为 $8-i$ 个。根据式(4-16)有

$$\begin{aligned}P(B)&=P(A_0)P(B\mid A_0)+P(A_1)P(B\mid A_1)+P(A_2)P(B\mid A_2)\\&=\sum_{i=0}^{2}\frac{C_6^iC_2^{2-i}}{C_8^2}\times\frac{C_{6-i}^2}{C_8^2}\\&=\frac{C_6^0C_2^2}{C_8^2}\times\frac{C_6^2}{C_8^2}+\frac{C_6^1C_2^1}{C_8^2}\times\frac{C_5^2}{C_8^2}+\frac{C_6^2C_2^0}{C_8^2}\times\frac{C_4^2}{C_8^2}\\&=\frac{1\times1\times\frac{6\times5}{1\times2}+6\times2\times\frac{5\times4}{1\times2}+\frac{6\times5}{1\times2}\times1\times\frac{4\times3}{1\times2}}{\left(\frac{8\times7}{1\times2}\right)^2}\\&=0.287\end{aligned}$$

4.5.2 贝叶斯公式

在例 4-20 的问题中,如果问在第 2 次摸到黑球的条件下,第 1 次摸到黑球的概率。如果仍设第 1 次摸到黑球为事件 A,第 2 次摸到黑球为事件 B,则根据条件概率公式和全概率公式可得

$$P(A\mid B)=\frac{P(AB)}{P(B)}=\frac{P(A)P(B\mid A)}{P(A)P(B\mid A)+P(\bar{A})P(B\mid\bar{A})}$$

这个例子也有普遍意义:如果直接求一个条件概率有困难,可以先由全概率公式(4-26)求出某事件的概率,再由条件概率公式(4-17)求出这个条件概率,这就是下面介绍的贝叶斯公式。

贝叶斯公式 如果事件 $A_1,A_2,\cdots,A_n$ 是试验 E 的一个完备事件组,B 为 E 中任一事件,且 $P(A_i)>0(i=1,2,\cdots,n)$,$P(B)>0$,则

$$P(A_i\mid B)=\frac{P(A_i)P(B\mid A_i)}{\sum_{j=1}^{n}P(A_j)P(B\mid A_j)}\quad i=(1,2,\cdots,n)\tag{4-27}$$

贝叶斯公式(4-27)又称为**逆概率公式**。

例 4-25 假定在无线电通信的整个发报过程中,发出"·"和"—"的概率分别是 0.6 和 0.4。由于受到干扰,当发出信号"·"时,收到信号为"·"和"—"的概率分别是 0.8 和 0.2,当发出信号"—"时,收到信号为"—"和"·"的概率分别是 0.9 和 0.1。求:

(1) 收到信号"·"的概率;

(2) 当收到信号"·"时,确是发出信号"·"的概率。

解 设 A_1 和 A_2 分别表示发出信号"·"和"—"的事件,B 为收到信号"·"的事件,则

(1)
$$P(B)=P(A_1)P(B|A_1)+P(A_2)P(B|A_2)$$
$$=0.6\times0.8+0.4\times0.1=0.52$$

(2)
$$P(A_1|B)=\frac{P(A_1)P(B|A_1)}{P(A_1)P(B|A_1)+P(A_2)P(B|A_2)}$$
$$=\frac{0.6\times0.8}{0.6\times0.8+0.4\times0.1}=0.923$$

解答第(2)小题也可以利用第(1)小题的结果做分母。

4.6 随机变量及其分布

本章前几节介绍了随机事件及其概率。为了从整体上研究随机试验的结果,揭示随机现象的规律性,需要引入一些量化的概念。本节将介绍随机变量的概念。

4.6.1 随机变量

在随机试验中,试验的每一种可能结果都可以用一个数来表示,它是随着试验结果的不同而变化的变量。这种取值带有随机性,但具有概率规律的变量称为**随机变量**。为了对随机变量有感性认识,下面先介绍两个实例。

实例 4-5 某电话机在一天中接到的呼叫次数 X 是一个随机变量。如果这一天没有接到呼叫,则 $X=0$;如果这一天接到 1 次呼叫,则 $X=1$……这里,X 可取任何一个自然数,但事先不能确定取哪个值。

实例 4-6 掷一枚硬币,可能正面朝上,也可能反面朝上。如果令 $X=1$ 表示正面朝上,$X=0$ 表示反面朝上,即

$$X=\begin{cases}1 & (\text{正面朝上})\\0 & (\text{反面朝上})\end{cases}$$

这样变量 X 的取值就与试验的结果一一对应了。X 按正面朝上和反面朝上分别取值 1 和 0,但事先不能确定取哪个值。

实例 4-5 代表了这样一类随机试验:其结果就是数量。实例 4-6 代表了另一类随机试验:其结果与数量无关,但可以把试验结果数量化。一般地,随机变量的定义如下。

定义 4-7 设试验 E 的样本空间为 Ω,如果对于每一个样本点 $\omega\in\Omega$,都有一个实数 $X(\omega)$与之对应,则称 $X(\omega)$为**随机变量**,简记作 X。

随机变量通常用大写字母 $X,Y,Z,\cdots$表示。随机变量可取的具体数值通常用小写字母 $x,y,z,\cdots$表示。

引入随机变量的目的是把随机事件数字化。这样一来,不仅可以避免诸如"10 件产品中有 1 件次品"、"掷一枚硬币正面朝上"的文字叙述,更重要的是可以直接运用数学工具来研究概率问题。

引入随机变量后,随机事件就可以用随机变量的取值表示。这样就把对随机事件及其概率的研究转化为对随机变量及其概率的研究,从而可以揭示随机现象的数量规律。

例 4-26 已知 10 张光盘中 7 张是正版,3 张是盗版。从中任取 2 张,分析表示"取得盗版光盘的数目"X 是一个随机变量,分析 X 的取值情况。

解　随机变量 X 只能在 0,1,2 这 3 个数中取值；$\{X=0\}$，$\{X=1\}$，$\{X=2\}$都是随机事件，即

$$X=\begin{cases}0 & (\text{没有取得盗版光盘})\\ 1 & (\text{取得 1 张盗版光盘})\\ 2 & (\text{取得 2 张盗版光盘})\end{cases}$$

例 4-27　一个人一次接听电话的时间(以分钟数计)X 是一个随机变量。试确定 X 的样本空间，并解释事件$\{X>3\}$和$\{1\leqslant X\leqslant 5\}$的实际意义。

解　随机变量 X 的样本空间是$(0,+\infty)$。

事件$\{X>3\}$的实际意义是：接听电话的时间超过 3 分钟。

事件$\{1\leqslant X\leqslant 5\}$的实际意义是：接听电话的时间在 1～5 分钟之间(包括 1 分钟和 5 分钟)。

在上述两例中，随机变量的取值恰好代表了两种不同的情况。如果随机变量可以逐个列出，这样的随机变量是离散型随机变量。如果随机变量可以在一个区间内任意取值，这样的随机变量是连续型随机变量。

为了加深对随机变量的理解，下面再举几个实例。

实例 4-7　某人连续向同一个目标射击 10 次，则“击中目标的次数”X 是一个随机变量，它可以取 0～10 之间的任何自然数。

实例 4-8　某人连续向同一个目标射击，直到击中目标才停止射击，则“射击次数”X 是一个随机变量，它可以取不包括 0 的任何自然数。

实例 4-9　在人群中进行血型调查。如果用 1,2,3,4 分别代表 A 型、B 型、AB 型和 O 型，则“查看到的血型”X 是一个随机变量，它可以取 1,2,3,4 这 4 个数中的任何一个。

实例 4-10　某路公共汽车每隔 10 分钟发一辆车，旅客等车时间(以分钟数计)X 是一个随机变量，它可以取区间$(0,10)$中的任一实数。事件$\{X>3\}$的实际意义是：等车时间超过 3 分钟。事件$\{1\leqslant X\leqslant 5\}$的实际意义是：等车时间在 1～5 分钟之间(包括 1 分钟和 5 分钟)。

实例 4-11　某电子元件的使用寿命(以小时数计)X 是一个随机变量，理论上它可以取任何正实数。事件$\{X>1\,000\}$的实际意义是：使用寿命超过 1 000 小时。

4.6.2　随机变量的分布函数

为了完整地描述试验中随机变量取值的概率规律，这里介绍分布函数的概念。

定义 4-8　设 X 为随机变量，x 是任意实数，则称函数

$$F(x)=P\{X\leqslant x\}\quad(-\infty<x<+\infty)\tag{4-28}$$

为随机变量 X 的**分布函数**。

根据分布函数的定义和概率的性质，可以推导出用分布函数 $F(x)$ 计算各种概率的方法，例如

$$\begin{aligned}P\{a<X\leqslant b\}&=P\{\{X\leqslant b\}-\{X\leqslant a\}\}\\&=P\{X\leqslant b\}-P\{X\leqslant a\}\\&=F(b)-F(a)\end{aligned}$$

即

$$P\{a < X \leqslant b\} = F(b) - F(a) \tag{4-29}$$

还有

$$P\{X > a\} = 1 - P\{X \leqslant a\} = 1 - F(a) \tag{4-30}$$

式(4-29)与式(4-30)中以及以后的有关数学表达式中的不等号是针对离散型随机变量定义的,不能改变;将这些公式应用于连续型随机变量的情形,用“$\leqslant$”或“$<$”以及用“$\geqslant$”或“$>$”是一样的,理由见定义4-13后面的连续型随机变量的性质(3)。

例4-28 掷一枚硬币,观察正面朝上还是反面朝上。令

$$X = \begin{cases} 1 & (\text{正面朝上}) \\ 0 & (\text{反面朝上}) \end{cases}$$

试求:

(1) X的分布函数$F(x)$;

(2) 概率$P\{0 \leqslant X < 1\}$;

(3) 概率$P\{X > 2\}$。

解 (1) X的所有可能的取值为0和1,且知$P\{X=0\}=\frac{1}{2}$,$P\{X=1\}=\frac{1}{2}$。

① 当$x<0$时,$F(x)=P\{X\leqslant x\}=P(\varnothing)=0$

② 当$0\leqslant x<1$时,$F(x)=P\{X\leqslant x\}=P\{X=0\}=\frac{1}{2}$

③ 当$x\geqslant 1$时,$F(x)=P\{X\leqslant x\}=P\{X=0\}+P\{X=1\}=\frac{1}{2}+\frac{1}{2}=1$

所以,X的分布函数为

$$F(x) = \begin{cases} 0 & (x < 0) \\ \frac{1}{2} & (0 \leqslant x < 1) \\ 1 & (x \geqslant 1) \end{cases}$$

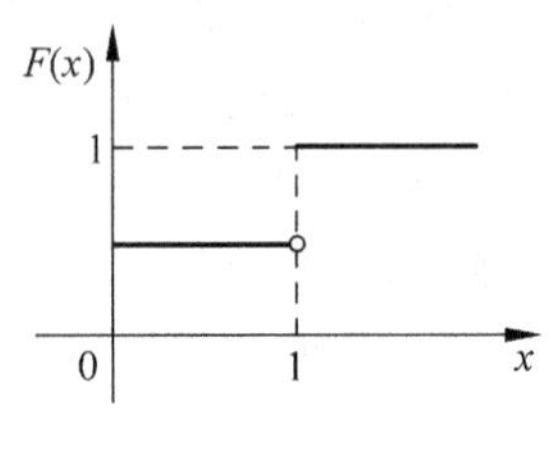

图 4-3

分布函数$F(x)$的图形如图4-3所示。

(2) 由式(4-19)得

$$P\{0 \leqslant X < 1\} = F(1) - F(0) = 1 - \frac{1}{2} = \frac{1}{2}$$

(3) 由式(4-20)得

$$P\{X > 2\} = 1 - F(2) = 1 - 1 = 0$$

分布函数$F(x)$具有如下性质:

(1) $0\leqslant F(x)\leqslant 1(-\infty<x<+\infty)$;

(2) $F(x)$是x的单调不减函数;

(3) $F(-\infty)=0$,$F(+\infty)=1$;

(4) $F(x)$左连续。

4.6.3 离散型随机变量及其典型分布

例4-29 某班级共有50名同学。在举办的中秋晚会上,设一等奖3名,各奖价值20元奖品一份;二等奖10名,各奖价值5元奖品一份;三等奖20名,各奖价值2元奖品

一份。列出各奖项的获奖概率。

解　随机变量 X 的样本空间是{20,5,2,0}。$\{X=20\}$,$\{X=5\}$,$\{X=2\}$,$\{X=0\}$分别表示 4 个事件：获一等奖、获二等奖、获三等奖、没有获奖。表 4-3 给出了所有可能的奖品金额及相应的概率。

表　4-3

奖品金额(元)	20	5	2	0
概率	0.06	0.2	0.4	0.34

要想完整地了解这个奖的情况。看表 4-3 就可以了。实际上,表 4-3 就是这个问题的概率分布。

定义 4-9　如果随机变量 X 所有可能的取值可以一一列举,即所有可能的取值为有限个或无穷可列个,则称 X 为**离散型随机变量**。

实例 4-5 到实例 4-9、例 4-27、例 4-28 和例 4-29 中的随机变量 X 都是离散型随机变量。

定义 4-10　设离散型随机变量 X 的所有可能取值为 $x_1,x_2,\cdots$,且取这些值的概率为

$$P\{X=x_k\}=p_k\quad(k=1,2,\cdots)\tag{4-31}$$

则称式(4-21)为离散型随机变量 X 的**概率分布**(或**分布律**或**概率函数**)。

离散型随机变量的概率分布有两个要素,一个是它的所有可能取值,另一个是取这些值的概率。这两个要素结合在一起(缺一不可)构成了离散型随机变量的概率分布。

离散型随机变量的**概率分布**通常用表 4-4 表示,这样的表称为离散型随机变量 X 的**概率分布表**。

表　4-4

X	x_1	x_2	$\cdots$	x_k	$\cdots$
P	p_1	p_2	$\cdots$	p_k	$\cdots$

离散型随机变量的概率分布具有下列基本性质。

(1) $0\leqslant p_k\leqslant 1\quad(k=1,2,\cdots)$

(2) $\sum\limits_{k=1}^{\infty}p_k=1$

离散型随机变量在某范围内取值的概率,等于它在这个范围内一切可能取值对应的概率之和。

当一个离散型随机变量的概率分布确定后,就知道了这个随机变量可取的各个可能值以及取这些值或者在某个范围内取值的概率。所以离散型随机变量的概率分布完整地描述了相应的随机事件。

例 4-30　掷一颗骰子,随机变量 X 表示朝上一面的点数。

(1) 写出 X 的分布律;

(2) 求 $P(1<X\leqslant 3)$。

解 (1) 1～6点每一面朝上是等可能的，因此概率分布如表4-5所示。

表 4-5

X	1	2	3	4	5	6
P	$\frac{1}{6}$	$\frac{1}{6}$	$\frac{1}{6}$	$\frac{1}{6}$	$\frac{1}{6}$	$\frac{1}{6}$

(2) $P\{1<X\leqslant 3\}=P\{X=2\}+P\{X=3\}=\frac{1}{6}+\frac{1}{6}=\frac{1}{3}$

例 4-31 某运动员射击50米远处的目标，命中率为0.8。如果连续射击，直到命中目标为止。随机变量 X 表示直到射中目标为止的射击次数。

(1) 写出 X 的分布律；

(2) 该运动员射击3次之内命中目标的概率。

解 (1) $\{X=1\}$意味着第1次命中目标；$\{X=2\}$意味着第1次没有命中目标，第2次命中目标；一般地，$\{X=n\}$意味着前 $n-1$ 次没有命中目标，第 n 次命中目标。所以，$P(X=1)=0.8$，$P(X=2)=(1-0.8)\times 0.8=0.16$，$P(X=n)=(1-0.8)^{n-1}\times 0.8$。因此分布律如表4-6所示。

表 4-6

X	1	2	3	…	n	…
P	0.8	0.2×0.8	$0.2^2\times 0.8$	…	$0.2^{n-1}\times 0.8$	…

(2) $P\{X\leqslant 3\}=P\{X=1\}+P\{X=2\}+P\{X=3\}$

$$=0.8+0.2\times 0.8+0.2^2\times 0.8=0.992$$

下面介绍两种常见的离散型随机变量的分布。

1. 二项分布

定义 4-11 如果随机变量 X 的所有可能取值为 $0,1,2,\cdots,n$，其概率分布为

$$P\{X=k\}=C_n^k p^k q^{n-k}\quad (k=0,1,2,\cdots,n) \tag{4-32}$$

其中 $q=1-p(0<p<1)$，则称 X 服从参数为 n,p 的**二项分布**，记作 $X\sim B(n,p)$。

在二项分布中，如果 $n=1$，则有

$$P\{X=1\}=p,\quad P\{X=0\}=q$$

这样的分布称为**两点分布**，记为 $X\sim(0-1)$。

二项分布的特点是：每次试验的可能结果只有两种，相同的试验可以重复独立进行 n 次，某事件发生 k 次。

二项分布的应用很广。例如，一名运动员多次射击命中目标的次数，一批种子中能发芽的种子数，产品检验中抽得的次品数等均符合二项分布。

二项分布的分布函数为

$$F(x)=\sum_{k\leqslant x} C_n^k p^k q^{n-k} \tag{4-33}$$

当 n 比较大时，按式(4-32)计算二项分布的概率比较麻烦，这里不加证明地介绍一个近似公式：当 n 很大且 p 很小时，有

$$C_n^k p^k (1-p)^{n-k} \approx \frac{\lambda^k}{k!}e^{-\lambda} \tag{4-34}$$

其中，$\lambda=np$。

例 4-32　设一批同种商品的不合格率为 $p=0.1$，如果购买 50 件这样的商品，求其中恰有 3 件不合格的概率。

解　设 X 表示这 50 件商品中的不合格件数，则 $X\sim B(50,0.1)$，而事件恰有 3 件不合格，即 $X=3$，因此有

$$P(X=3)=C_{50}^3\times 0.1^3\times 0.9^{47}=\frac{50\times 49\times 48}{1\times 2\times 3}\times 0.1^3\times 0.9^{47}=0.139$$

2. 泊松分布

定义 4-12　如果随机变量 X 可以取无穷个值，即 $0,1,2,\cdots$，其概率分布为

$$P\{X=k\}=\frac{\lambda^k}{k!}e^{-\lambda}\quad (k=0,1,2,\cdots,\lambda>0) \tag{4-35}$$

则称 X 服从参数为 λ 的**泊松分布**，记作 $X\sim P(\lambda)$。

泊松分布主要应用于所谓稠密性的问题中，如一个网站在一段时间内接到访问的次数，一个汽车站内候车的旅客人数，以及在计算机中输入一篇文章的输入错误数等均符合泊松分布。

例 4-33　某网站在一分钟内接到访问次数服从参数为 3 的泊松分布。

(1) 试写出每分钟接到访问次数的概率分布；

(2) 求一分钟内接到访问次数不超过 5 次的概率。

解　(1) 根据式(4-35)有

$$P\{X=k\}=\frac{3^k}{k!}e^{-3}$$

列出 X 的分布律如表 4-7 所示。

表 4-7

X	0	1	2	3	4	5	6	7	8	9	10	$\geqslant 11$
P	0.05	0.149	0.224	0.224	0.168	0.101	0.05	0.022	0.008	0.003	0.001	≈ 0

(2) $$P\{X\leqslant 5\}=\sum_{k=0}^{5}P\{X=k\}=\sum_{k=0}^{5}\frac{3^k}{k!}e^{-3}$$
$$=0.05+0.149+0.224+0.224+0.168+0.101=0.916$$

由表 4-7 可以看出，对于例 4-33，每分钟接到访问次数以 2、3 次的可能性最大，访问次数越多(或越少)的可能性越小。这是泊松分布具有的普遍规律。

4.6.4　连续型随机变量及其典型分布

除了离散型随机变量外，还存在着连续型随机变量，实例 4-10、实例 4-11 和例 4-27 中的随机变量 X 都是连续型随机变量。连续型随机变量的取值范围是一个或若干个区间。

定义 4-13 对于随机变量 X,若存在非负函数 $\varphi(x)$ 以及任意的 a,b,都有

$$P\{a<X<b\}=\int_a^b \varphi(x)\mathrm{d}x \tag{4-36}$$

则称 X 为**连续型随机变量**,并称函数 $\varphi(x)$ 为 X 的**概率密度**(或**分布密度**或**密度**)。

连续型随机变量 X 的概率密度 $\varphi(x)$ 具有下列性质。

(1) $\varphi(x)\geqslant 0 \quad (-\infty<x<+\infty)$;

(2) $\int_{-\infty}^{+\infty}\varphi(x)\mathrm{d}x=1$;

(3) 连续型随机变量 X 取任一实数的概率等于 0。

性质(2)表明,在直角坐标系中,位于 $\varphi(x)$ 和 x 轴之间的图形的面积等于 1。

例 4-34 设随机变量 X 的概率密度为

$$\varphi(x)=\begin{cases}A(x^2-x) & (1<x<2)\\ 0 & (\text{其他})\end{cases}$$

(1) 试确定常数 A;

(2) 求 X 在区间(1,1.5)上的概率。

解 (1) 由于

$$1=\int_{-\infty}^{+\infty}\varphi(x)\mathrm{d}x=\int_1^2 A(x^2-x)\mathrm{d}x=A\left(\frac{1}{3}x^3-\frac{1}{2}x^2\right)\Big|_1^2=\frac{5}{6}A$$

所以

$$A=1.2$$

(2) $$P\{1<x<1.5\}=\int_1^{1.5} 1.2(x^2-x)\mathrm{d}x=1.2\times\left(\frac{1}{3}x^3-\frac{1}{2}x^2\right)\Big|_1^{1.5}$$
$$=1.2\times\left[\frac{1}{3}\times(1.5^3-1)-\frac{1}{2}(1.5^2-1)\right]=0.2$$

1. 均匀分布

定义 4-14 如果随机变量 X 的概率密度为

$$\varphi(x)=\begin{cases}\dfrac{1}{b-a} & (a<x<b)\\ 0 & (\text{其他})\end{cases} \tag{4-37}$$

则称 X 在区间 (a,b) 上服从参数为 a 和 b 的**均匀分布**,记作 $X\sim U(a,b)$。$\varphi(x)$ 的图形,即均匀分布的密度函数曲线如图 4-4 所示。

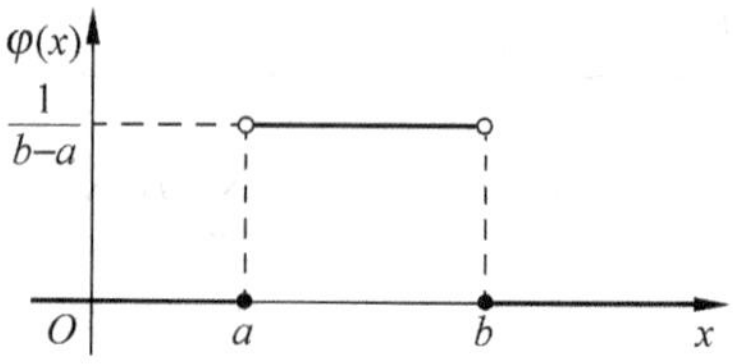

对于区间 (a,b) 中任一子区间 (c,d),有

$$P\{c<X<d\}=\int_c^d \varphi(x)\mathrm{d}x=\int_c^d \frac{1}{b-a}\mathrm{d}x=\frac{d-c}{b-a}$$

这表明,均匀分布在区间 (a,b) 中任一子区间内的概率与该子区间的长度成正比。粗略地说,X 取区间 (a,b) 任何值的可能性是相同的。

图 4-4

均匀分布是连续型随机变量中最基本的一种分布,其应用比较广,现实中凡不具有特殊性的随机数据都服从均匀分布。例如,乘客到达车站的时间是任意的,他等候乘公共汽

车的时间服从均匀分布。计算机编程中的随机数,计算机仿真中用到的服从某种分布的数据集,往往是在先生成均匀分布数据的基础上实现的。

例 4-35 某路公共汽车每隔 10 分钟发一辆,乘客在任何时刻到达车站是等可能的。若记乘客候车时间为 X(分钟),求 $P\{1<X<4\}$。

解 因为

$$\varphi(x)=\begin{cases}0.1 & (0<x<10)\\ 0 & (\text{其他})\end{cases}$$

所以

$$P\{1<X<4\}=\int_1^4 0.1\mathrm{d}x=0.1\times(4-1)=0.3$$

2. 正态分布

定义 4-15 如果随机变量 X 的概率密度为

$$\varphi(x)=\frac{1}{\sqrt{2\pi}\sigma}\mathrm{e}^{-\frac{(x-\mu)^2}{2\sigma^2}}\quad(-\infty<x<+\infty)\tag{4-38}$$

其中 μ 和 σ 为常数,且 $\sigma>0$,则称 X 服从参数为 μ 和 σ^2 的**正态分布**,记作 $X\sim N(\mu,\sigma^2)$。正态分布变量的概率密度曲线(如图 4-5 所示)称为**正态分布曲线**。

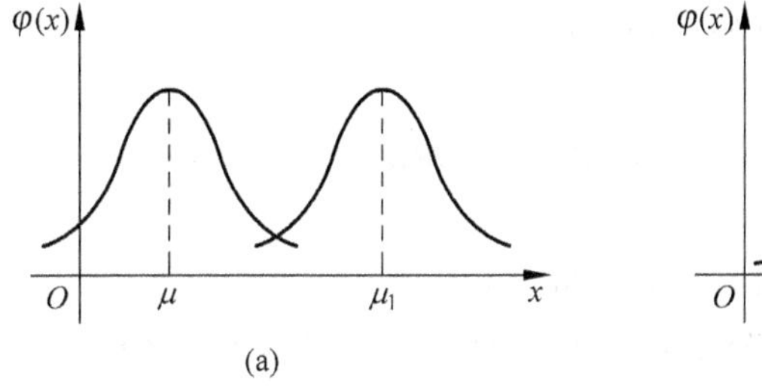

(a)

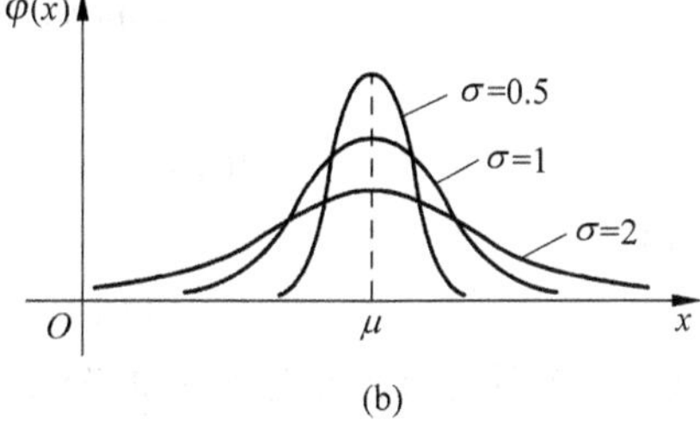

(b)

图 4-5

正态分布曲线具有下列性质。

(1) 它是关于直线 $x=\mu$ 对称的钟形曲线。

(2) 当 $x=\mu$ 时,$\varphi(x)$ 取得最大值为 $\frac{1}{\sqrt{2\pi}\sigma}$。

(3) 如果 σ 不变,μ 取不同的值,则概率密度曲线为形状相同、左右排列的关系(如图 4-5(a)所示)。

(4) 如果 μ 不变,σ 取不同的值,则概率密度曲线为对称线相同、形状不相同的关系(如图 4-5(b)所示)。σ 越小,曲线越陡峭,X 落在 μ 附近的概率越大;σ 越大,曲线越平缓,X 落在 μ 附近的概率越小。

正态分布是连续型随机变量中最重要的一种分布,其应用非常广。测量的误差,人的身高、体重,农作物的产量,学生的考试成绩等都近似服从正态分布。

在正态分布密度函数中,如果 $\mu=0,\sigma=1$,即随机变量 X 的概率密度为

$$\varphi_0(x)=\frac{1}{\sqrt{2\pi}}\mathrm{e}^{-\frac{x^2}{2}}\quad(-\infty<x<+\infty)\tag{4-39}$$

则称 X 服从参数为 0 和 1 的**标准正态分布**，记为 $X \sim N(0,1)$。

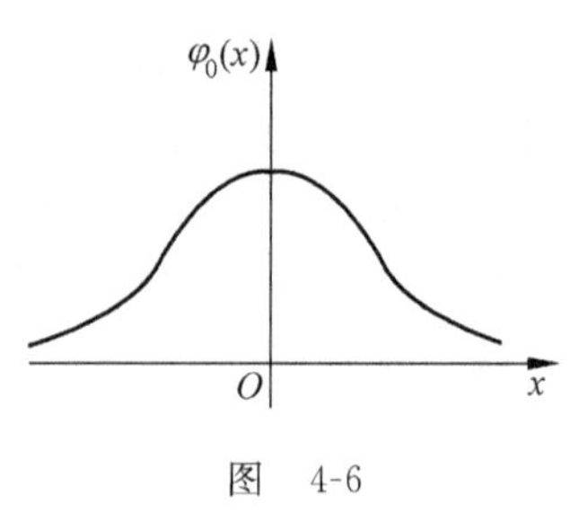

图 4-6

标准正态分布密度函数曲线是关于 y 轴对称的，如图 4-6 所示。

可以证明，如果随机变量 $X \sim N(\mu,\sigma^2)$，则 $Y=\frac{X-\mu}{\sigma} \sim N(0,1)$。这样，一般正态分布的计算都可以转化为标准正态分布的计算。

对于标准正态分布变量 X，其分布函数用专门的函数符号 $\Phi(x)$ 表示。因而有

$$\Phi(x) = P(X \leqslant x) = \frac{1}{\sqrt{2\pi}}\int_{-\infty}^{x} e^{-\frac{t^2}{2}} dt \quad (-\infty < x < +\infty) \tag{4-40}$$

对任意的 $a<b$，根据式(4-26)有

$$\begin{aligned} P(a < x \leqslant b) &= \frac{1}{\sqrt{2\pi}}\int_{a}^{b} e^{-\frac{x^2}{2}} dx \\ &= \frac{1}{\sqrt{2\pi}}\int_{-\infty}^{b} e^{-\frac{x^2}{2}} dx - \frac{1}{\sqrt{2\pi}}\int_{-\infty}^{a} e^{-\frac{x^2}{2}} dx \\ &= \Phi(b) - \Phi(a) \end{aligned}$$

即

$$P(a < x \leqslant b) = \Phi(b) - \Phi(a) \tag{4-41}$$

当 $x<0$ 时

$$\Phi(x) = 1 - \Phi(-x) \tag{4-42}$$

用式(4-40)计算标准正态分布的分布函数值很困难。解答具体问题时，可查附录 C 标准正态分布函数 $\Phi(x)$ 的数值表。

例 4-36 设随机变量 $X \sim N(0,1)$，求 $P(1<x<2)$，$P(x<-2)$，$P(|x|<1)$。

解 利用标准正态分布表可求得

$$P\{1 < x < 2\} = \Phi(2) - \Phi(1) = 0.9772 - 0.8413 = 0.1359$$

$$P\{x < -2\} = P\{x > 2\} = 1 - \Phi(2) = 1 - 0.9772 = 0.0228$$

$$\begin{aligned} P\{|x| < 1\} &= P\{-1 < x < 1\} = \Phi(1) - \Phi(-1) = 2\Phi(1) - 1 \\ &= 2 \times 0.8413 - 1 = 0.6826 \end{aligned}$$

例 4-37 已知一批零件的尺寸与标准尺寸的误差为 $X \sim N(0,2^2)$，如果误差不超过 2.5mm 就算合格。求这批零件的合格率。

解 令 $Y=\frac{X-0}{2}$，相对于 $X \sim N(0,2^2)$，$Y \sim N(0,1)$，且 $|x|<2.5$，相当于 $|y|<1.25$。因而所求的概率为

$$\begin{aligned} P(|x| < 2.5) &= P(|y| < 1.25) = 2\Phi(1.25) - 1 \\ &= 2 \times 0.8944 - 1 = 0.7888 \end{aligned}$$

即合格率为 78.88%。

4.7　随机变量的数字特征

前面已经介绍，随机变量的概率分布能够完整地刻画随机变量的变化规律。但在实际问题中，或许随机变量的概率分布有时很难求得，或许只需要知道随机变量的某些综合特征。例如，某中学需要知道全校男生和女生的平均身高和身高分布的离散程度。因此，有必要引入用来刻画随机变量的平均值以及随机变量与其平均值的偏离程度的量，这就是本节将要介绍的数学期望和方差。它们是随机变量的两个最重要的数字特征。

4.7.1　数学期望

随机变量的平均值是实际问题中经常需要的重要数据，如人的平均身高、人均国民生产总值等。下面先看一个实例。

实例 4-12　某幼儿园记录全园小朋友每天生病人数，连续记录了 50 天，得到的数据如表 4-8 所示。求该幼儿园的小朋友每天平均生病人数。

表　4-8

生病人数	0	1	2	3	4	5
天数	2	10	15	12	9	2

这个问题可以这样解：先求出这 50 天内生病总人数，再除以 50，即

$$(0\times 2+1\times 10+2\times 15+3\times 12+4\times 9+5\times 2)\div 50=122\div 50=2.44$$

所求的平均数是 2.44。

这个问题也可以换一种方法解：用 X 表示全园小朋友每天生病的人数，则 X 是一个随机变量；再用频率作为概率的估计值，那么 X 的概率分布如表 4-9 所示，则具体的计算过程如下

$$0\times\frac{2}{50}+1\times\frac{10}{50}+2\times\frac{15}{50}+3\times\frac{12}{50}+4\times\frac{9}{50}+5\times\frac{2}{50}=2.44$$

表　4-9

X	0	1	2	3	4	5
P	2/50	10/50	15/50	12/50	9/50	2/50

实例 4-8 的后一种解答方法已经用到了数学期望的概念。下面分别介绍离散型随机变量和连续型随机变量数学期望的定义。

定义 4-16　设离散型随机变量 X 的概率分布为

$$P\{X=x_k\}=p_k\quad(k=1,2,\cdots)$$

则称 $\sum\limits_{k=1}^{\infty}x_kp_k$ 为随机变量 X 的**数学期望**或**均值**，记作 $E(X)$（或 EX），即

$$E(X)=\sum_{k=1}^{\infty}x_kp_k\tag{4-43}$$

定义 4-17 设随机变量 X 的概率密度为 $\varphi(x)$,则称积分 $\int_{-\infty}^{+\infty} x\varphi(x)\mathrm{d}x$ 为连续型随机变量 X 的数学期望或均值,记作 $E(X)$,即

$$E(X) = \int_{-\infty}^{+\infty} x\varphi(x)\mathrm{d}x \tag{4-44}$$

例 4-38 两个工厂生产同样一种产品,都有一等品、二等品和次品。某商场销售该产品,其中销售一件一等品盈利 20 元;销售一件二等品盈利 15 元;发现一件次品亏损 30 元。已知第 1 个工厂生产的产品中一等品、二等品、次品分别占 75%、20%和 5%;第 2 个工厂生产的产品中一等品、二等品、次品分别占 85%,9%,6%。问从哪一个工厂进货销售可以获取较多的利润?

解 这个问题实际上是问从哪一个工厂进货销售的获利期望较大。设第 1、第 2 个工厂产品的随机变量分别是 X 和 Y,它们的所有可能取值都是 20、15、-30,但概率不同。按题所给的数据,X 和 Y 的概率分布见表 4-10,所以获利的数学期望分别为

$$E(X)=20\times0.75+15\times0.2+(-30)\times0.05=16.5$$

$$E(Y)=20\times0.85+15\times0.09+(-30)\times0.06=16.55$$

通过计算知,$E(Y)>E(X)$。从第 2 个工厂进货销售可以获取较多的利润。

表 4-10

X	20	15	-30
P	0.75	0.2	0.05
Y	20	15	-30
P	0.85	0.09	0.06

4.7.2 方差

随机变量的数学期望就是随机变量取值的平均值。但是,两个均值相等的随机变量取值的情况可能有明显区别。例如,两个班级都是 50 人,计算机数学的平均考试成绩又都是 80 分。但是,第 1 个班获高分的学生不多,但没有人不及格;而第 2 个班获高分的学生较多,却有 3 人不及格。这说明,在许多实际问题中,仅仅知道随机变量的数学期望是不够的,还需要知道随机变量的取值相对于数学期望的偏离程度。

下面定义的方差就是这种偏离程度的一种数值体现。

定义 4-18 设 X 为随机变量,如果 $E[X-E(X)]^2$ 存在,则称 $E[X-E(X)]^2$ 为 X 的**方差**,记作 $D(X)$或 $\sigma^2(X)$,即

$$D(X) = E[X - E(X)]^2$$

实际应用中经常使用 $\sqrt{D(X)}$,记作 $\sigma(X)$,称为 X 的**标准差**或**均方差**。

不难看出,分布愈分散,标准差和方差愈大;反之亦然。

按定义 4-18,方差 $D(X)$就是随机变量$[X-E(X)]^2$ 的数学期望。因此,离散型随机变量的方差和连续型随机变量的方差分别按式(4-45)和式(4-46)计算

$$D(X) = \sum_k [x_k - E(X)]^2 p_k \tag{4-45}$$

$$D(X)=\int_{-\infty}^{+\infty}[x-E(X)]^2\varphi(x)\mathrm{d}x \tag{4-46}$$

这里，给出前面介绍的几种重要随机变量的数学期望与方差的计算公式，它们的推导过程省略。

1. 二项分布的数学期望与方差

对于二项分布 $X\sim B(n,p)$，其数学期望与方差分别为

$$E(X)=np \tag{4-47}$$

$$D(X)=np(1-p) \tag{4-48}$$

2. 泊松分布的数学期望与方差

对于泊松分布 $X\sim P(\lambda)$，其数学期望与方差分别为

$$E(X)=\lambda \tag{4-49}$$

$$D(X)=\lambda \tag{4-50}$$

3. 均匀分布的数学期望与方差

对于均匀分布 $X\sim U(a,b)$，其数学期望与方差分别为

$$E(X)=\frac{b+a}{2} \tag{4-51}$$

$$D(X)=\frac{(b-a)^2}{12} \tag{4-52}$$

4. 正态分布的数学期望与方差

对于正态分布 $X\sim N(\mu,\sigma^2)$，其数学期望与方差分别为

$$E(X)=\mu \tag{4-53}$$

$$D(X)=\sigma^2 \tag{4-54}$$

例 4-39　甲、乙两人在同样的条件下，每天生产同样数量的同种产品。已知甲、乙两人每天出次品件数分别为 X 和 Y，其概率分布见表 4-11。试评定甲、乙两人的技术高低。

表　4-11

X	0	1	2	3
P	0.3	0.3	0.2	0.2
Y	0	1	2	3
P	0.1	0.5	0.4	0

解　由式(4-43)和式(4-45)可算出甲、乙两人每天出次品件数的数学期望和方差为

$$E(X)=0\times0.3+1\times0.3+2\times0.2+3\times0.2=1.3$$

$$E(Y)=0.1\times0.3+1\times0.5+2\times0.4+3\times0=1.33$$

$$D(X)=0.3\times(0-1.3)^2+0.3\times(1-1.3)^2+0.2\times(2-1.3)^2+0.2\times(3-1.3)^2=1.21$$

$$D(Y)=0.1\times(0-1.3)^2+0.5\times(1-1.3)^2+0.4\times(2-1.3)^2+0\times(3-1.3)^2=0.41$$

通过计算可知,$E(X)=E(Y)$,$D(X)>D(Y)$。这表明,虽然甲、乙两人每天出次品件数的数学期望(即平均数)是一样的,但乙的生产质量比较稳定,甲的生产质量时好时坏,波动较大。

例 4-40 某工厂生产的电冰箱的寿命(年)服从指数分布,概率密度为

$$\varphi(x)=\begin{cases}0.1e^{-0.1x} & (x\geqslant 0)\\ 0 & (x<0)\end{cases}$$

工厂规定,出售的电冰箱在一年内损坏可予以调换。若出售一台电冰箱盈利 300 元,调换一台电冰箱要亏损 500 元。问厂家出售一台电冰箱平均盈利多少?

解 厂家出售一台电冰箱的盈利 X 为随机变量,平均盈利是

$$E(X)=300\times P(X\geqslant 1)+(-500)\times P(X<1)$$

而

$$P(X<1)=\int_0^1 0.1e^{-0.1x}\mathrm{d}x=-e^{-0.1x}\Big|_0^1$$

$$=1-e^{-0.1}=0.0952$$

$$P(X\geqslant 1)=\int_1^{\infty} 0.1e^{-0.1x}\mathrm{d}x=-e^{-0.1x}\Big|_1^{\infty}$$

$$=e^{-0.1}-0=0.9048$$

故

$$E(X)=300\times 0.9048-500\times 0.0952=223.84(\text{元})$$

所以,厂家出售一台电冰箱平均盈利 223.84 元。

4.8 本章小结

本章重点介绍了概率论的基本知识。

(1) 随机事件、事件间的关系、概率、条件概率、事件的独立性、随机变量、随机变量的分布函数、数学期望、方差等概念。

(2) 事件间的运算、概率的性质、概率的乘法公式、全概率公式、贝叶斯公式等基本知识。

(3) 随机变量的几类典型分布以及它们的数学期望和方差的计算公式。

下面是本章的知识要点和要求。

- 深刻理解随机事件、样本空间、事件间的各种关系等概念,熟练掌握事件间的运算。
- 懂得古典概型的概率的定义,会计算简单的古典概型的概率。
- 深刻理解概率的性质,会计算有关问题的概率。
- 理解条件概率、概率的乘法公式、事件的独立性,会计算有关问题的概率。
- 知道全概率公式和贝叶斯公式。
- 深刻理解随机变量的概念,懂得随机变量的分布函数、离散型随机变量的概率分布和连续型随机变量概率密度。

- 深刻理解数学期望和方差的概念，知道随机变量的几类典型分布以及它们的数学期望和方差的计算公式。

习　　题

一、判断题（下列各命题中，哪些是正确的，哪些是错误的？）

4-1　若两事件 A 与 B 互不相容，则 A 与 B 互逆。（　　）

4-2　若两事件 A 与 B 互逆，则 $AB=\varnothing$。（　　）

4-3　若两事件 A 与 B 互逆，则 A 与 B 构成一个完备事件组。（　　）

4-4　若两事件 A 与 B 互逆，则 $A+B=\Omega$。（　　）

4-5　若两事件 A 与 B 相互独立，则 A 与 $\bar{B}$ 相互独立。（　　）

4-6　若两事件 A 与 B 相互独立，则 $P(A+B)=P(A)+P(B)$。（　　）

4-7　若两事件 A 与 B 相互独立，则 $P(AB)=P(A)P(B)$。（　　）

4-8　若两事件 A 与 B 相互独立，则 $P(A|B)=P(A)$。（　　）

二、单项选择题

4-1　口袋里有若干黑球与若干白球。每次任取 1 个球，共抽取两次。设事件 A 表示第一次取到黑球，事件 B 表示第二次取到黑球，则表示事件“仅有一次取到黑球”的是________。

A. $A+B$　　B. AB　　C. $A\bar{B}$　　D. $\bar{A}\bar{B}+AB$

4-2　甲、乙、丙三门炮各向同一目标发射一发炮弹，设事件 A 表示甲炮击中目标，事件 B 表示乙炮击中目标，事件 C 表示丙炮击中目标，则 $\bar{A}+BC$ 表示的事件的是________。

A. 甲炮没有击中目标，但乙炮和丙炮都击中目标

B. 甲炮没有击中目标，或者乙炮和丙炮都击中目标

C. 三门炮中仅有两门击中目标

D. 甲炮没有击中目标，并且乙炮和丙炮都击中目标

4-3　若 A,B,C 表示三个事件，则事件 $\overline{ABC}$ 与下列事件中的________相同。

A. $\bar{A}\bar{B}\bar{C}$　　B. $A+B+C$　　C. $\bar{A}+\bar{B}+\bar{C}$　　D. $AB+BC+AC$

4-4　设 A、B 为两事件，且 $A\subset B$，则下列结论成立的是________。

A. A 与 B 互斥　　B. A 与 $\bar{B}$ 互斥

C. $\bar{A}$ 与 B 互斥　　D. $\bar{A}$ 与 $\bar{B}$ 互斥

4-5　掷两颗质量均匀的骰子，出现点数之和等于 6 的概率为________。

A. $\frac{1}{6}$　　B. $\frac{1}{3}$　　C. $\frac{5}{36}$　　D. $\frac{1}{36}$

4-6　设 A、B 为两事件，且 $P(A)=\frac{1}{3}$，$P(A|B)=\frac{2}{3}$，$P(\bar{B}|A)=\frac{3}{5}$，则与 $P(B)$ 相等的是________。

A. $\frac{4}{5}$　　B. $\frac{1}{5}$　　C. $\frac{2}{5}$　　D. $\frac{3}{5}$

4-7　下列各表中只有________可以作为离散型随机变量 X 的概率分布。

A.

X	1	2	3
P	0.8	0.4	−0.2

B.

X	1	2	3
P	0.4	0.4	0.2

C.

X	1	2	3
P	0.4	0.4	0.3

D.

X	1	2	3
P	0.3	0.4	0.2

4-8 某人连续向一个目标射击,直到击中目标才停止射击,则"射击次数"X所有可能取值为________。

A. 0,1,2,… B. 0,1,2,3 C. 1,2,3,… D. 1,2,3,…,10

4-9 已知随机变量X的数学期望$E(X)=-3$,则与数学期望$E(2X+5)$相等的是________。

A. 4 B. 7 C. −3 D. −1

4-10 设离散型随机变量X的所有可能取值为−1与1,且已知X取−1的概率为0.4,取1的概率为0.6,则与数学期望$E(X^2)$相等的是________。

A. 0 B. 1 C. 0.24 D. 0.52

4-11 已知离散型随机变量$X \sim B(10,0.4)$,则与$E(X)$相等的是________。

A. 6 B. 4 C. 2.4 D. 24

4-12 已知连续型随机变量$X \sim N(3,4)$,则与$E(X)$相等的是________。

A. 12 B. 4 C. 6 D. 3

4-13 下列各式中正确的是________。

A. $E(2X+3)=2E(X)$ B. $E(2X+3)=4E(X)$

C. $D(2X+3)=4D(X)$ D. $D(2X+3)=2D(X)$

4-14 已知随机变量X的方差$D(X)=3$,则与$D(2X-5)$相等的是________。

A. 4 B. 6 C. 12 D. 18

4-15 已知离散型随机变量$X \sim B(10,0.4)$,则与$D(X)$相等的是________。

A. 6 B. 4 C. 2.4 D. 24

4-16 已知连续型随机变量$X \sim N(3,4)$,则与$D(X)$相等的是________。

A. 12 B. 4 C. 6 D. 3

4-17 关于随机变量X的数学期望$E(X)$和方差$D(X)$,下列各命题中正确的是________。

A. $E(X)$不可以是负数,$D(X)$可以是负数

B. $E(X)$可以是负数,$D(X)$不可以是负数

C. $E(X)$和$D(X)$都可以是负数

D. $E(X)$和$D(X)$都不可以是负数

三、填空题

4-1 从一副扑克牌(不包括大小王的52张)中任取8张,观察出现红桃的张数。其样本空间为________________。

4-2　连续抛一枚硬币两次，若将正面朝上记为 1，反面朝上记为 0，记录可能出现的情况，其样本空间为________________。

4-3　若 A、B、C 表示三个事件，则事件“三个事件中至少有一个发生”用符号表示为________________。

4-4　若 $P(A+B)=P(A)+P(B)$，则两事件 A 与 B ________。

4-5　$P(A+B)=P(A)+P(B)$成立的条件是________。

4-6　若 $P(A|B)=P(A)$，则两事件 A 与 B ________。

4-7　若 $P(AB)=P(A)P(B)$，则两事件 A 与 B ________。

4-8　$P(AB)=P(A)P(B)$成立的条件是________。

4-9　当________________时，$P(A-B)=P(A)-P(B)$。

4-10　设 A、B 为两互斥事件，且 $P(A)=0.2$，$P(B)=0.5$，则 $P(AB)=$________。

4-11　已知随机变量 X 的数学期望 $E(X)=-2$，则数学期望 $E(3X+7)=$________。

4-12　已知随机变量 X 的方差 $D(X)=2$，则方差 $D(-3X+7)=$________。

4-13　已知离散型随机变量 $X\sim B(2,0.7)$，则数学期望 $E(X)=$________，方差 $D(X)=$________。

4-14　已知离散型随机变量 $X\sim P(4)$，则数学期望 $E(X)=$________，方差 $D(X)=$________。

4-15　已知连续型随机变量 $X\sim U(0,10)$，则数学期望 $E(X)=$________，方差 $D(X)=$________。

4-16　已知连续型随机变量 $X\sim N(2,9)$，则数学期望 $E(X)=$________，方差 $D(X)=$________。

四、综合题

4-1　从 6 名女士和 8 名男士中分别选出 2 名女士和 3 名男士参加某个会议，问共有多少种不同的人员组成？

4-2　从 5 个字母 a，b，c，d，e 中选取 3 个组成字符串，不允许有字母相同，且第 1 个字母不能是 a，可以组成多少个不同的字符串？

4-3　写出下列各个事件的样本空间。

(1) 向同一个靶子连续射击 6 次，记录击中目标的次数。

(2) 检查 5 台计算机，记录有病毒计算机的台数。

(3) 如果某十字路口每个方向禁止汽车通行的时间都是 50 秒钟，记录司机等待通过的时间。

4-4　掷一颗质量均匀的骰子，设各个事件如下：$A=\{$出现的点数是奇数$\}$，$B=\{$出现的点数小于 3$\}$，$C=\{$出现的点数大于 1$\}$，$D=\{$出现的点数是偶数$\}$。求：(1)$A+C$；(2)AB；(3)CD；(4)$D-C$。

4-5　将一枚硬币掷 3 次，问正面朝上的次数分别为 2 次和 3 次的概率各是多少？

4-6　5 个外观一样的产品中有 3 个正品，2 个次品，从中任取 3 个，问下列事件的概率各是多少？

(1) 3 个全是正品；

(2) 2 个正品,1 个次品;

(3) 至少有 1 个次品。

4-7 为了调查某地区一种珍贵动物的数量,采取以下方法:在这一地区捕捉 30 头该动物,在它们身上做一个永久性记号后再放生。过一段时间,再从这一地区捕捉 20 头该动物,发现其中 3 头有记号,问该地区这种珍贵动物的数量大约是多少?

4-8 在 1,2,3,…,1 000 这 1 000 个正整数中任取一个数,求它能被 2 或 5 整除的概率。

4-9 10 把钥匙中有 3 把能打开门。现在任取两把,求能打开门的概率。

4-10 袋中有 5 个球,其中 2 个白色,3 个黑色。从中任意取球两次,每次取 1 个。第 1 次取 1 个,观察颜色后放回,混合后再取 1 个。求:

(1) 取出的两个球都是黑球的概率;

(2) 取出的两个球颜色不同的概率。

4-11 球的情况与题 4-8 相同。但第 1 次取球后不放回,第 2 次从剩余的球中再取 1 个。求:

(1) 取出的两个球都是黑球的概率;

(2) 取出的两个球颜色不同的概率。

4-12 在 10 张光盘中有 3 张是盗版光盘。现在任取 4 张,问下列事件的概率各是多少?

(1) 4 张中恰有 1 张是盗版;

(2) 4 张中至少有 1 张是盗版。

4-13 光盘的情况与题 4-10 相同。现在依次取 2 张(每次取后不放回),如果已经知道第 1 次取出的光盘是正版,求此条件下第 2 次取出的光盘是盗版的概率。

4-14 一对夫妇有两个孩子,每个孩子的性别是男是女的概率相等。现已知这两个孩子中至少有一个是女孩,求这对夫妇的两个孩子性别不同的概率。

4-15 甲、乙、丙 3 部机床独立工作,有一名工人照管。一个小时内它们不需要人照管的概率分别是 0.95,0.85,0.9,求:

(1) 这段时间内 3 台机床都不需要人照管的概率;

(2) 这段时间内有机床因无人照管而停工的概率。

4-16 某工厂的 1、2、3 车间生产同一种产品,其产量分别占全厂总产量的 30%,30%,40%,而次品率分别为 1%,2%,2%。现从该工厂的产品中任取一件,求该产品为次品的概率。

4-17 某工厂的 1、2、3 车间生产同一种产品,其产量分别占全厂总产量的 40%,35%,35%,而次品率分别为 1%,1.5%,1.8%。现从该工厂的产品中任取一件,发现是次品。问求该产品是 1 车间生产的概率是多少?

4-18 条件和例 4-19 相同,求当收到信号"—"时,确是发出信号"—"的概率。

4-19 在人群中进行血型调查,试用随机变量的方式表示血型普查的结果。

4-20 设某种药品对一种疾病的治愈率 $p=0.8$,如果给 5 位患这种疾病的病人服用该药品,求其中至少有 4 人治愈的概率。

4-21 设随机变量 $X \sim N(0,1)$，求：$P(1<x<2)$，$P(x<-2)$，$P(|x|<1)$。

4-22 一批袋装大米每袋的名义重量是 10kg。它的实际重量 X(kg)是一个连续型随机变量，服从参数为 $\mu\sigma=10$kg，$\sigma=0.1$kg 的正态分布。任选一袋大米，求这袋大米重量在 9.9～10.2kg 之间的概率。

4-23 某超市零售某种水果，进货后第一天售出的概率为 0.7，每千克售价为 16 元；第二天售出的概率为 0.2，每千克售价为 14 元；第三天售出的概率为 0.1，每千克售价为 10 元。求任取 1 千克水果售价 X 的数学期望 $E(X)$和方差 $D(X)$。

4-24 地铁某线路运行的时间间隔为 4 分钟，旅客在任何时刻进入站台，求旅客候车时间 X 的数学期望和方差。

第 5 章

集　合　论

本章要点

（1）集合、子集和幂集等概念。

（2）集合间的关系、集合的基本运算、集合的运算性质和集合元素的计数。

（3）笛卡儿积和关系等概念。

（4）关系矩阵和关系图。

（5）关系的自反性、对称性、反对称性和传递性等性质。

（6）等价关系和等价类。

集合论是现代数学中的重要分支，它研究由各种对象构成的集合的共同性质。因此，集合的理论被广泛地应用于各种科学技术领域。有趣的是，一方面计算机学科的操作系统、编译原理、开关理论、关系数据库、程序设计和形式语言等方面都运用了集合论的许多知识；另一方面，计算机科学的发展又大大扩展了集合论的运用范围。

5.1　集合

5.1.1　集合的概念与表示

1. 集合的概念

集合是一个十分重要的概念，先看两个实例。

实例 5-1　一个班级可以看成由该班全体同学组成的集合。

实例 5-2　一个局域网可以看成由 1 台服务器、若干台计算机和若干条网络线组成的集合。

直观地说，把一些确定的、彼此不同的、具有某种共同特性的事物作为一个整体来研究时，这个整体就称为一个**集合**，而组成这个集合的个别事物称为该集合的**元素**。集合通常用大写字母 $A,B,C,\cdots$ 表示，集合中的元素通常用小写字母 $a,b,c,\cdots$ 表示。

如果 a 是 A 的元素，则记作 $a\in A$，读做"a 属于 A"或"a 在集合 A 中"。如果 a 不是 A 的元素，则记作 $a\notin A$，读做"a 不属于 A"或"a 不在集合 A 中"。

集合是集合论中的原始概念，和几何学中的点、直线、平面等原始概念一样，不能严格定义，但它是集合论的基石，非常重要，需要准确理解。

集合的元素是个相当广泛的概念，既可以是个别的事物，也可以是另外的集合。这种情况在实际问题中经常遇到。为了帮助理解，下面再举两个实例。

实例 5-3 乒乓球比赛，既有单打，又有双打，还有团体赛。在考虑整个比赛时，每一个参加单打的选手、每一对参加双打的选手（都是两个人的集合）、每一个参加团体赛的队（都是多个人的集合）都是整个乒乓球比赛这个集合的元素。

实例 5-4 如果把计算机的某个文件夹看成一个集合，则组成这个集合的元素可以是一些具体的文件，也可以是一些子文件夹（它们实际上是另一些文件的集合）。

集合有这样 3 个特性：确定性、互异性和无序性。

(1) **确定性**：任意一个元素或属于该集合或不属于该集合，二者必居其一。

(2) **互异性**：一个集合中的任意两个元素都是不相同的。

(3) **无序性**：一个集合中的所有元素间没有顺序关系。例如，$\{1,2,3\}$和$\{2,1,3\}$表示同一个集合。

确定性和互异性是判断是否为集合的重要依据。通过下面的例 5-1 可以加深对集合的理解。

例 5-1 下列各个事物哪些是集合？哪些不是？并说明原因。

A：某操作系统的全部指令。

B：大于 0 的所有实数。

C：一副扑克牌中的所有不同数字。

D：一个班级所有学生的英语考试成绩。

E：家中比较好的书。

解 A,B,C 是集合，它们都符合集合的 3 个特性。

D 一般情况下不是集合，因为不同的学生很有可能成绩相同。如果所有学生的成绩都不相同，则 D 是集合。

E 不是集合，因为它包含的元素不明确。

集合有下面几个重要概念：

集合 A 中所包含的元素的个数称为集合 A 的**基数**，记作$|A|$。

基数是有限数的集合称为**有限集合**，否则称为**无限集合**。前面的 4 个实例、例 5-1 的 A 和例 5-1 的 C 都是有限集合，例 5-1 的 B 是无限集合。

不含任何元素的集合称为**空集**，记作$\varnothing$。例如，刚刚新建的文件夹就是一个空集。

2. 集合的表示

表示集合通常用枚举法和描述法。

(1) 枚举法：把集合中的所有元素一一枚举出来并写在一对花括号$\{\}$内，各元素间用逗号分开。例如，例 5-1 的 C 可以表示成 $C=\{1,2,3,4,5,6,7,8,9,10\}$ 或 $C=\{1,2,3,\cdots,10\}$。

(2) 描述法：把集合中所有元素的共同属性写在一对花括号$\{\}$内。例如，例 5-1 的 B 可以表示成 $B=\{x|x>0,x\in\mathbf{R}\}$ 或 $B=\{x|x>0\}$（以后都把 $x\in\mathbf{R}$ 省略）；例 5-1 的 A 可以表示成 $A=\{$某操作系统的全部指令$\}$。

另外，集合也可以用图表示：用圆（或任何其他封闭曲线围成的图形）表示集合，圆中

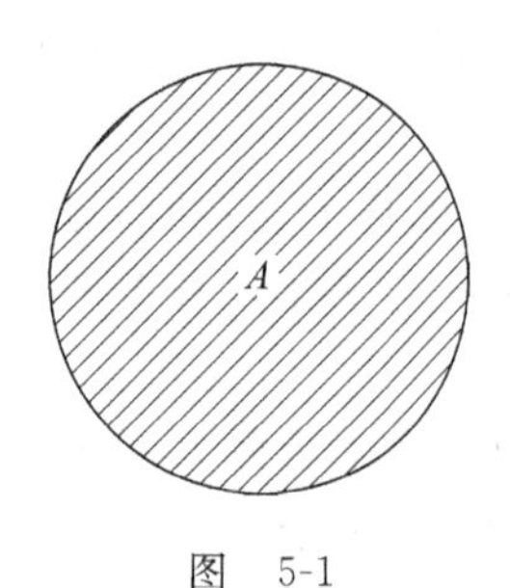

图 5-1

的点表示集合的元素,这样的图称为**文氏图**。集合 A 可以用图 5-1 表示。

枚举法只能表示有限集合。描述法和文氏图法既能表示无限集合,也能表示有限集合。用文氏图法表示后面介绍的集合间的关系很直观,能帮助理解。

数集是关于数的集合。常用的数集用特殊的符号表示:**自然数集 N**(包括 0)、**整数集 Z**、**有理数集 Q**、**实数集 R** 和**复数集 C**。显然有:$2\in\mathbf{N}$,$2\in\mathbf{Q}$,$2\in\mathbf{R}$,$0.7\notin\mathbf{N}$,$0.7\notin\mathbf{Z}$,$0.7\in\mathbf{R}$。

5.1.2 集合的运算及其性质

1. 集合间的关系

这里陆续介绍集合间的几种主要关系。

定义 5-1 设有两个集合 A 和 B,如果集合 A 的每个元素都是集合 B 的元素,则称 A 是 B 的**子集**,记作 $A\subseteq B$ 或 $B\supseteq A$,读做"A 含于 B"或"B 包含 A"。

一个集合 B 与它的子集 A 间的关系可以用图 5-2 表示。

如果 $A\subseteq B$,且 $A\neq B$,则称 A 是 B 的**真子集**,记作 $A\subset B$ 或 $B\supset A$。

在数集中,$\mathbf{Z}\subset\mathbf{Q}$,$\mathbf{Q}\subset\mathbf{R}$。

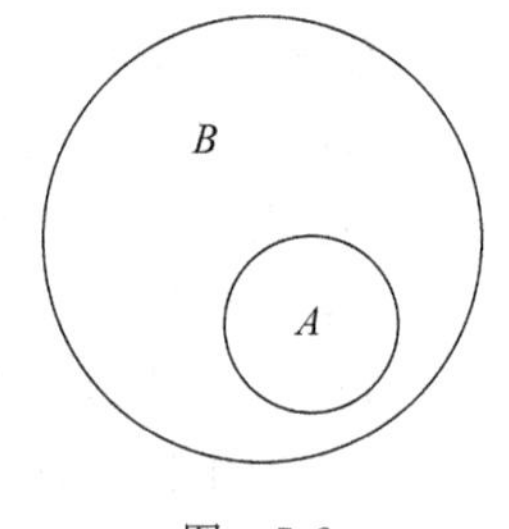

图 5-2

子集有如下性质:

(1) 任何集合都是其自身的子集,即 $A\subseteq A$;

(2) 空集是任何集合的子集,即对于任何集合 A,都有 $\varnothing\subseteq A$;

(3) 若 $A\subseteq B$,$B\subseteq C$,则 $A\subseteq C$。

实例 5-5 设 $A=\{2,3,5,7,11,13\}$,$B=\{3,5,7\}$,则有 $B\subseteq A$。

定义 5-2 设有两个集合 A 和 B,如果 $A\subseteq B$,且 $B\subseteq A$,则称 A 与 B 相等,记作 $A=B$。

两个集合 A 和 B 相等是指集合 A 和 B 包含的元素全部相同。

设 $A=\{x\mid x^2-4x+3=0\}$,$B=\{x\mid 0<x<4$,并且是奇数$\}$。因为集合 A 和集合 B 中含有的元素都只是 1 和 3 两个数,所以 $A=B$。

定义 5-3 在一定范围内,如果所有集合均为某一集合的子集,则称某集合为**全集**,记作 E。

【说明】 全集是个相对概念。全集的范围取决于所讨论的具体问题,可以这样说:凡是包括所讨论范围的集合都可以作为全集。因而,全集不是唯一的。例如,如果讨论的范围是一个班级的学生,则全集可以是该班级的全体学生或该校的全体学生;如果讨论的范围是一个学校的学生,则全集可以是该校的全体学生或全国的学生,但不能是某个班级的全体学生。

定义 5-4 设 A 是任意集合,A 的全部子集组成的集合称为 A 的**幂集**,记作 $P(A)$。

例 5-2 设 $A=\{1,2,3\}$,求 $P(A)$和$|P(A)|$。

解 集合 A 的全部子集如下。

(1) 不含任何元素的子集,即空集,只有 1 个:$\varnothing$;

(2) 含有 1 个元素的子集有 3 个:$\{1\}$,$\{2\}$,$\{3\}$;

(3) 含有 2 个元素的子集有 3 个：$\{1,2\}$，$\{1,3\}$，$\{2,3\}$；

(4) 含有 3 个元素的子集就是集合 A 本身，只有 1 个：$\{1,2,3\}$。

因此

$$P(A)=\{\varnothing,\{1\},\{2\},\{3\},\{1,2\},\{1,3\},\{2,3\},\{1,2,3\}\}$$

$P(A)$共有 8 个元素，所以，$|P(A)|=8$。

一般地，如果集合 A 含有 n 个元素，则含有 0 个元素的子集有 C_n^0 个，含有 1 个元素的子集有 C_n^1 个，含有 2 个元素的子集有 C_n^2 个，……，含有 n 个元素的子集有 C_n^n 个。所以集合的子集总数为

$$C_n^0+C_n^1+C_n^2+\cdots+C_n^n=(1+1)^n=2^n \text{ 个}$$

这就是下面的定理 5-1。

定理 5-1　设 A 为一有限集合，$|A|=n$，那么 A 的子集个数为 2^n。

由于 $P(A)$ 中的元素恰是 A 的全部子集，根据定理 5-1 知，若 $|A|=n$，则 $|P(A)|=2^n$。

例 5-2 再次说明，尽管集合与元素是两个不同的概念，但一个集合可以是另一个集合的元素。

【说明】　元素与集合的从属关系和集合与集合间的包含关系是两个完全不同的概念，前者用符号$\in$表示，后者用符号$\subseteq$表示。但是，由于一个集合可以是另一个集合的元素，因此情况就比较复杂了。下面的例 5-3 是一个典型的例题。

例 5-3　若 $A=\{1,2,\{1\},\{3\}\}$，下列各个表示方法哪些正确？哪些错误？并说明理由。

(1) $1\in A$　(2) $\{1\}\subseteq A$　(3) $\{1\}\in A$　(4) $2\subseteq A$

(5) $\{1,2\}\in A$　(6) $\{1,2\}\subseteq A$　(7) $\{3\}\in A$　(8) $\{3\}\subseteq A$

解　(1) 正确，这里的 1 是 A 的第 1 个元素；

(2) 正确，这里的$\{1\}$是 A 的第 1 个元素组成的子集；

(3) 正确，这里的$\{1\}$是 A 的第 3 个元素；

(4) 错误，这里的 2 是 A 的第 2 个元素，不是集合；

(5) 错误，这里的$\{1,2\}$是 A 的子集，不是 A 的元素；

(6) 正确，这里的$\{1,2\}$是 A 的子集；

(7) 正确，这里的$\{3\}$是 A 的第 4 个元素；

(8) 错误，这里的$\{3\}$是 A 的第 4 个元素，不是 A 的子集。

2. 集合的基本运算

定义 5-5　设有两个集合 A 和 B，由 A 和 B 的所有元素构成的集合称为集合 A 与 B 的**并集**，记作 $A\cup B$(读作"A 并 B")，即

$$A\cup B=\{x\mid x\in A \text{ 或 } x\in B\}$$

定义 5-6　设有两个集合 A 和 B，由既属于 A 又属于 B 的所有元素构成的集合称为集合 A 与 B 的**交集**，记作 $A\cap B$(读作"A 交 B")，即

$$A\cap B=\{x\mid x\in A \text{ 且 } x\in B\}$$

定义 5-7 设有两个集合 A 和 B,由属于 A 而不属于 B 的所有元素构成的集合称为集合 A 与 B 的**差集**,记作 $A-B$,即

$$A-B=\{x \mid x \in A \text{ 且 } x \notin B\}$$

定义 5-8 设有两个集合 A 和 B,由属于 A 而不属于 B 的所有元素和属于 B 而不属于 A 的所有元素构成的集合称为集合 A 与 B 的**对称差**,记作 $A \oplus B$,即

$$A \oplus B=(A-B) \cup (B-A)$$

定义 5-9 设 A 是全集 E 的子集,由全集 E 中所有不属于 A 的元素构成的集合称为集合 A 的**补集**,记作 $\sim A$,即

$$\sim A=\{x \mid x \in E \text{ 且 } x \notin A\}$$

$A \cap B$、$A \cup B$、$A-B$、$A \oplus B$ 和 $\sim A$ 的文氏图如图 5-3 所示。

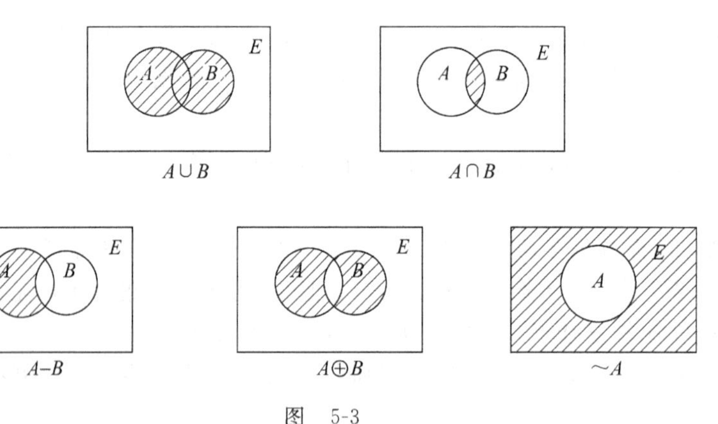

图 5-3

例 5-4 设 $E=\{0,1,2,\cdots,8\}$,$A=\{1,2,3,4,5\}$,$B=\{2,4,6,8\}$,$C=\{0,6,8\}$,求 $A \cup B$,$A \cap B$,$A \cap C$,$B-A$,$B \oplus C$,$\sim C$。

解

$$A \cup B=\{1,2,3,4,5,6,8\}$$
$$A \cap B=\{2,4\}$$
$$A \cap C=\varnothing$$
$$B-A=\{6,8\}$$
$$B \oplus C=\{0,2,4\}$$
$$\sim C=\{1,2,3,4,5,7\}$$

例 5-5 设 $A=\{x \mid 1<x \leqslant 8\}$,$B=\{x \mid 3 \leqslant x \leqslant 10\}$,求 $A \cup B$,$A \cap B$,$B-A$,$A \oplus B$。

解

$$A \cup B=\{x \mid 1<x \leqslant 10\}$$
$$A \cap B=\{x \mid 3 \leqslant x \leqslant 8\}$$
$$B-A=\{x \mid 8<x \leqslant 10\}$$
$$A \oplus B=\{x \mid 1<x<3 \text{ 或 } 8<x \leqslant 10\}$$

3. 集合的运算性质

定理 5-2 设 A,B,C 为任意集合,则有下列各集合恒等式:

(1) 双重否定律　　$\sim(\sim A)=A$

(2) 幂等律 $A\cup A=A$ $A\cap A=A$

(3) 交换律 $A\cup B=B\cup A$ $A\cap B=B\cap A$

(4) 结合律 $(A\cup B)\cup C=A\cup(B\cup C)$ $(A\cap B)\cap C=A\cap(B\cap C)$

(5) 分配律 $A\cup(B\cap C)=(A\cup B)\cap(A\cup C)$

$A\cap(B\cup C)=(A\cap B)\cup(A\cap C)$

(6) 德·摩根律 $\sim(A\cup B)=\sim A\cap\sim B$ $\sim(A\cap B)=\sim A\cup\sim B$

(7) 吸收律 $A\cup(A\cap B)=A$ $A\cap(A\cup B)=A$

(8) 零 律 $A\cup E=E$ $A\cap\varnothing=\varnothing$

(9) 同一律 $A\cup\varnothing=A$ $A\cap E=A$

(10) 排中律 $A\cup\sim A=E$

(11) 矛盾律 $A\cap\sim A=\varnothing$

(12) 补交转换律 $A-B=A\cap\sim B$

在上面介绍的集合恒等式中，不难发现绝大部分是成对出现的。例如，$A\cup B=B\cup A$ 和 $A\cap B=B\cap A$，$A\cup(A\cap B)=A$ 和 $A\cap(A\cup B)=A$ 等。这些成对出现的集合恒等式有如下特点：在仅含$\sim$、$\cup$和$\cap$的那些集合恒等式中，只要将其中一个集合恒等式中的运算符$\cup$换成$\cap$，同时将运算符$\cap$换成$\cup$，并且将可能有的$\varnothing$换成 E，E 换成$\varnothing$，就得到另一个集合恒等式。这样成对出现的集合恒等式就互称为**对偶式**。例如，$A\cup(B\cap C)=(A\cup B)\cap(A\cup C)$ 和 $A\cap(B\cup C)=(A\cap B)\cup(A\cap C)$ 是对偶式，$A\cup\sim A=E$ 和 $A\cap\sim A=\varnothing$ 也是对偶式。有了对偶式的概念，上述等式几乎可以只记一半。

例 5-6 试证明：$(A\cup B)-(A\cap B)=(B-A)\cup(A-B)$。

证明 左边 $=(A\cup B)\cap\sim(A\cap B)$ (补交转换律)

$=(A\cup B)\cap(\sim A\cup\sim B)$ (德·摩根律)

$=((A\cup B)\cap\sim A)\cup((A\cup B)\cap\sim B)$ (分配律)

$=((A\cap\sim A)\cup(B\cap\sim A))\cup((A\cap\sim B)\cup(B\cap\sim B))$ (分配律)

$=(\varnothing\cup(B\cap\sim A))\cup((A\cap\sim B)\cup\varnothing)$ (矛盾律)

$=(B\cap\sim A)\cup(A\cap\sim B)$ (同一律)

右边 $=(B\cap\sim A)\cup(A\cap\sim B)$ (补交转换律)

左边＝右边

证毕。

例 5-7 化简 $((A\cap(B-C))\cup A)\cup(B-(B-A))$

解 原式 $=A\cup(B\cap\sim(B\cap\sim A))$ (吸收律、补交转换律)

$=A\cup(B\cap(\sim B\cup\sim(\sim A)))$ (德·摩根律)

$=A\cup(B\cap\sim B)\cup(B\cap A)$ (分配律)

$=A\cup\varnothing\cup(B\cap A)$ (矛盾律)

$=A\cup(B\cap A)=A$ (同一律，吸收律)

4. 集合元素的计数

实例 5-6 某班级在一次考试中，有 15 人英语得 90 分以上，有 18 人计算机数学得

90分以上。那么,这个班级有多少人在这两门课程中至少有一门得90分以上呢?

这个问题并没有确定的答案。因为,有部分人这两门课程都得90分以上,而这部分人的人数不知道。

如果用集合的概念,实例5-6可以这样描述:设该班英语得90分以上的学生为集合A,计算机数学得90分以上的学生为集合B,并且$|A|=15$,$|B|=18$,求$|A\cup B|$。显然,不能简单地说$|A\cup B|=|A|+|B|$。因为这两门课程都得90分以上的人(也可能没有)在集合A和集合B中重复计数了。正确的计算方法应该是定理5-3。

定理5-3 对有限集合A和B,有

$$|A\cup B|=|A|+|B|-|A\cap B| \tag{5-1}$$

特别地,当A和B不相交,即$A\cap B=\varnothing$时,有

$$|A\cup B|=|A|+|B| \tag{5-2}$$

式(5-1)和式(5-2)可以推广到更多集合的情形。对有限集合A,B,C,可以证明

$$\begin{aligned}|A\cup B\cup C|=&|A|+|B|+|C|-|A\cap B|\\&-|B\cap C|-|C\cap A|+|A\cap B\cap C|\end{aligned} \tag{5-3}$$

多个有限集合的元素的计数有两种方法,其一是根据式(5-1)、式(5-2)和式(5-3),其二是借助文氏图。

例5-8 一个班级共有50名学生。在一次考试中,有15人英语得90分以上,有18人计算机数学得90分以上,有22人这两门课程均没有得到90分以上。问有多少人这两门课程均得到90分以上。

解 设全班学生为全集E,英语得90分以上的学生为集合A,计算机数学得90分以上的学生为集合B。所求的是$|A\cap B|$。按题给条件有

$$|E|=50 \quad |A|=15 \quad |B|=18 \quad |\sim(A\cup B)|=22$$

再根据式(5-1)得

$$\begin{aligned}|A\cap B|&=|A|+|B|-|A\cup B|\\&=|A|+|B|-(|E|-|\sim(A\cup B)|)\\&=15+18-(50-22)=5\end{aligned}$$

例5-9 一个班级共有52名学生。其中有24人喜欢打篮球,有15人喜欢下棋,有20人喜欢游泳,有6人既喜欢打篮球又喜欢下棋,有7人既喜欢打篮球又喜欢游泳,有2人这3项活动都喜欢,有9人这3项活动都不喜欢。问有多少人既喜欢下棋又喜欢游泳?

解 设全班学生为全集E,喜欢打篮球的学生为集合A,喜欢下棋的学生为集合B,喜欢游泳的学生为集合C。所求的是$|B\cap C|$。按题给条件有

$$\begin{array}{lll}|E|=52 & |A|=24 & |B|=15\\|C|=20 & |A\cap B|=6 & |A\cap C|=7\\|A\cap B\cap C|=2 & |\sim(A\cup B\cup C)|=9 & \end{array}$$

再根据式(5-3)得

$$\begin{aligned}|B\cap C|&=|A|+|B|+|C|-|A\cap B|-|A\cap C|+|A\cap B\cap C|-|A\cup B\cup C|\\&=|A|+|B|+|C|-|A\cap B|-|A\cap C|+|A\cap B\cap C|\\&\quad-(E-|\sim(A\cup B\cup C)|)\end{aligned}$$

$$= 24 + 15 + 20 - 6 - 7 + 2 - (52 - 9) = 5$$

因此，有 5 人既喜欢下棋又喜欢游泳。

例 5-10　借助文氏图重解例 5-9。

解　设既喜欢下棋又喜欢游泳，但不喜欢打篮球的有 x 人，则例 5-9 的文氏图可见图 5-4。根据图 5-4 得

$$13 + (9 - x) + (13 - x) + 5 + 2 + 4 + x + 9 = 52$$

解得 $x=3$。加上这 3 项活动都喜欢的 2 人，最后的结果是：有 5 人既喜欢下棋又喜欢游泳。

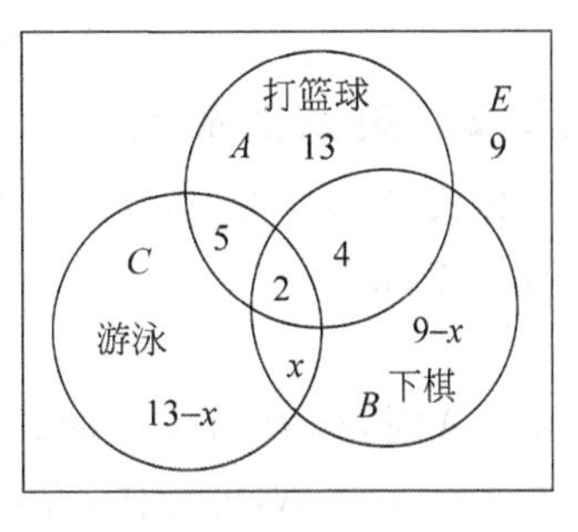

图　5-4

5.2　关系

关系是数学中最重要的概念之一。人与人之间有夫妻、父子、师生关系，两个数之间有等于、大于、小于关系，两直线有平行或垂直关系，计算机程序间有调用关系，以至于以关系为基础建立了数据库管理中应用非常广泛的关系数据库。可见，关系在包括计算机科学在内的许多学科中都有着非常广泛的应用。本书主要介绍二元关系。

5.2.1　笛卡儿积

定义 5-10　由两个元素 x 和 y（允许 x 与 y 相同）按一定次序排列成的序列，称为**序偶**或**有序对**，记作 $\langle x,y\rangle$。其中，x 是它的**第一元素**，y 是它的**第二元素**。

例如，平面直角坐标系中任意一点的坐标 (x,y) 就是序偶。

序偶的概念可以推广到更多元素组成的**有序 *n* 元组**：$\langle x_1,x_2,\cdots,x_n\rangle$。例如，$\langle a,b,c\rangle$ 就是一个有序 3 元组。

定义 5-11　两个序偶 $\langle a,b\rangle$ 和 $\langle c,d\rangle$，当且仅当 $a=c$ 且 $b=d$ 时，称序偶 $\langle a,b\rangle$ 与 $\langle c,d\rangle$ **相等**，记作 $\langle a,b\rangle=\langle c,d\rangle$。

当 $x\neq y$ 时，$\langle x,y\rangle\neq\langle y,x\rangle$。

定义 5-12　设 A,B 是两个集合，若序偶中第一个元素取自集合 A，第二个元素取自集合 B，则所有这样的序偶组成的集合称为集合 A 和 B 的**笛卡儿积**，记作 $A\times B$，即

$$A \times B = \{\langle x,y\rangle \mid x \in A \text{ 且 } y \in B\}$$

通常把 $A\times A$ 记作 A^2。

例 5-11　设 $A=\{a,b\}$，　$B=\{1,2,3\}$，求 $A\times B$、$B\times A$、A^2 和 B^2。

解　$A \times B = \{\langle a,1\rangle,\langle a,2\rangle,\langle a,3\rangle,\langle b,1\rangle,\langle b,2\rangle,\langle b,3\rangle\}$

$B \times A = \{\langle 1,a\rangle,\langle 1,b\rangle,\langle 2,a\rangle,\langle 2,b\rangle,\langle 3,a\rangle,\langle 3,b\rangle\}$

$A^2 = \{\langle a,a\rangle,\langle a,b\rangle,\langle b,a\rangle,\langle b,b\rangle\}$

$B^2 = \{\langle 1,1\rangle,\langle 1,2\rangle,\langle 1,3\rangle,\langle 2,1\rangle,\langle 2,2\rangle,\langle 2,3\rangle,\langle 3,1\rangle,\langle 3,2\rangle,\langle 3,3\rangle\}$

定理 5-4　若 A,B 是有限集合，则有

$$|A \times B| = |A| \cdot |B| \tag{5-4}$$

换句话说，若 A 有 m 个元素，B 有 n 个元素，则笛卡儿积 $A\times B$ 有 mn 个元素。

两个集合的笛卡儿积的概念可以推广到更多个集合所有有序元组组成的笛卡儿积。

为了满足笛卡儿积的各种运算,规定

$$A\times\varnothing=\varnothing,\qquad \varnothing\times A=\varnothing$$

5.2.2 关系的概念

定义 5-13 设 A,B 是两个集合,则 $A\times B$ 的任何子集 R 称为从 **A 到 B 的二元关系**,简称**关系**,即

$$R\subseteq A\times B$$

当 $B=A$ 时,称 R 为 **A 上的二元关系**。

若 $\langle a,b\rangle\in R$,可记作 aRb;否则记作 $a\bar{R}b$。

例如,实数间的大于关系 $=\{\langle x,y\rangle\mid x>y\}$;人群中的父子关系 $=\{\langle x,y\rangle\mid x,y$ 是人,并且 x 是 y 的父亲$\}$。

为了加深对关系的理解,这里再举两个实例。

实例 5-7 关系数据库中就是利用关系的概念建立基础数据表的。例如,学校的计算机管理系统中把开设的所有课程编号,在课程代号和课程名称之间建立了一一对应的关系,即

$R=\{\langle$A0101,英语 1$\rangle$,$\langle$A0102,英语 2$\rangle$,$\langle$B0101,计算机数学$\rangle$,$\langle$C0103,高等数学 3$\rangle$,$\cdots\}$

实例 5-8 设 A 是计算机专业 03 级某班学生的学号(从 0301001 到 0301055)构成的集合,B 是该校开设的课程代号(A0101、A0102、B0101、C0103 等)构成的集合,那么关系

$R=\{\langle x,y\rangle\mid x\in A,y\in B$,且学号为 x 的学生选修了课程代号为 y 的课程$\}$

完整地记录了该班学生选课的情况。

由于关系是集合(只是以序偶为元素),因此,关系可以用集合的方法表示,并且所有关于集合的运算及其性质在关系中都适用。

如果 A、B 是有限集合,则笛卡儿积 $A\times B$ 的子集的个数恰好是幂集 $P(A\times B)$ 的元素的个数。若 A、B 分别含有 n 个和 m 个元素,则从 A 到 B 共有 2^{nm} 个不同的二元关系。

在例 5-11 中,A、B 分别含有 2 个和 3 个元素,所以 $A\times B$ 共有 $2\times3=6$ 个元素,则从 A 到 B 共有 $2^{2\times3}=2^6=64$ 个不同的二元关系。下面是其中的 3 个关系

$$R_1=\{\langle b,2\rangle\},\quad R_2=\{\langle a,1\rangle,\langle b,1\rangle,\langle b,2\rangle\},$$

$$R_3=\{\langle a,1\rangle,\langle a,2\rangle,\langle a,3\rangle,\langle b,1\rangle\}$$

定义 5-14 设 A、B 是两个集合,R 是从 A 到 B 的二元关系;若 $R=\varnothing$,则称 $\varnothing$ 为从 A 到 B 的**空关系**;若 $R=A\times B$,则称 $A\times B$ 为从 A 到 B 的**全域关系**。

集合 A 上的空关系记作 $\varnothing$,集合 A 上的全域关系记作 E_A。

定义 5-15 设 A 是任意集合,R 是 A 上的二元关系,并且满足 $R=\{\langle a,a\rangle\mid a\in A\}$,则称 R 为 A 上的**恒等关系**,记作 I_A。

例 5-12 设 $A=\{a,b,c\}$,求 E_A 和 I_A。

解 $E_A=\{\langle a,a\rangle,\langle a,b\rangle,\langle a,c\rangle,\langle b,a\rangle,\langle b,b\rangle,\langle b,c\rangle,\langle c,a\rangle,\langle c,b\rangle,\langle c,c\rangle\}$

$I_A=\{\langle a,a\rangle,\langle b,b\rangle,\langle c,c\rangle\}$

在大量的关系中,有几个关系十分重要,下面予以介绍。

定义 5-16　设 A 为实数集 $\mathbf{R}$ 的任意非空子集，则称 A 上的二元关系

$$L_A = \{\langle x,y\rangle \mid x,y \in A \text{ 且 } x \leqslant y\}$$

为 A 上的**小于等于关系**。

实例 5-9　若 $A=\{1,2,3\}$，则 A 上的小于等于关系为

$$L_A = \{\langle 1,1\rangle,\langle 1,2\rangle,\langle 1,3\rangle,\langle 2,2\rangle,\langle 2,3\rangle,\langle 3,3\rangle\}$$

定义 5-17　设 A 为正整数集 $\mathbf{Z}^+$ 的任意非空子集，则称 A 上的二元关系

$$D_A = \{\langle x,y\rangle \mid x,y \in A \text{ 且 } x \mid y\}$$

为 A 上的**整除关系**。

实例 5-10　若 $A=\{1,2,3\}$，则 A 上的整除关系为

$$D_A = \{\langle 1,1\rangle,\langle 1,2\rangle,\langle 1,3\rangle,\langle 2,2\rangle,\langle 3,3\rangle\}$$

例 5-13　设 $A=\{2,3,5\}$，$B=\{3,4,5,6,10\}$，定义由 A 到 B 的二元关系 R：$\langle a,b\rangle \in R$，当且仅当 a 整除 b，求 R。

解　　$R=\{\langle 2,4\rangle,\langle 2,6\rangle,\langle 2,10\rangle,\langle 3,3\rangle,\langle 3,6\rangle,\langle 5,5\rangle,\langle 5,10\rangle\}$

定义 5-18　设 A 为整数集 $\mathbf{Z}$ 的任意非空子集，n 为任意正整数，则称 A 上的二元关系

$$R = \{\langle x,y\rangle \mid x,y \in A \text{ 且 } x \equiv y(\bmod n)\}$$

为 A 上的**模 n 同余关系**。

例 5-14　设 $A=\{1,2,3,4,5\}$，求 A 上模 3 同余关系 R。

解　根据定义 5-18 得

$$R = \{\langle 1,1\rangle,\langle 1,4\rangle,\langle 2,2\rangle,\langle 2,5\rangle,\langle 3,3\rangle,\langle 4,1\rangle,\langle 4,4\rangle,\langle 5,2\rangle,\langle 5,5\rangle\}$$

定义 5-19　设 Ω 是由一些集合构成的集合族，则称 Ω 上的二元关系

$$R_{\subseteq} = \{\langle A,B\rangle \mid A,B \in \Omega \text{ 且 } A \subseteq B\}$$

为 Ω 上的**包含关系**。

例 5-15　设 $A=\{a,b\}$，求 $P(A)$上的包含关系 $R_{\subseteq}$。

解　由于 $P(A)=\{\varnothing,\{a\},\{b\},\{a,b\}\}$，所以

$$R_{\subseteq} = \{\langle\varnothing,\varnothing\rangle,\langle\varnothing,\{a\}\rangle,\langle\varnothing,\{b\}\rangle,\langle\varnothing,\{a,b\}\rangle,\langle\{a\},\{a\}\rangle,$$
$$\langle\{a\},\{a,b\}\rangle,\langle\{b\},\{b\}\rangle,\langle\{b\},\{a,b\}\rangle,\langle\{a,b\},\{a,b\}\rangle\}$$

参照定义 5-16 和定义 5-19，还可以定义**大于等于关系**、**小于关系**、**大于关系**和**真包含关系**。

5.2.3　关系矩阵和关系图

关系是一种特殊的集合，当然可以用集合表达式表示。此外，关系还可以用本小节将要介绍的关系矩阵和关系图两种方法表示。

定义 5-20　设两个有限集合 $A=\{a_1,a_2,\cdots,a_m\}$，$B=\{b_1,b_2,\cdots,b_n\}$，R 是从 A 到 B 的二元关系，则称矩阵 $\mathbf{M}_R=(r_{ij})_{m\times n}$为 R 的**关系矩阵**，其中

$$r_{ij} = \begin{cases} 1 & (\text{当 } a_i R b_j) \\ 0 & (\text{当 } a_i \overline{R} b_j) \end{cases}$$

式中，$i=1,2,\cdots,m,j=1,2,\cdots,n$。

当 $B=A$ 时，A 上的二元关系 R 的关系矩阵 $\boldsymbol{M}_R$ 为方阵。

定义 5-21 设两个有限集合 $A=\{a_1,a_2,\cdots,a_m\}$，$B=\{b_1,b_2,\cdots,b_n\}$，R 是从 A 到 B 的二元关系。用 m 个空心点表示元素 $a_1,a_2,\cdots,a_m$，用 n 个空心点表示元素 $b_1,b_2,\cdots,b_n$；如果集合 B 与集合 A 中有相同元素，则用同一个空心点表示；如果 a_iRb_j，那么由点 a_i 到点 b_j 画一条有向边，箭头指向 b_j；如果 $a_i\overline{R}b_j$，那么由点 a_i 到点 b_j 就不画有向边；这样的图称为 R 的**关系图**。

例 5-16 设集合 $A=\{2,4,6\}$，$B=\{1,3,5,7\}$，$R=\{\langle x,y\rangle \mid x\in A,y\in B,\text{且 } x<y\}$。

(1) 用枚举法写出关系 R；

(2) 求关系矩阵 $\boldsymbol{M}_R$；

(3) 画出 R 的关系图。

解 (1) $R=\{\langle 2,3\rangle,\langle 2,5\rangle,\langle 2,7\rangle,\langle 4,5\rangle,\langle 4,7\rangle,\langle 6,7\rangle\}$

(2) $\boldsymbol{M}_R=\begin{pmatrix}0&1&1&1\\0&0&1&1\\0&0&0&1\end{pmatrix}$

(3) 其关系图见图 5-5。

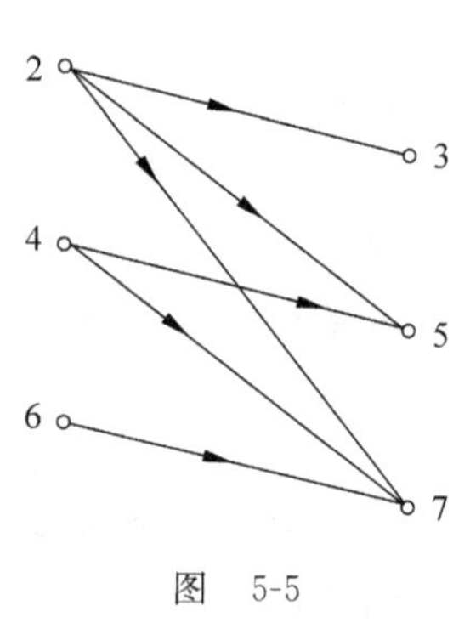

图 5-5

例 5-17 (1) 写出例 5-13 中关系 R 的关系矩阵 $\boldsymbol{M}_R$；

(2) 画出例 5-13 中关系 R 的关系图。

解 (1)

$$\boldsymbol{M}_R=\begin{pmatrix}0&1&0&1&1\\1&0&0&1&0\\0&0&1&0&1\end{pmatrix}$$

(2) 关系图见图 5-6。

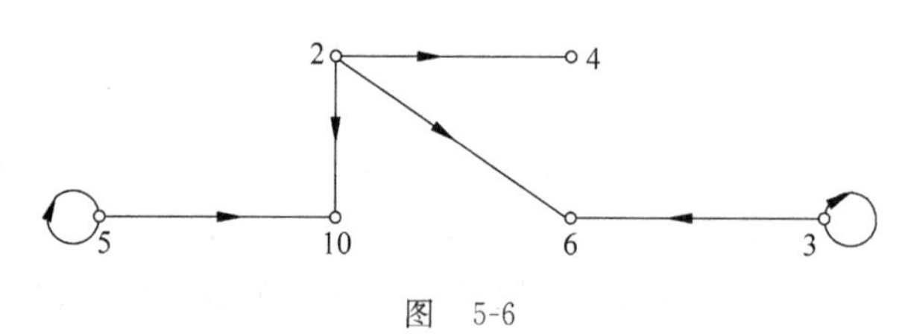

图 5-6

关系 R 的集合表达式、R 的关系矩阵 $\boldsymbol{M}_R$ 和 R 的关系图之间都可以相互唯一确定，但它们各有特点。有了关系矩阵就可以将关系的信息用一种更一般的方式存储在计算机中，以便进行各种运算，以及用关系图表达关系直观形象。

5.2.4 关系的性质

集合上的关系有许多有用的性质，本小节介绍集合上的二元关系的几个重要性质。

定义 5-22 设 R 是集合 A 上的二元关系，则

(1) 如果对于每一个 $a\in A$，都有 aRa，则称 R 在集合 A 上是**自反的**；

(2) 对于任意的 $a,b\in A$，如果 aRb，就有 bRa，则称 R 在集合 A 上是**对称的**；

(3) 对于任意的 $a,b\in A$,如果 aRb,且 bRa,必有 $b=a$,则称 R 在集合 A 上是**反对称的**;

(4) 对于任意的 $a,b,c\in A$,如果 aRb,且 bRc,就有 aRc,则称 R 在集合 A 上是**传递的**。

例如,在实数集中,"$=$"关系是自反的、对称的和传递的;"$\neq$"关系是对称的;"$>$"和"$<$"关系是反对称的和传递的;"$\geqslant$"和"$\leqslant$"关系是自反的和传递的。

实例 5-11　若集合 $A=\{a,b,c,d\}$,$R=\{\langle a,a\rangle,\langle b,b\rangle,\langle b,d\rangle,\langle c,b\rangle,\langle c,c\rangle,\langle d,c\rangle,\langle d,d\rangle\}$是 A 上的一个关系。显然,R 是自反的,其关系图如图 5-7 所示,而关系矩阵 $\boldsymbol{M}_R$ 如下

$$\boldsymbol{M}_R=\begin{pmatrix}1&0&0&0\\0&1&0&1\\0&1&1&0\\0&0&1&1\end{pmatrix}$$

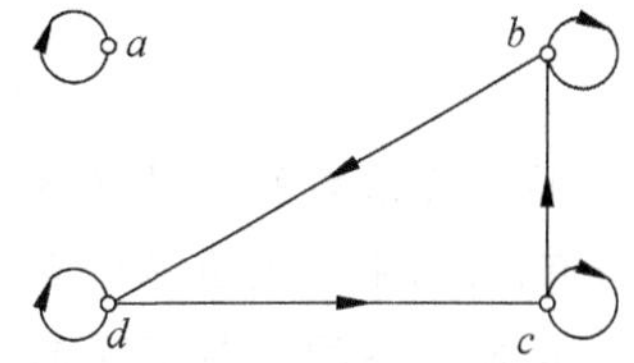

图　5-7

自反关系的关系图中每一个结点都有环。

自反关系的关系矩阵 $\boldsymbol{M}_R$ 的主对角线上的元素都是 1。

实例 5-12　若集合 $A=\{a,b,c,d\}$,$R=\{\langle a,a\rangle,\langle a,b\rangle,\langle b,a\rangle,\langle b,d\rangle,\langle c,c\rangle,\langle c,d\rangle,\langle d,b\rangle,\langle d,c\rangle\}$是 A 上的一个关系。可以判断,R 是对称的,其关系图如图 5-8 所示,而关系矩阵 $\boldsymbol{M}_R$ 如下

$$\boldsymbol{M}_R=\begin{pmatrix}1&1&0&0\\1&0&0&1\\0&0&1&1\\0&1&1&0\end{pmatrix}$$

对称关系的关系图中,如果两个结点间有有向边,则必成对出现。

对称关系的关系矩阵 $\boldsymbol{M}_R$ 必是对称矩阵。

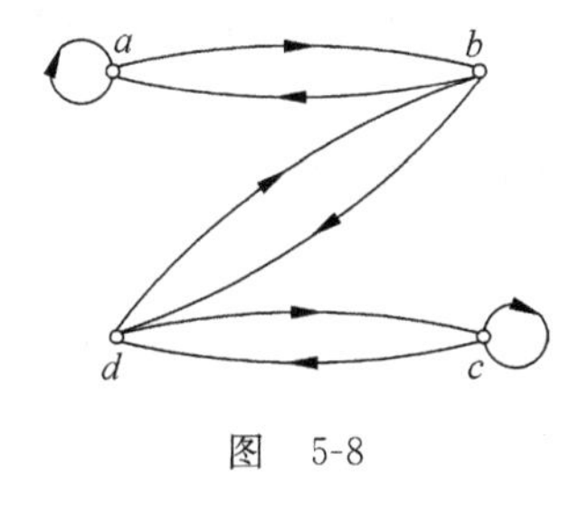

图　5-8

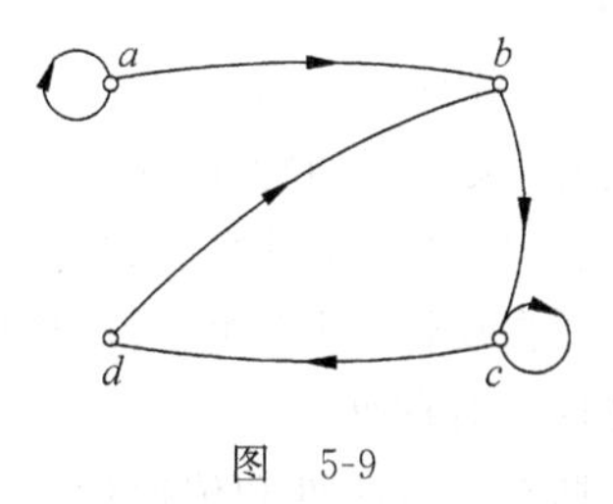

图　5-9

实例 5-13　若集合 $A=\{a,b,c,d\}$,$R=\{\langle a,a\rangle,\langle a,b\rangle,\langle b,c\rangle,\langle c,c\rangle,\langle c,d\rangle,\langle d,b\rangle\}$是 A 上的一个关系。可以判断,R 是反对称的,其关系图如图 5-9 所示,而关系矩阵 $\boldsymbol{M}_R$ 如下

$$\boldsymbol{M}_R=\begin{pmatrix}1&1&0&0\\0&0&1&0\\0&0&1&1\\0&1&0&0\end{pmatrix}$$

反对称关系的关系图中,如果两个结点间有有向边,则必不是成对出现的。

反对称关系的关系矩阵 $\boldsymbol{M}_R$ 中,如果非对角线上有某元素是1,则其对称位置上的元素一定是0。

实例 5-14 若集合 $A=\{a,b,c,d\}$,$R=\{\langle a,b\rangle,\langle a,c\rangle,\langle a,d\rangle,\langle c,c\rangle,\langle c,d\rangle,\langle d,d\rangle\}$是 A 上的一个关系。可以判断,R 是传递的,其关系图如图 5-10 所示,而关系矩阵 $\boldsymbol{M}_R$ 如下:

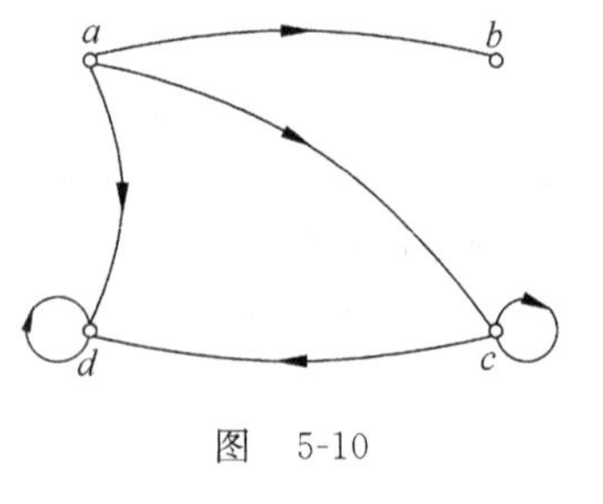

图 5-10

$$\boldsymbol{M}_R=\begin{pmatrix}0&1&1&1\\0&0&0&0\\0&0&1&1\\0&0&0&1\end{pmatrix}$$

传递关系的关系图中,如果有从结点 a 到结点 b 的有向边,同时又有从结点 b 到结点 c 的有向边,则必定有从结点 a 到结点 c 的有向边。

传递关系的关系矩阵 $\boldsymbol{M}_R$ 没有明显的特征。

【说明】 (1) 一个关系可以既不是对称的,也不是反对称的。例如,集合 $A=\{1,2,3\}$上的关系 $R=\{\langle 1,2\rangle,\langle 2,1\rangle,\langle 2,3\rangle\}$既不是对称的,也不是反对称的。

(2) 一个关系可以既是对称的,也是反对称的。例如,集合 $A=\{1,2,3\}$上的关系$R=\{\langle 1,1\rangle,\langle 2,2\rangle,\langle 3,3\rangle\}$既是对称的,也是反对称的。

根据定义 5-22,一些特殊关系的性质如下:

(1) 空关系是对称的、反对称的和传递的。

(2) 全域关系是自反的、对称的和传递的。

(3) 恒等关系是自反的、对称的、反对称的和传递的。

对于稍复杂的关系,如果直接根据定义 5-22 判断关系的性质比较困难,而通过关系图和关系矩阵判断会比较方便。

例 5-18 设 $R_i(i=1,2,\cdots,9)$是集合 $A=\{1,2,3\}$上的 9 个二元关系(如图 5-11 所示),判断它们各具有什么性质。

解 根据关系图的特征,可以判断各个关系分别具有下列性质:

R_1 具有对称性、反对称性和传递性。

R_2 具有自反性、对称性、反对称性和传递性。

R_3 仅具有对称性。

R_4 仅具有反对称性和传递性。

R_5 具有自反性和对称性。

R_6 仅具有反对称性。

R_7 具有自反性和传递性。

R_8 不具有任何特性。

R_9 具有自反性、对称性和传递性。

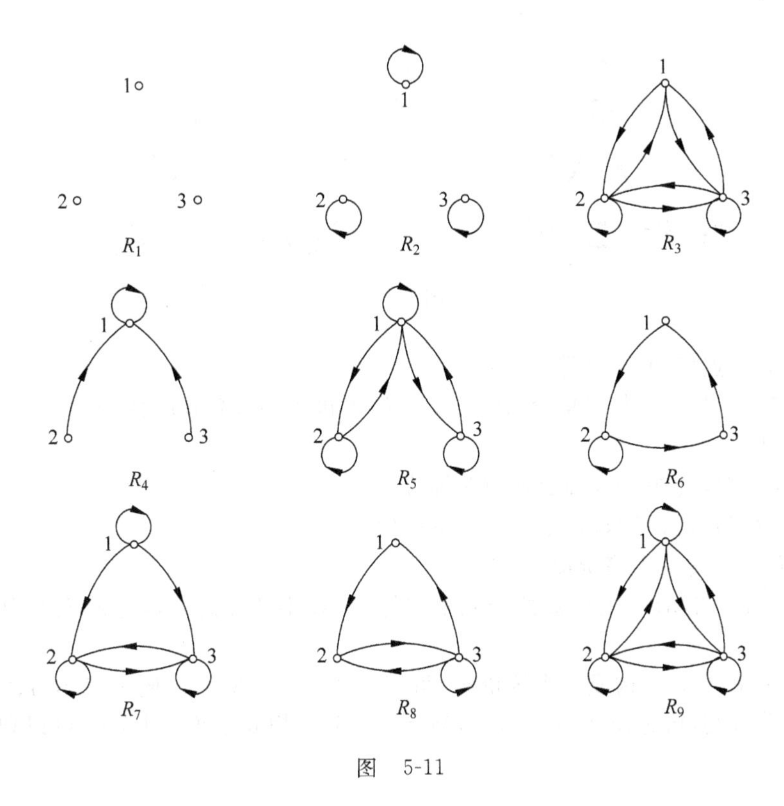

图 5-11

5.2.5 等价关系

等价关系是集合上的一种特殊关系。研究等价关系的目的是将集合中的元素按一定的要求进行分类。

定义 5-23 设 R 是集合 A 上的二元关系，如果关系 R 同时具有自反性、对称性和传递性，则称 R 是**等价关系**。此时的 aRb 又称 a 与 b **等价**。

现实世界中的等价关系很多，下面是几个实例。

实例 5-15 三角形的全等关系和相似关系。

实例 5-16 人类中的同龄关系。

实例 5-17 集合 A 上的恒等关系 I_A 和全域关系 E_A。

例 5-19 设集合 $A=\{0,1,2,3,4,5,6\}$，R 为集合 A 上的"模 3 同余"关系，即 $R=\{\langle x,y\rangle \mid x,y\in A \text{ 且 } x\equiv y\bmod 3\}$，试通过关系图来验证 R 为等价关系。

解 按题意

$$R=\{\langle 0,0\rangle,\langle 0,3\rangle,\langle 0,6\rangle,\langle 1,1\rangle,\langle 1,4\rangle,\langle 2,2\rangle,\langle 2,5\rangle,\langle 3,0\rangle,\langle 3,3\rangle,\langle 3,6\rangle,\langle 4,1\rangle,\langle 4,4\rangle,\langle 5,2\rangle,\langle 5,5\rangle,\langle 6,0\rangle,\langle 6,3\rangle,\langle 6,6\rangle\}$$

R 的关系图如图 5-12 所示。从关系图可以看出：

(1) 每个结点都有环，所以 R 具有自反性；

(2) 两个结点间如果有有向边，都是成对出现的，所以 R 具有对称性；

(3) 如果有从结点 a 到结点 b 的有向边，同时又有从结点 b 到结点 c 的有向边，则有从结点 a 到结点 c 的有向边，所以 R 具有传递性。

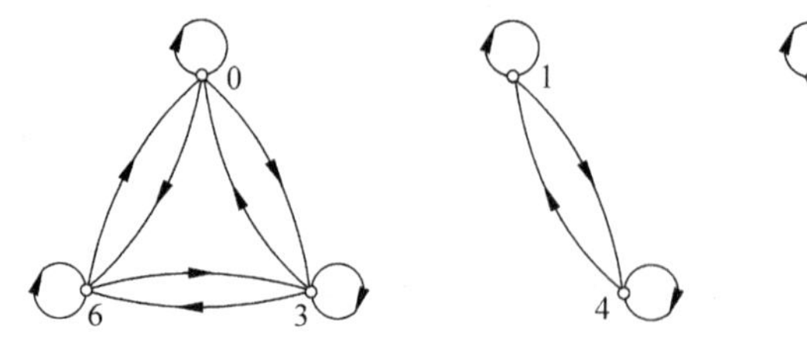

图 5-12

综合上面3点可知,R是等价关系。

定义 5-24 设A是非空集合,R是A上的等价关系,M是R的非空子集,并且满足下列两个条件:

(1) 若$a \in M$,且$b \in M$,必定a与b等价;

(2) 若$a \in M$,且$b \notin M$,必定a与b不等价;

则称子集M是A的一个**等价类**。

由定义5-24知,M中的任意两个元素都等价,M中的任意元素与M外的任意元素都不等价。

例5-19中的0、3、6构成一个等价类,可记作$M_1=\{0,3,6\}$。同理,1与4、2与5也分别构成一个等价类,可记作$M_2=\{1,4\}$,$M_3=\{2,5\}$。换句话说,例5-19可以划分成上述3个等价类。

5.3 本章小结

本章介绍了集合论中集合和关系的基础知识。关于集合,重点是掌握集合、子集、幂集等概念和集合的基本运算、集合元素的计数等方法。关于关系,重点是掌握关系、关系矩阵、关系图、关系的性质,关系的自反性、对称性、反对称性、传递性,等价关系、等价类等内容。

下面是本章的知识要点和要求。

- 懂得集合、子集、幂集、笛卡儿积、关系等概念。
- 深刻理解元素与集合的从属关系和集合与集合间的包含关系。
- 熟练掌握集合的基本运算和集合元素的计数方法。
- 知道集合的运算性质,会证明简单的集合恒等式和化简集合运算式。
- 会用集合的方式表示关系,会写出关系矩阵和画出关系图。
- 懂得关系的自反性、对称性、反对称性、传递性等重要性质。
- 知道空关系、全域关系和恒等关系的性质。
- 会判断各种关系的性质。
- 会判断等价关系,会划分等价类。

习 题

一、判断题(下列各命题中,哪些是正确的,哪些是错误的?)

5-1 任何一个集合都至少含有一个元素。 ( )

5-2　任何一个集合都不可以是另一个集合的元素。　(　　)

5-3　如果集合 A 有9个元素，则 A 的子集最多有8个元素。　(　　)

5-4　若 $A=\{\varnothing,1,2,\{1,3\}\}$，判断下列各个表示方法哪些正确？哪些错误？并说明理由。

(1) $\varnothing\in A$　(2) $\varnothing\subseteq A$　(3) $1\in A$　(4) $3\in A$

(5) $\{1,2\}\in A$　(6) $\{1,2\}\subseteq A$　(7) $\{1,3\}\subseteq A$　(8) $\{1,3\}\in A$

5-5　若 $A=\{a,b,c\}$，判断下列各个表示方法哪些正确？哪些错误？并说明理由。

(1) $\{b,c\}\subseteq A$　(2) $\{b,c\}\subseteq P(A)$　(3) $\{a,b\}\in P(A)$　(4) $b\in A$

5-6　若 $A=\{a,b,c\}$、$B=\{1,2\}$，判断下列各个表示方法哪些正确？哪些错误？并说明理由。

(1) $\{<a,1>\}\in A\times B$　(2) $<b,2>\subseteq A\times B$

(3) $<b,1>\in A\times B$　(4) $\{<a,2>,<b,1>\}\subseteq A\times B$

5-7　一个关系如果是对称的，它就肯定不是反对称的。　(　　)

5-8　一个关系既可以既是对称的，也是反对称的。　(　　)

5-9　同时具有自反性、反对称性和传递性的关系称为等价关系。　(　　)

二、单项选择题

5-1　设集合 A 的基数 $|A|=3$，集合 B 的基数 $|B|=4$，且集合 A 与集合 B 有两个相同元素，则下面________中的数与 $|P(A\cup B)|$ 相等。

A. 8　B. 16　C. 32　D. 128

5-2　设集合 A 含4个元素，集合 B 含3个元素，则下面________中的数就是从 A 到 B 的二元关系的个数。

A. 2^3　B. 2^4　C. 2^7　D. 2^{12}

5-3　设集合 $A=\{1,2,3\}$，下列各关系中只有________具有自反性(或对称性，或反对称性)。

A. $R=\{\langle 1,2\rangle,\langle 2,1\rangle,\langle 2,2\rangle,\langle 2,3\rangle\}$

B. $R=\{\langle 1,1\rangle,\langle 1,2\rangle,\langle 2,2\rangle,\langle 3,3\rangle\}$

C. $R=\{\langle 1,1\rangle,\langle 1,2\rangle,\langle 2,1\rangle,\langle 2,2\rangle\}$

D. $R=\{\langle 1,1\rangle,\langle 1,2\rangle,\langle 1,3\rangle,\langle 3,1\rangle\}$

5-4　设集合 $A=\{a,b,c,d\}$，下列各关系中只有________不是等价关系。

A. $R=\{\langle a,a\rangle,\langle a,b\rangle,\langle b,a\rangle,\langle b,b\rangle,\langle b,c\rangle,\langle c,b\rangle,\langle c,c\rangle,\langle c,d\rangle,\langle d,c\rangle,\langle d,d\rangle\}$

B. $R=\{\langle a,a\rangle,\langle a,d\rangle,\langle b,b\rangle,\langle b,c\rangle,\langle c,b\rangle,\langle c,c\rangle,\langle d,a\rangle,\langle d,d\rangle\}$

C. $R=\{\langle a,a\rangle,\langle a,b\rangle,\langle a,d\rangle,\langle b,a\rangle,\langle b,b\rangle,\langle b,d\rangle,\langle c,c\rangle,\langle d,a\rangle,\langle d,b\rangle,\langle d,d\rangle\}$

D. $R=\{\langle a,a\rangle,\langle b,b\rangle,\langle b,d\rangle,\langle c,c\rangle,\langle d,b\rangle,\langle d,d\rangle\}$

三、填空题

5-1 不含任何元素的集合称为________。

5-2 基数是有限数的集合称为________。

5-3 如果集合 A 含有 4 个元素,则 $P(A)$含有________个元素。

5-4 设 A、B 是两个集合,则 $A\times B$ 的任何子集 R 称为________________。

5-5 设 $A=\{1,2\}$,$B=\{a,b\}$,则 A 到 B 的笛卡儿积 $A\times B=\{$________________$\}$。

5-6 设 $E=\{0,1,2,\cdots,8\}$,$A=\{1,2,3,4,5\}$,$B=\{2,4,6,8\}$,则 $A\cup\sim B=\{$________________$\}$。

5-7 若 $A=\{1,2,3\}$、$B=\{a,b\}$,则从 A 到 B 共有________个不同的二元关系。

5-8 若 $A=\{1,2,3\}$,则 A 上共有________个不同的二元关系。

5-9 在关系图中,如果每一个结点都有环,这样的关系具有________性。

5-10 在关系图中,如果两个结点间有有向边,则不必成对出现,这样的关系具有________性。

5-11 恒等关系具有的性质是________________。

5-12 实数间的大于关系具有的性质是________________。

5-13 整数间的模 3 同余关系具有的性质是________________。

5-14 设 $A=\{1,2,3,4\}$,则 A 上模 3 同余关系 $R=\{$________________$\}$。

5-15 如果关系 R 同时具有________性、________性和________性,则 R 是等价关系。

四、综合题

5-1 设 $A=\{a,b\}$,求 $P(A)$。

5-2 设 $E=\{0,1,2,3,\cdots,10\}$,$A=\{1,2,3,7,8\}$,$B=\{0,2,4,6,8\}$,求 $A\cap B$、$B-A$、$A-B$、$A\oplus B$ 和 $\sim B$。

5-3 证明下列各式:

(1) $(A\cup B)-C=(A-C)\cup(B-C)$

(2) $(A-B)\cap(C-D)=(A\cap C)-(B\cup D)$

5-4 化简 $((A\cup B\cup C)\cap(A\cap B))-((A\cup(B-C))\cap A)$。

5-5 幼儿园某大班有 15 人学钢琴,12 人学围棋,有 5 人兼学钢琴和围棋,有 6 人既没有学钢琴也没有学围棋。问该班有多少人?

5-6 设 $A=\{a,b,c\}$,$B=\{\{1,2\},3\}$,求 $A\times B$、$B\times A$ 和 B^2。

5-7 设 $A=\{1,2\}$,求 E_A 和 I_A。

5-8 设集合 $A=\{1,2,3,4,5\}$,R 为集合 A 上的模 2 同余关系,即 $R=\{\langle x,y\rangle\mid x,y\in A$ 且 $x\equiv y(\mathrm{mod}2)\}$,试通过关系图来验证 R 为等价关系,并划分出等价类。

5-9 若 $A=\{2,4,5,7\}$,$B=\{3,4,5,6\}$,$R=\{\langle x,y\rangle\mid x\in A,y\in B$,且$(x-y)$是偶数$\}$。要求:

(1) 用枚举法表示 R;

(2) 写出 R 的关系矩阵 $\boldsymbol{M}_R$;

(3) 画出 R 的关系图。

第6章

数理逻辑

本章要点

(1) 命题、联结词、命题符号化的概念。

(2) 命题公式及其解释、真值表、命题公式的分类及解释。

(3) 命题的等值演算。

(4) 命题逻辑推理以及有关的推理定律和推理规则。

(5) 个体词、个体域、谓词、量词的概念。

(6) 谓词公式、公式的解释。

(7) 谓词逻辑推理以及量词的消去和引入规则。

逻辑推理在日常生活中常见,在计算机科学中更显得重要。计算机程序设计、程序正确性证明和人工智能系统等方面都用到数理逻辑。数理逻辑是用数学方法研究推理的形式结构和推理规律的数学学科。本章将介绍命题逻辑和谓词逻辑的基本概念和基本知识。

6.1 命题符号化

6.1.1 命题

数理逻辑研究的核心问题是推理,而推理的前提和结论都是表达判断的陈述句。因此,能表达判断的陈述句就构成了推理的基本要素。

在数理逻辑中,能唯一判断真假的陈述句称为**命题**,以命题作为研究对象的逻辑称为**命题逻辑**。

命题可能为真,也可能为假。**真**、**假**统称为命题的**真值**。真值为真的命题称为**真命题**,记作1(也可记作T);真值为假的命题称为**假命题**,记作0(也可记作F)。

例6-1 判断下列句子哪些是命题。

(1) 广州是广东省的省会。

(2) 雪是黑色的。

(3) 2100年人类将在月亮上生活。

(4) 11+1=100。

(5) 如果天气炎热,小梅就去游泳。

(6) $x+y>5$。

(7) 我正在撒谎。

(8) 请把门关好。

(9) 这里可以坐吗?

(10) 这幅画真好看。

解 这10个句子中,(8)、(9)、(10)都不是陈述句,因而都不是命题。

(1)是真命题,(2)是假命题。

(3)的真值虽然现在还不能判断,到2100年就能判断了,因而是命题。

(4)在十进制中为假,在二进制中为真,当确定了进位制时其真值就确定了,因而是命题。

(5)是命题,真值视具体情况唯一确定(不是真就是假)。

(6)不是命题,因为它没有确定的真值。如果赋给 x、y 一组确定的值,这句话就成了命题。例如,当 $x=3,y=4$ 时,$3+4>5$ 是真命题;而当 $x=2,y=1$ 时,$2+1>5$ 是假命题。6.5节将对这类问题进行详细的讨论。

(7)是陈述句,但无法给出真值。因为,如果"我正在撒谎"的真值为真,则"我正在撒谎"这句话可信,其真值应该为假;如果"我正在撒谎"的真值为假,则"我正在撒谎"这句话不可信,其真值应该为真;所以,这句话说它为真不对,说它为假也不对。这种自相矛盾的陈述句称为**悖论**。

从例6-1的解答可以看出:

命题一定是陈述句,但并非所有陈述句都是命题。如例6-1中的(6)、(7)。

命题必须有唯一确定的真值,但其真值可能受范围、时间、空间、环境、判断的标准及认识程度的限制,一时无法确定,所以,能分辨真、假的陈述句均为命题。如例6-1中的(3)、(4)、(5)。

有的命题不能再分解为更简单的陈述句,这样的命题称为**原子命题**或**简单命题**。有的命题是由原子命题和联结词"非……"、"不(是)……"、"……和……"、"不但……而且……"、"(或者)……或者……"、"如果……就(那么)……"、"……当且仅当……"等组成,这样的命题称为**复合命题**。

例6-1中,(1)~(4)是原子命题,(5)是复合命题。有些复合命题不显含联结词,但要准确理解各原子命题间的逻辑关系。例如:"如果天气炎热,小梅就去游泳"的准确含义是"如果天气炎热,那么小梅就去游泳"。

具有确定真值的原子命题称为**命题常元**或**命题常项**。本书用小写英文字母 p,q,r, $p_1,q_i,\cdots$ 表示原子命题。例如,p:广州是广东省的省会。

命题常元或命题常项相当于普通函数 $y=ax^2+bx+c$ 中的常量 a、b、c。

真值可以变化的陈述句称为**命题变元**或**命题变项**,也用小写英文字母 p,q,r,p_1, $q_i,\cdots$ 表示。例6-1中的(6)就是命题变元,它的真值随 x 和 y 取不同值而变化,当给定 x 和 y 的值后,它的真值就确定了,从而变成一个原子命题。

命题变元或命题变项相当于普通函数 $y=ax^2+bx+c$ 中的变量 x。

用来表示命题的符号称为**命题标识符**,p、q、r、p_1、q_i 都是命题标识符。

6.1.2　逻辑联结词

在传统数学中，严格规定了各种运算符号，例如，＋表示加，×表示乘。有了运算符号，就能够准确地表达代数式，且方便书写和演算。同样地，在数理逻辑中，必须对联结词给出精确的定义，并且将其符号化。这样做，也方便了书写和推演。下面介绍5 种常用的逻辑联结词。

1．否定$\neg$

定义 6-1　设 p 为任一命题，复合命题“非 p”（或“p 的否定”）称为 p 的**否定式**，记作$\neg p$。$\neg$为**否定联结词**。$\neg p$ 为真，当且仅当 p 为假。

$\neg p$ 的真值表如表 6-1 所示。

一般地，日常语言中的“不”、“无”、“没有”、“非”等词均可符号化为$\neg$。

例 6-2　将下列命题符号化。

（1）今天没有下雨。

（2）小梅不会游泳。

解　（1）设 p：今天下雨，则该命题符号化为$\neg p$。

（2）设 q：小梅会游泳，则该命题符号化为$\neg q$。

2．合取$\wedge$

定义 6-2　设 p,q 为任意两个命题，复合命题“p 并且 q”（或“p 与 q”）称为 p 与 q 的**合取式**，记作：$p\wedge q$。$\wedge$是**合取联结词**。$p\wedge q$ 为真，当且仅当 p 与 q 同时为真。

$p\wedge q$ 的真值表如表 6-2 所示。

一般地，日常语言中的“……和……”、“……与……”、“……并且……”、“既……又……”、“不但……而且……”等词均可符号化为“$\wedge$”。

例 6-3　将下列命题符号化。

（1）小刚和小明都是男孩子。

（2）张华既会唱歌又会跳舞。

解　（1）设 p：小刚是男孩子，q：小明是男孩子；则该命题符号化为 $p\wedge q$。

（2）设 r：张华会唱歌，s：张华会跳舞；则该命题符号化为 $r\wedge s$。

【说明】　不能一见到“和”、“与”就用$\wedge$，需要从具体语句的实际含义去判断。例如，“韩平和张雷是好朋友”是原子命题，不是复合命题。

3．析取$\vee$

定义 6-3　设 p,q 为任意两个命题，复合命题“p 或 q”称为 p 与 q 的**析取式**，记作 $p\vee q$。$\vee$称为**析取联结词**。$p\vee q$ 为假，当且仅当 p 与 q 同为假。

$p\vee q$ 的真值表如表 6-3 所示。

表　6-1

p	$\neg p$
0	1
1	0

表　6-2

p	q	$p\wedge q$
0	0	0
0	1	0
1	0	0
1	1	1

表　6-3

p	q	$p\vee q$
0	0	0
0	1	1
1	0	1
1	1	1

一般地,日常语言中的"(或者)……或者……"、"可能……可能……"等词均可符号化为∨。

【说明】 由定义6-3知,∨允许 p 与 q 同时为真,这叫做**相容性或**。在自然语言中,"或"一般具有排斥性。例如:"老李今天去上海或北京出差"的实际意义是"老李到上海或北京中的一个地方出差(不是两个地方都去)"。这种或叫做**排斥或**。排斥或不能简单地用 $p \vee q$ 表示。参看例6-4。

例6-4 将下列命题符号化。

(1) 老李去过上海或北京。

(2) 老李今天去上海或北京出差。

解 (1) 设 p: 老李去过上海,q: 老李去过北京;则该命题符号化为 $p \vee q$。

(2) 设 r: 老李今天去上海出差,s: 老李今天去北京出差;则该命题符号化为 $(r \wedge \neg s) \vee (\neg r \wedge s)$,也可以符号化为 $(r \vee s) \wedge \neg(r \wedge s)$。

4. 蕴涵→

定义6-4 设 p、q 为任意两个命题,复合命题"若 p,则 q"称为 p 与 q 的**蕴涵式**,记作 $p \rightarrow q$。p 称为蕴涵式的**前件**,q 称为蕴涵式的**后件**,→称为**蕴涵联结词**。$p \rightarrow q$ 为假,当且仅当 p 为真且 q 为假。

$p \rightarrow q$ 的真值表如表6-4所示。在解答实际问题时,一定要根据定义认真判别。

例6-5 将下列命题符号化。

(1) 如果天气炎热,那么小梅就去游泳。

(2) 只有天气炎热,小梅才去游泳。

(3) 仅当天气炎热,小梅才去游泳。

(4) 除非天气炎热,否则小梅不去游泳。

解 设 p: 天气炎热,q: 小梅去游泳;则

(1) 符号化为 $p \rightarrow q$;

(2)、(3)、(4)均符号化为 $q \rightarrow p$。

表 6-4

p	q	$p \rightarrow q$
0	0	1
0	1	1
1	0	0
1	1	1

【说明】 (1) $p \rightarrow q$ 的逻辑关系是:p 是 q 的充分条件,q 是 p 的必要条件。在日常语言中,q 是 p 的必要条件有多种不同的叙述方式,如"如果 p 就 q"、"只要 p 就 q"、"p 仅当 q(仅当 q,才 p)"、"只有 q 才 p"、"除非 q,否则不 p"、"非 p,除非 q"等均可符号化为 $p \rightarrow q$。

(2) 由定义6-4可知,当前件 p 为假时,无论后件 q 是真是假,$p \rightarrow q$ 的真值均为1。而传统数学中"如果 p,则 q"往往表示前件 p 为真,后件 q 为真。两者含义不同。

(3) 在日常语言中,"如果 p 就 q"往往表现前件 p 和后件 q 之间有一定的内在联系。而 $p \rightarrow q$ 表示的逻辑中这两者可以没有内在联系,参看例6-6。实际上,联结词∧、∨、↔也是如此。

例6-6 将下列命题符号化。

(1) 如果天下雨,则地上湿。

(2) 如果石头会说话,那么月亮上就会出现海洋。

解 (1) 设 p：天下雨，q：地上湿；则该命题符号化为 $p \to q$。

(2) 设 r：石头会说话，s：月亮上出现海洋；则该命题符号化为 $r \to s$。

5. 等价↔

定义 6-5 设 p、q 为任意两个命题，复合命题"p 当且仅当 q"称为 p 与 q 的**等价式**，记作 $p \leftrightarrow q$。↔称为**等价联结词**。$p \leftrightarrow q$ 为真，当且仅当 p 与 q 真值相同。

$p \leftrightarrow q$ 的真值表如表 6-5 所示。

表 6-5

p	q	$p \leftrightarrow q$
0	0	1
0	1	0
1	0	0
1	1	1

【说明】 $p \leftrightarrow q$ 的逻辑关系是：p 与 q 互为充分必要条件。在日常语言和数学语言中，p 与 q 互为充分必要条件的叙述方式，如："……当且仅当……"、"当且仅当……(才)……"均可符号化为↔。

例 6-7 将下列命题符号化。

(1) 两个圆的面积相等当且仅当它们的半径相等。

(2) 当且仅当天气炎热，小梅才去游泳。

解 (1) 设 p：两个圆的半径相等，q：两个圆的面积相等；则该命题符号化为 $p \leftrightarrow q$。

(2) 设 r：天气炎热，s：小梅去游泳；则该命题符号化为：$r \leftrightarrow s$。

例 6-8 将下列命题符号化。

(1) 小强既聪明又用功。

(2) 小强不是不聪明，而是不用功。

(3) 小强虽然不聪明，但很用功。

(4) 小强既不聪明，也不用功。

解 设 p：小强聪明，q：小强用功；则

(1) $p \wedge q$。

(2) $p \wedge \neg q$。

(3) $\neg p \wedge q$。

(4) $\neg p \wedge \neg q$。

例 6-9 将下列命题符号化。

(1) 8 能被 2 整除，但不能被 6 整除。

(2) 林强学过英语或法语。

(3) 方梅出生于 1956 年或 1957 年。

(4) 小芳只能拿一个苹果或一个梨。

解 (1) 设 p：8 能被 2 整除，q：8 能被 6 整除；则该命题符号化为 $p \wedge \neg q$。

(2) 设 p：林强学过英语，q：林强学过法语。由于林强既可能学过其中一种语言，也可能这两种语言都学过，还可能这两种语言都没有学过，所以这是相容性或。该命题符号化为 $p \vee q$。

(3) 设 p：方梅出生于 1956 年，q：方梅出生于 1957 年。由于方梅可能出生于 1956 年，也可能出生于 1957 年，还可能出生于其他年份，但不可能既出生于 1956 年又出生于 1957 年。所以这是排斥或。但是，由于 p 和 q 不能同时为真，所以该命题符号化为 $p \vee q$。

(4) 设 s：小芳拿一个苹果，t：小芳拿一个梨。这也是排斥或。但它与(3)的排斥或不一样，这里的 s 和 t 可以同时为真，所以该命题符号化为$(s\wedge\neg t)\vee(\neg s\wedge t)$。

实际上，(3)也可以符号化为$(p\wedge\neg q)\vee(\neg p\wedge q)$，但(2)却不能符号化为$(p\wedge\neg q)\vee(\neg p\wedge q)$。希望读者认真想明白其中的原因。

6.2 命题公式及其分类

5 种逻辑联结词也称为**逻辑运算符**。其中，$\neg$是一元运算符，$\wedge$，$\vee$，$\rightarrow$，$\leftrightarrow$是二元运算符。

本书规定 5 种逻辑运算符的优先级顺序为$\neg$，$\wedge$，$\vee$，$\rightarrow$，$\leftrightarrow$。如果有括号，括号最优先。如果在同一括号层并列两个以上相同的联结词，则按从左到右的顺序运算。由多个原子命题和 5 种逻辑联结词可以组成逻辑关系复杂的复合命题。

在命题逻辑中，只需要考虑命题的真与假，不需要考虑命题的具体含义。例如，当 p 是一个真命题时，$\neg p$ 就是一个假命题。至于 p 表示的命题是"月亮是圆的"，还是"4 是奇数"无关紧要。这时，p 是一个原子命题的抽象，与代数式中用 a 表示一个没有具体指定值的抽象的常数类似。

由命题常项、命题变项、联结词、括号等按一定的逻辑关系联结起来的符号串称为**命题公式**(简称**公式**)。定义 6-6 将给出命题公式的严格定义。

定义 6-6 命题公式的递归定义如下：

(1) 单个命题常项或命题变项是命题公式；

(2) 如果 A 是一个命题公式，则$\neg A$ 也是命题公式；

(3) 如果 A,B 是命题公式，则 $A\wedge B$，$A\vee B$，$A\rightarrow B$，$A\leftrightarrow B$ 也是命题公式；

(4) 有限次地应用(1)～(3)组成的符号串是命题公式。

根据定义 6-6，$\neg(p\wedge q)$，$p\rightarrow(q\rightarrow\neg r)$，$(p\wedge q)\rightarrow r$ 都是公式，而$(\wedge p)$，$\neg p\wedge q)$，$pq\rightarrow r$ 都不是公式。因为$(\wedge p)$中联结词$\wedge$左边缺少一个命题，$\neg p\wedge q)$中括号不配对，$pq\rightarrow r$ 的 pq 中间缺少联结词。

定义 6-7 设 A 是一个命题公式，$p_1,p_2,\cdots,p_n$ 为出现在 A 中的所有命题变项。给 $p_1,p_2,\cdots,p_n$ 指定一组真值，称为对 A 的一个**赋值**或**解释**。若指定的一组值使 A 的值为真，则称这组值为 A 的**成真赋值**；若使 A 的值为假，则称这组值为 A 的**成假赋值**。

含 $n(n\geqslant 1)$个命题变项的命题公式，共有 2^n 组不同赋值。将 A 在所有赋值之下取值的情况列成表，该表称为 A 的**真值表**。

例 6-10 构造下列命题公式的真值表。

(1) $(p\wedge(p\rightarrow q))\rightarrow q$

(2) $\neg(p\rightarrow q)\wedge q$

(3) $(p\rightarrow q)\wedge\neg r$

解 (1)、(2)、(3)的真值表分别见表 6-6、表 6-7 和表 6-8。由表 6-6 可知：(1)全是成真赋值；由表 6-7 可知，(2)全是成假赋值；由表 6-8 可知，(3)既有成真赋值，又有成假赋值。

表 6-6

p	q	$p\rightarrow q$	$p\wedge(p\rightarrow q)$	$(p\wedge(p\rightarrow q))\rightarrow q$
0	0	1	0	1
0	1	1	0	1
1	0	0	0	1
1	1	1	1	1

表 6-7

p	q	$p\rightarrow q$	$\neg(p\rightarrow q)$	$\neg(p\rightarrow q)\wedge q$
0	0	1	0	0
0	1	1	0	0
1	0	0	1	0
1	1	1	0	0

表 6-8

p	q	r	$p\rightarrow q$	$\neg r$	$(p\rightarrow q)\wedge\neg r$
0	0	0	1	1	1
0	0	1	1	0	0
0	1	0	1	1	1
0	1	1	1	0	0
1	0	0	0	1	0
1	0	1	0	0	0
1	1	0	1	1	1
1	1	1	1	0	0

例 6-10 的 3 个小题代表了 3 种不同类型的命题公式。命题公式分类的严格定义如下。

定义 6-8 设 A 是一个命题公式。

(1) 若 A 在它的各种赋值下取值均为真，则称 A 为**重言式**或**永真式**；

(2) 若 A 在它的各种赋值下取值均为假，则称 A 为**矛盾式**或**永假式**；

(3) 若 A 至少存在一种赋值是成真赋值，则称 A 为**可满足式**。

由定义 6-8 可知：

(1) 重言式一定是可满足式，但可满足式不一定是重言式；

(2) 矛盾式一定不是可满足式，可满足式也一定不是矛盾式。

通过例 6-10 可以看出，当命题变项较少($n\leqslant 3$)时，利用真值表判断公式类型比较方便。根据定义 6-8 知，例 6-10 中的(1)是重言式，(2)是矛盾式，(3)是可满足式。

6.3 等值演算

例 6-11 构造公式$\neg p\vee q$,$p\rightarrow q$,$\neg q\rightarrow\neg p$的真值表。

解 公式$\neg p\vee q$,$p\rightarrow q$,$\neg q\rightarrow\neg p$的真值表如表 6-9 所示。

表 6-9

p q	$\neg p\vee q$	$p\rightarrow q$	$\neg q\rightarrow\neg p$
0 0	1	1	1
0 1	1	1	1
1 0	0	0	0
1 1	1	1	1

表 6-9 表明,本例的 3 个公式虽然形式上不同,但它们的真值表完全相同。这不是偶然的。事实上,$n(n\geqslant 2)$个命题变项可以生成无穷多个命题公式,而n个命题变项的不同赋值是有限的(共有2^n组),这有限个不同赋值只能生成有限个(共有2^{2^n}个)真值不完全相同的真值表。所以,必然有一些公式在命题变项的所有赋值下真值是一样的,这些公式被称为是等值的。下面是公式等值的严格定义。

定义 6-9 设A,B是两个命题公式,若等价式$A\leftrightarrow B$是重言式,则称A与B是**等值的**,记作$A\Leftrightarrow B$。

【说明】 (1) $\Leftrightarrow$与$\leftrightarrow$是两个不同的符号。$\leftrightarrow$是联结词,$A\leftrightarrow B$是一个公式。$\Leftrightarrow$不是联结词,而是两个公式之间的关系符。$A\Leftrightarrow B$不是一个公式,它表示A与B是两个真值表完全相同的公式。

(2) $\Leftrightarrow$具有如下性质。

① 自反性:$A\Leftrightarrow A$。

② 对称性:若$A\Leftrightarrow B$,则$B\Leftrightarrow A$。

③ 传递性:若$A\Leftrightarrow B$,$B\Leftrightarrow C$,则$A\Leftrightarrow C$。

根据定义 6-9,当且仅当A,B的真值表相同时,A与B等值。所以,判断两命题是否等值可用真值表法。

例 6-12 用真值表判断下列两命题公式是否等值。

(1) $\neg(p\wedge q)$与$\neg p\vee\neg q$。

(2) $\neg(p\wedge q)$与$\neg p\wedge\neg q$。

解 由表 6-10 知,$\neg(p\wedge q)$与$\neg p\vee\neg q$是等值的,$\neg(p\wedge q)$与$\neg p\wedge\neg q$不等值。

表 6-10

p q	$\neg p$	$\neg q$	$p\wedge q$	$\neg(p\wedge q)$	$\neg p\vee\neg q$	$\neg p\wedge\neg q$
0 0	1	1	0	1	1	1
0 1	1	0	0	1	1	0
1 0	0	1	0	1	1	0
1 1	0	0	1	0	0	0

例 6-12 表明，用真值表可以判断命题公式是否等值或验证等值式。但是，当命题变项较多时，这种方法不太方便，需要寻求其他方法。

在许许多多的等值式中，有一些是基本的，它们在等值演算中起重要作用。下面是这些基本等值式。

(1) 双重否定律　$A \Leftrightarrow \neg\neg A$

(2) 幂等律　$A \Leftrightarrow A \vee A$　　$A \Leftrightarrow A \wedge A$

(3) 交换律　$A \vee B \Leftrightarrow B \vee A$　　$A \wedge B \Leftrightarrow B \wedge A$

(4) 结合律　$(A \vee B) \vee C \Leftrightarrow A \vee (B \vee C)$　　$(A \wedge B) \wedge C \Leftrightarrow A \wedge (B \wedge C)$

(5) 分配律　$A \vee (B \wedge C) \Leftrightarrow (A \vee B) \wedge (A \vee C)$

$A \wedge (B \vee C) \Leftrightarrow (A \wedge B) \vee (A \wedge C)$

(6) 德·摩根律　$\neg(A \vee B) \Leftrightarrow \neg A \wedge \neg B$　　$\neg(A \wedge B) \Leftrightarrow \neg A \vee \neg B$

(7) 吸收律　$A \vee (A \wedge B) \Leftrightarrow A$　　$A \wedge (A \vee B) \Leftrightarrow A$

(8) 零律　$A \vee 1 \Leftrightarrow 1$　　$A \wedge 0 \Leftrightarrow 0$

(9) 同一律　$A \vee 0 \Leftrightarrow A$　　$A \wedge 1 \Leftrightarrow A$

(10) 排中律　$A \vee \neg A \Leftrightarrow 1$

(11) 矛盾律　$A \wedge \neg A \Leftrightarrow 0$

(12) 蕴涵等值式　$A \rightarrow B \Leftrightarrow \neg A \vee B$

(13) 等价等值式　$A \leftrightarrow B \Leftrightarrow (A \rightarrow B) \wedge (B \rightarrow A)$

(14) 假言易位　$A \rightarrow B \Leftrightarrow \neg B \rightarrow \neg A$

(15) 等价否定等值式　$A \leftrightarrow B \Leftrightarrow \neg A \leftrightarrow \neg B$

(16) 归谬论　$(A \rightarrow B) \wedge (A \rightarrow \neg B) \Leftrightarrow \neg A$

这些基本等值式都可以用真值表验证。其中，$A \vee (B \wedge C) \Leftrightarrow (A \vee B) \wedge (A \vee C)$ 左右两边公式的真值表如表 6-11 所示。比较表 6-11 的第 5、6 两列可知，这个基本等值式得到了验证。读者可以用真值表验证其他的基本等值式。

表　6-11

A	B	C	$B \wedge C$	$A \vee B$	$A \vee C$	$A \vee (B \wedge C)$	$(A \vee B) \wedge (A \vee C)$
0	0	0	0	0	0	0	0
0	0	1	0	0	1	0	0
0	1	0	0	1	0	0	0
0	1	1	1	1	1	1	1
1	0	0	0	1	1	1	1
1	0	1	0	1	1	1	1
1	1	0	0	1	1	1	1
1	1	1	1	1	1	1	1

有了这些基本等值式，就可以推演出更多的等值式，这个推演过程称为**等值演算**。在等值演算中，允许按下述**置换规则**进行等值置换。

如果 $\Phi(A)$ 是含公式 A 的命题公式，且 $B \Leftrightarrow A$，则可以用公式 B 置换 $\Phi(A)$ 中的 A，从而将 $\Phi(A)$ 置换成 $\Phi(B)$。

例如,对于 $p\to q\Leftrightarrow\neg p\lor q$(蕴涵等值式),根据置换规则,需要时可以将 $p\to q$ 和 $\neg p\lor q$ 相互进行置换,从而有 $(p\to q)\land r\Leftrightarrow(\neg p\lor q)\land r$。

和第 5 章集合的性质类似,上述仅含 $\neg$,$\land$,$\lor$ 的那些基本等值式也是成对出现的。这些成对出现的基本等值式有如下特点:只要将一个基本等值式中的 $\land$ 换成 $\lor$,同时将 $\lor$ 换成 $\land$,并且将可能有的 1 换成 0,将 0 换成 1,就得到另一个基本等值式。这样成对出现的基本等值式就互称为**对偶式**。例如,$\neg(A\lor B)\Leftrightarrow\neg A\land\neg B$ 和 $\neg(A\land B)\Leftrightarrow\neg A\lor\neg B$ 是对偶式,$A\lor\neg A\Leftrightarrow 1$ 和 $A\land\neg A\Leftrightarrow 0$ 也是对偶式。

例 6-13 用等值演算验证等值式 $p\to(q\to r)\Leftrightarrow(p\land q)\to r$。

证明 $p\to(q\to r)\Leftrightarrow p\to(\neg q\lor r)$ (蕴涵等值式)

$\Leftrightarrow\neg p\lor(\neg q\lor r)$ (蕴涵等值式)

$\Leftrightarrow(\neg p\lor\neg q)\lor r$ (结合律)

$\Leftrightarrow\neg(p\land q)\lor r$ (德·摩根律)

$\Leftrightarrow(p\land q)\to r$ (蕴涵等值式)

证毕。

利用等值演算还可以化简形式较复杂的命题公式,并进一步判别公式的类型。

例 6-14 判别下列各公式的类型。

(1) $((p\lor q)\land\neg q)\to p$

(2) $(p\lor\neg p)\to((q\land\neg q)\land r)$

(3) $(\neg p\land(\neg q\land r))\lor(q\land r)\lor(p\land r)$

解 (1) $((p\lor q)\land\neg q)\to p$

$\Leftrightarrow((p\land\neg q)\lor(q\land\neg q))\to p$ (分配律)

$\Leftrightarrow((p\land\neg q)\lor 0)\to p$ (矛盾律)

$\Leftrightarrow(p\land\neg q)\to p$ (同一律)

$\Leftrightarrow\neg(p\land\neg q)\lor p$ (蕴涵等值式)

$\Leftrightarrow(\neg p\lor q)\lor p$ (德·摩根律、双重否定律)

$\Leftrightarrow(\neg p\lor p)\lor q$ (交换律、结合律)

$\Leftrightarrow 1\lor q$ (排中律)

$\Leftrightarrow 1$ (零律)

由此可知,$((p\lor q)\land\neg q)\to p$ 为重言式。

(2) $(p\lor\neg p)\to((q\land\neg q)\land r)$

$\Leftrightarrow 1\to(0\land r)$ (排中律、矛盾律)

$\Leftrightarrow 1\to 0$ (零律)

$\Leftrightarrow 0$ (等值置换)

这说明,$(p\lor\neg p)\to((q\land\neg q)\land r)$为矛盾式。

(3) $(\neg p\land(\neg q\land r))\lor(q\land r)\lor(p\land r)$

$\Leftrightarrow(\neg p\land(\neg q\land r))\lor((q\land r)\lor(p\land r))$ (结合律)

$\Leftrightarrow((\neg p\land\neg q)\land r)\lor((q\lor p)\land r)$ (结合律、分配律)

$\Leftrightarrow((\neg p\land\neg q)\land r)\lor((p\lor q)\land r)$ (交换律)

$\Leftrightarrow((\neg p\wedge\neg q)\vee(p\vee q))\wedge r$　　（分配律）

$\Leftrightarrow(\neg(p\vee q)\vee(p\vee q))\wedge r$　　（德·摩根律）

$\Leftrightarrow 1\wedge r$　　（排中律）

$\Leftrightarrow r$　　（同一律）

因此，$(\neg p\wedge(\neg q\wedge r))\vee(q\wedge r)\vee(p\wedge r)$为可满足式。

通过本例的解答可知，等值演算的功能比真值表强。正因为等值演算能揭示各种命题公式间的等值关系，因而等值演算在计算机硬件设计、开关理论及电子元器件设计中都占有重要的地位。

6.4　命题逻辑推理

推理是从前提推出结论的思维过程。**前提**是指在当前情况下已知的若干命题公式，**结论**是从前提出发应用推理规则推出的一个命题公式。一个典型的推理实例是：如果章蕾努力学习，那么她就能考上研究生；章蕾确实在努力学习，所以她一定能考上研究生。按常识，这个推理是正确的。

实际的推理有许许多多，可能还比较复杂。那么，推理是否正确如何严格判断？正确的推理过程应该怎样进行？这就是本节要研究的问题。

定义 6-10　若$(A_1\wedge A_2\wedge\cdots\wedge A_n)\rightarrow B$为重言式，则称由$A_1,A_2,\cdots,A_n$推出结论$B$的**推理正确**，$B$是$A_1,A_2,\cdots,A_n$的**逻辑结论**或**有效结论**，记作$(A_1\wedge A_2\wedge\cdots\wedge A_n)\Rightarrow B$。称$(A_1\wedge A_2\wedge\cdots\wedge A_n)\rightarrow B$为由前提$A_1,A_2,\cdots,A_n$推出结论$B$的推理的**形式结构**。

【说明】　(1) $\Rightarrow$与$\rightarrow$是两个性质不同的符号。$\rightarrow$是联结词，$A\rightarrow B$是一个公式。$\Rightarrow$不是联结词，$(A_1\wedge A_2\wedge\cdots\wedge A_n)\Rightarrow B$表示由$A_1,A_2,\cdots,A_n$推结论$B$的推理正确。

(2) $\Rightarrow$具有如下性质。

① 自反性：$A\Rightarrow A$。

② 反对称性：若$A\Rightarrow B$，且$B\Rightarrow A$，则$A\Leftrightarrow B$。

③ 传递性：若$A\Rightarrow B$，$B\Rightarrow C$，则$A\Rightarrow C$。

由定义 6-10 可以看出，推理与传统数学中的定理证明不同。在传统数学中，定理的证明实质上是由全是真命题的前提(已知条件)推出也是真命题的结论，目的是证明结论的正确(这样的结论可以称为**合法结论**)。数理逻辑中的推理着重研究的是推理的过程。在过程中使用的推理规则必须是公认的，而作为前提和结论的命题不一定都是真命题。

根据定义 6-10，判断推理是否正确的方法就是判断蕴涵式是否重言式的方法。前面介绍过的真值表法和等值演算法都可以用来判断推理是否正确。如果推理过程涉及的命题变项较少，用这两种方法还算简便；如果命题变项多就很麻烦了。下面介绍**构造证明法**。这种方法必须按给定的规则进行。这些规则就是下面介绍的推理定律和推理规则。

本书给出的**推理定律**是指以下 7 个**重言蕴涵式**。

(1) $A\Rightarrow(A\vee B)$　　（附加）

(2) $(A\wedge B)\Rightarrow A$　　（化简）

(3) $((A\rightarrow B)\wedge A)\Rightarrow B$　　（假言推理）

(4) $((A \to B) \wedge \neg B) \Rightarrow \neg A$ (拒取式)

(5) $((A \vee B) \wedge \neg A) \Rightarrow B$ (析取三段论)

(6) $((A \to B) \wedge (B \to C)) \Rightarrow (A \to C)$ (假言三段论)

(7) $((A \leftrightarrow B) \wedge (B \leftrightarrow C)) \Rightarrow (A \leftrightarrow C)$ (等价三段论)

推理规则包括以下3项。

(1) **前提引入规则**:在证明的任何步骤上,都可以引入前提。

(2) **结论引入规则**:在证明的任何步骤上,已经得到证明的结论都可作为后续证明的前提。

(3) **置换规则**:在证明的任何步骤上,公式中的任何子公式都可以用与之等值的公式置换。

将重言蕴涵式两边公式的真值表列出,如果左边公式的真值不大于右边公式的真值,这就验证了重言蕴涵式。其中,拒取式$((A \to B) \wedge \neg B) \Rightarrow \neg A$左右两边公式的真值表如表6-12所示。比较表6-12的第3,4两列可知,这个重言蕴涵式得到了验证。

表 6-12

A B	$A \to B$	$(A \to B) \wedge \neg B$	$\neg A$
0 0	1	1	1
0 1	1	0	1
1 0	0	0	0
1 1	1	0	0

构造证明可以看成这样的公式序列:其中的每一个公式都是按照上述推理定律和推理规则得到的,并且要将所用的规则写在对应的公式后面。该序列的最后一个公式就是所要证明的结论。

例 6-15 写出下列推理的形式结构:如果天气炎热,小梅就去游泳。天气真的很热,小梅去游泳了。

解 设p:天气炎热;q:小梅去游泳。

前提:$p \to q, p$

结论:q

推理的形式结构为:$((p \to q) \wedge p) \to q$

例 6-16 构造下列推理的证明。

前提:$\neg(p \wedge \neg q), \neg q \vee r, \neg r$

结论:$\neg p$

证明

(1) $\neg q \vee r$ 前提引入

(2) $\neg r$ 前提引入

(3) $\neg q$ (1)、(2)析取三段论

(4) $\neg(p \wedge \neg q)$ 前提引入

(5) $\neg p \vee q$ 置换

(6) $p \to q$ 置换

(7) $\neg p$ (3)、(6)拒取式

构造证明法还可以用于实际的推理。例 6-17 是一个典型的例子。

例 6-17 公安人员审理一件盗窃案。已知：

(1) 甲或乙盗窃了计算机；

(2) 若甲盗窃计算机，则作案时间不可能发生在午夜前；

(3) 若乙证词正确，则在午夜时屋里灯光未灭；

(4) 若乙证词不正确，则作案时间发生在午夜前；

(5) 午夜时屋里灯光灭了。

问：谁是盗窃犯？

解 设 p：甲盗窃了计算机，q：乙盗窃了计算机，r：作案时间发生在午夜前，s：乙证词正确，t：午夜时屋里灯光灭了。

前提：$p \vee q, p \to \neg r, s \to \neg t, \neg s \to r, t$

推理过程如下：

(1) t 前提引入

(2) $s \to \neg t$ 前提引入

(3) $\neg s$ (1)、(2)拒取式

(4) $\neg s \to r$ 前提引入

(5) r (3)、(4)假言推理

(6) $p \to \neg r$ 前提引入

(7) $\neg p$ (5)、(6)拒取式

(8) $p \vee q$ 前提引入

(9) q (7)、(8)析取三段论

得出结论：乙是盗窃犯。

6.5 谓词与量词

在命题逻辑中，原子命题是逻辑关系和推理的基本单位，不再进行分解。这样，有些推理用命题逻辑就无法解决。例如，下面是著名的苏格拉底三段论。

所有的人都要死。

苏格拉底是人。

所以苏格拉底要死。

根据常识，这个推理是正确的。但是，在命题逻辑中，如果用 p, q, r 分别表示上述 3 个命题，则上述推理应该表示为

$$(p \wedge q) \Rightarrow r$$

然而，$(p \wedge q) \to r$ 不是重言式。这说明，用命题逻辑不能证明这个推理的正确性。原因是，这 3 个命题有内在联系。命题逻辑不能解决这种有内在联系的逻辑推理。

因此，为了解决这一类涉及命题的内部结构和命题间有内在联系的逻辑推理问题，需

要对原子命题作进一步的分析,分析出其中的个体词、谓词、量词等,研究它们的形式结构和逻辑关系、正确的推理形式和规则。这些就是**谓词逻辑**(又称**一阶逻辑**)的基本内容。

6.5.1 个体和谓词

在谓词逻辑中,将原子命题分解成个体和谓词两部分。**个体**是指命题所讨论的对象(即可以独立存在的客体),它可以是具体的事物,也可以是抽象的概念。例如,"李明"、"计算机"、"2"、"品质"、"逻辑"等都可以作为个体。**谓词**是用来描述单个个体的性质或多个个体间的关系的词(或短语)。个体和谓词一起构成了原子命题中的主谓结构。例如:

(1) 阿芳是大学生。

(2) 去年元旦是晴天。

(3) 老李是小李的爸爸。

(4) 2 整除 6。

在上述 4 个命题中,"阿芳"、"去年元旦"、"老李"、"小李"、"2"、"6"是个体,"……是大学生"、"……是晴天"、"……是……的爸爸"、"……整除……"是谓词。

【说明】 不要简单地把所有单个名词都当做个体。具体到上述 4 个命题,其中的"大学生"、"去年"、"元旦"、"爸爸"都不是个体。

表示具体的或特定的个体称为**个体常项**,常用小写英文字母 $a,b,c,a_1,b_i,\cdots$ 表示。表示抽象的或泛指的个体称为**个体变项**,一般用小写英文字母 $x,y,z,x_1,y_i,\cdots$ 表示。个体变项的取值范围称为**个体域**,个体域可以是有限集,也可以是无限集。当没有具体说明时,个体域由宇宙中的一切事物组成。这样的个体域称为**全总个体域**。

表示具体性质或关系的谓词称为**谓词常项**。表示抽象的、泛指的性质或关系的谓词称为**谓词变项**,谓词常项和谓词变项都用大写英文字母 $F,G,H,F_1,G_i,\cdots$ 表示。

在谓词逻辑中,可以用 $F(x)$ 表示个体变项 x 具有性质 F,用 $G(x,y)$ 表示个体变项 x 和 y 具有关系 G。这里,F 和 G 都是谓词变项。如果指定 $F(x)$ 表示"x 是大学生"、$G(x,y)$ 表示"x 整除 y",则 F 和 G 又都成了谓词常项。如果再指定 a 表示"阿芳"、b 表示"2"、c 表示"6",则 $F(a)$ 表示"阿芳是大学生",$G(b,c)$ 表示"2 整除 6"。

谓词变项和谓词常项统称为**谓词**。由个体变项和谓词组成的符号串称为**命题函数**。例如,$F(x)$ 和 $G(x,y)$ 都是命题函数。

含有 $n(n\geqslant 1)$ 个个体变项的命题函数中的谓词称为 **n 元谓词**。$F(x)$ 中的 F 是**一元谓词**,而 $G(x,y)$ 中的 G 是**二元谓词**。

命题函数不是命题,只有对命题函数中的谓词变项赋予明确含义(改变为谓词常项),同时将其中的个体变项代以具体的个体(指定为个体常项),才能构成命题。例如,$G(x,y)$ 不是命题,"$G(x,y)$: x 整除 y"也不是命题,若取 b: 2,c: 6,则 $G(b,b)$,$G(b,c)$ 及 $G(c,b)$ 均是命题,前两个是真命题,第三个是假命题。

有时,将不含个体变项的谓词称为 **0 元谓词**,一旦其中的谓词变项明确了含义,0 元谓词即成命题。例如,按前面指定的含义,$F(a)$ 和 $G(b,c)$ 都是 0 元谓词。

因此,命题逻辑中的部分原子命题可以用 0 元谓词表示。因而可将命题看成谓词的特殊情形。命题逻辑中的联结词在谓词逻辑中都可以使用,命题逻辑中的等值式在谓词逻辑中同样成立。

例 6-18　将下列命题用 0 元谓词符号化。

(1) 阿芳是计算机系的学生。

(2) 老李是小李的爸爸。

解　(1) 令 $F(x)$：x 是学生，$G(x)$：x 是计算机系的，a：阿芳。则原句符号化为

$$F(a) \wedge G(a)$$

(2) 令 $G(x,y)$：x 是 y 的爸爸，a：老李，b：小李。则原句符号化为

$$G(a,b)$$

从本例看出，有了个体和谓词，能够将部分原子命题符号化为谓词逻辑中的命题。但是，诸如“所有的人都是要死的”这样的命题，仅用个体和谓词是不能将其符号化的。这是因为，这样的命题涉及个体变项取值范围。所以，在谓词逻辑中，还需要有表示数量的方式，这就是 6.5.2 小节介绍的量词。

6.5.2　量词

在谓词逻辑中，表示数量的词称为**量词**。量词又分为以下两种。

全称量词表示个体域中的全体。对应自然语言中的“一切”、“所有的”、“任意的”、“每一个”等词，所用符号是“$\forall$”。$\forall x$ 表示对个体域中的所有个体。$\forall xF(x)$表示对个体域中的所有个体都具有性质 F。

存在量词表示个体域中的部分个体(至少一个)。对应自然语言中的“存在着”、“有”、“有一些”、“至少有一个”等词。所用符号是“$\exists$”。$\exists x$ 表示存在个体域中的个体。$\exists xF(x)$ 表示个体域中存在部分个体具有性质 F。

【说明】　$\forall xF(x)$和$\exists xF(x)$与$F(x)$有着本质的区别。$F(x)$是不能确定真值的命题函数，而$\forall xF(x)$和$\exists xF(x)$都是可以确定真值的命题。通过下面的例题可以对它们之间的区别有更深刻的理解。

例 6-19　将下列命题符号化。

(1) 这 3 个小朋友都是女孩子。

(2) 这 3 个小朋友至少有一个是女孩子。

解　如果令 $F(x)$：x 是女孩子，a：第 1 个小朋友，b：第 2 个小朋友，c：第 3 个小朋友，这两个命题可以符号化为

(1) $F(a) \wedge F(b) \wedge F(c)$

(2) $F(a) \vee F(b) \vee F(c)$

如果指定该命题的个体域 $D=\{a,b,c\}$，这两个命题还可以符号化为

(1) $\forall xF(x)$

(2) $\exists xF(x)$

对于本题，当且仅当 $F(a)$、$F(b)$、$F(c)$的真值均为 1 时，$\forall xF(x)$的真值为 1；若 $F(a)$，$F(b)$，$F(c)$中至少有一个真值为 0 时，$\forall xF(x)$的真值为 0；当且仅当 $F(a)$，$F(b)$，$F(c)$的真值均为 0 时，$\exists xF(x)$的真值为 0；若 $F(a)$，$F(b)$，$F(c)$中至少有一个真值为 1 时，$\exists xF(x)$的真值为 1。

本题的结论可以推广到一般。当个体域为有限集时，如 $D=\{a_1,a_2,\cdots,a_n\}$，对于任意的谓词，都有

$$\forall xF(x) \Leftrightarrow F(a_1) \wedge F(a_2) \wedge \cdots \wedge F(a_n) \tag{6-1}$$

$$\exists xF(x) \Leftrightarrow F(a_1) \vee F(a_2) \vee \cdots \vee F(a_n) \tag{6-2}$$

如果个体域 D 是全总个体域,则例 6-19 的两个命题不能符号化为 $\forall xF(x)$ 和 $\exists xF(x)$。原因是,此时的 $\forall xF(x)$ 表示宇宙间一切事物都是女孩子,这与原命题不同;而 $\exists xF(x)$ 表示宇宙间一切事物中至少有一个女孩子,显然与原命题的意思不一样。

在谓词逻辑中,对含有量词的命题,除非特别声明,其个体域都是指全总个体域。因此,就需要在命题中描述个体变项的变化范围与全总个体域的关系。例如,在例 6-19 中需要引进一个新的谓词

$M(x)$: x 是这 3 个小朋友之一

描述个体变项变化范围的谓词称为**特性谓词**。

在全总个体域中,例 6-19 中的两个命题的实际含义如下。

(1) 考虑所有个体,如果她是这 3 个小朋友中的任何一个,则她是女孩子。

(2) 存在着这样的个体,她是这 3 个小朋友之一,并且是女孩子。

因此,在全总个体域中,例 6-19 中的两个命题分别符号化为

(1) $\forall x(M(x) \to F(x))$

(2) $\exists x(M(x) \wedge F(x))$

使用量词时,应注意以下 4 点。

(1) 在不同的个体域中,命题符号化的形式可能不一样。

(2) 如果没有指定个体域,则默认为是全总个体域。

(3) 引入特性谓词后,全称量词与存在量词符号化的形式不同,分别以式(6-3)、式(6-4)的形式表示。

(4) 如果有多个量词同时出现,一般不能改变它们的顺序。

对于第(4)点,下面的例子是很好的说明。

如果令 $H(x,y)$: $y=3x$,个体域为实数集,则

$$\forall x \exists yH(x,y)$$

的含义是:对任意的 x,都存在着 y,使 $y=3x$ 成立。这是真命题。而

$$\exists y \forall xH(x,y)$$

的含义是:存在着 y,对任意的 x,都使 $y=3x$ 成立。这个命题与前一个命题意义不同,且这是假命题。

例 6-20 在谓词逻辑中将下列命题符号化。

(1) 所有计算机都染上了病毒。

(2) 有的计算机没有染上病毒。

解 个体域为全总个体域。

如果令 $G(x)$: x 是计算机,$H(x)$: x 染上了病毒。则这两个命题分别符号化为

(1) $\forall x(G(x) \to H(x))$

(2) $\exists x(G(x) \wedge \neg H(x))$

涉及个体变项取值范围的命题,其否定形式应该是怎样的呢?先看下面的命题:所有的计算机都染上了病毒。

或许有人认为这个命题的否定是：所有的计算机都没有染上病毒。其实，这是一个误解。实际上，如果至少有一台计算机没有染上病毒，则原来命题就是假命题了。所以原来命题的否定是：至少有一台计算机没有染上病毒。

根据上面的分析可知：$\forall xA(x)$的否定形式应该是$\exists x \neg A(x)$，即

$$\neg \forall xA(x) \Leftrightarrow \exists x \neg A(x) \tag{6-3}$$

经过类似的分析还可以得到

$$\neg \exists xA(x) \Leftrightarrow \forall x \neg A(x) \tag{6-4}$$

6.6 谓词公式

6.5.2小节介绍了谓词逻辑符号化的有关概念和方法。为了使符号化更准确和规范以及正确进行谓词演算和推理，需要先给出以下几个定义。

定义 6-11 谓词逻辑使用的**字母表**如下。

(1) 个体常项：$a,b,c,\cdots,a_i,b_i,c_i,\cdots(i\geqslant 1)$；

(2) 个体变项：$x,y,z,\cdots,x_i,y_i,z_i,\cdots(i\geqslant 1)$；

(3) 函数符号：$f,g,h,\cdots,f_i,g_i,h_i,\cdots(i\geqslant 1)$；

(4) 谓词符号：$F,G,H,\cdots,F_i,G_i,H_i,\cdots(i\geqslant 1)$；

(5) 量词符号：$\forall$，$\exists$；

(6) 联结词符：$\neg$，$\wedge$，$\vee$，$\rightarrow$，$\leftrightarrow$；

(7) 括号：(，)；

(8) 逗号：，。

【说明】 函数符号不同于谓词符号。谓词符号运算的结果只能是逻辑值1和0(分别表示真和假)；函数符号运算的结果可能多样(不一定是逻辑值)。例如：令$F(x)$：x是偶数，$a=8$，则$F(a)=1$(逻辑值)；令$f(x)$：x的爸爸，a：小李，则$f(a)$表示小李的爸爸。函数符号可以按照传统数学中的含义理解。

定义 6-12 令$A(x_1,x_2,\cdots,x_n)$表示一个n元谓词，$x_1,x_2,\cdots,x_n$是个体常项或个体变项，则称$A(x_1,x_2,\cdots,x_n)$为**原子公式**。

定义 6-13 **谓词公式**的递归定义如下：

(1) 原子公式称为谓词公式；

(2) 如果A是一个谓词公式，则$(\neg A)$也是谓词公式；

(3) 如果A,B是谓词公式，则$(A\wedge B)$，$(A\vee B)$，$(A\rightarrow B)$，$(A\leftrightarrow B)$也是谓词公式；

(4) 如果A,B是谓词公式，则$\forall xA$，$\exists xA$也是谓词公式；

(5) 有限次地应用(1)～(4)组成的符号串是谓词公式。

【说明】 为简捷起见，谓词公式最外层及$(\neg A)$的括号可以省略。

一般情况下，谓词公式含有个体常项、个体变项、函数变项和谓词变项。对谓词公式中的所有变项用具体的常项代替，就构成了该谓词公式的一个解释。下面是谓词公式解释的定义。

定义 6-14 谓词公式A的一个解释I由以下4部分组成：

(1) 为个体域指定一个非空集合；

(2) 为每个个体常项指定一个特定的个体;

(3) 为每个函数变项指定特定的函数;

(4) 为每个谓词变项指定一个特定的谓词。

对任意一个谓词公式 A,如果给出 A 的一个解释,则 A 在该解释下就有一个真值。

例如,谓词公式

$$\forall xF(x,g(x)) \tag{6-5}$$

在没有给出解释时没有实际意义。

如果对式(6-5)给出下面的解释:

(1) D:全人类的集合;

(2) $g(x)$:x 的爸爸;

(3) $F(x,y)$:x 的年龄比 y 小,

那么式(6-5)就是这样一个命题:每一个人的年龄都比他爸爸小。这是真命题。

如果对式(6-5)给出下面的另一个解释:

(1) D:全体实数;

(2) $g(x)$:x^2;

(3) $F(x,y)$:$x>y$,

那么式(6-5)就是这样一个命题:任何一个实数都大于它的平方。这是假命题。

例 6-21 已知解释如下:

(1) $D=\{2,3\}$;

(2) $a=2$;

(3) 函数 $f(2)=3,f(3)=2$;

(4) 谓词 $P(2)=0,P(3)=1,Q(2,2)=1,Q(2,3)=1,Q(3,2)=1,Q(3,3)=1$。

求 $\forall x((P(f(x))\vee Q(x,f(a)))$ 的真值。

解 $\forall x(P(f(x))\vee Q(x,f(a)))$

$$\Leftrightarrow(P(f(2))\vee Q(2,f(2)))\wedge(P(f(3))\vee Q(3,f(2)))$$
$$\Leftrightarrow(P(3)\vee Q(2,3))\wedge(P(2)\vee Q(3,3))$$
$$\Leftrightarrow(1\vee 1)\wedge(0\vee 1)$$
$$\Leftrightarrow 1\wedge 1\Leftrightarrow 1$$

6.7 谓词逻辑推理

由 6.6 节所述可知,命题公式是谓词公式的特殊情形。所以在谓词逻辑中,由前提 $A_1,A_2,\cdots,A_n$ 推出结论 B 的形式结构仍然是 $(A_1\wedge A_2\wedge\cdots\wedge A_n)\rightarrow B$。如果此式是重言式,则称由前提推出结论 B 的推论正确,记作 $(A_1\wedge A_2\wedge\cdots\wedge A_n)\Rightarrow B$,否则称推理不正确。

谓词逻辑是建立在命题逻辑的基础上的。因此,命题逻辑中的推理定律和推理规则在谓词逻辑的推理中都适用。下面介绍只适用于谓词逻辑推理的 4 条规则。

1. 全称量词消去规则

$$\frac{\forall xA(x)}{A(c)} \tag{6-6}$$

该规则中，c 是个体域 D 中的任意一个个体。

2. 全称量词引入规则

$$\frac{A(y)}{\forall xA(x)} \tag{6-7}$$

该规则中，y 是个体域 D 中的每一个个体。

3. 存在量词消去规则

$$\frac{\exists xA(x)}{A(c)} \tag{6-8}$$

该规则中，c 是个体域 D 中使 $A(x)$ 为真的一个个体。

4. 存在量词引入规则

$$\frac{A(c)}{\exists xA(x)} \tag{6-9}$$

该规则中，c 是个体域 D 中使 $A(x)$ 为真的一个个体。

例 6-22　证明苏格拉底三段论的正确性。

(1) 所有的人都要死；

(2) 苏格拉底是人；

(3) 所以苏格拉底要死。

证明　首先将命题符号化。设个体域是全总个体域。令 $P(x)$：x 是人，$Q(x)$：x 是要死的，c：苏格拉底。则有

前提：$\forall x(P(x)\rightarrow Q(x)), P(c)$

结论：$Q(c)$

以下是证明过程：

(1) $\forall x(P(x)\rightarrow Q(x))$	前提引入
(2) $P(c)\rightarrow Q(c)$	(1)消去全称量词
(3) $P(c)$	前提引入
(4) $Q(c)$	(2)、(3)假言推理

苏格拉底三段论的正确性证毕。

例 6-23　证明下列推理的正确性。

所有的有理数都是实数。某些有理数是整数。因此某些实数是整数。

首先将命题符号化。设个体域是全体实数。令 $P(x)$：x 是实数，$Q(x)$：x 是有理数，$R(x)$：x 是整数，则有

前提：$\forall x(Q(x)\rightarrow P(x)), \exists x(Q(x)\land R(x))$

结论：$\exists x(P(x)\land R(x))$

证明

(1) $\exists x(Q(x)\land R(x))$	前提引入

(2) $Q(a)\wedge R(a)$	(1)消去存在量词
(3) $Q(a)$	(2)化简
(4) $\forall x(Q(x)\to P(x))$	前提引入
(5) $Q(a)\to P(a)$	(4)消去全称量词
(6) $P(a)$	(3)、(5)化简
(7) $R(a)$	(2)化简
(8) $P(a)\wedge R(a)$	(6)、(7)合取
(9) $\exists x(P(x)\wedge R(x))$	(8)引入存在量词

证毕。

6.8 本章小结

本章介绍了命题逻辑和谓词逻辑的基本知识。关于命题逻辑，重点是熟练掌握命题符号化的方法、构造命题的真值表、等值演算。关于谓词逻辑，重点是掌握含有量词命题的符号化方法、消去量词的方法和量词的否定形式。

下面是本章的知识要点和要求：

- 深刻理解命题、联结词、命题符号化、个体词、个体域、谓词、量词等重要概念。
- 会将结构较为简单的命题符号化。将实际命题符号化时一定要准确理解其联结词的真实含义。
- 理解命题公式的概念，会构造命题的真值表，知道重言式、矛盾式、可满足式，会用真值表判断命题公式的类型。
- 记住基本等值式，会利用等值演算验证等值式、化简形式较复杂的命题公式和判别公式的类型。
- 理解命题逻辑推理的概念，记住 8 个推理定律和 3 个推理规则，会用构造证明法判断推理是否正确和进行合理的推理。
- 会用 0 元谓词或谓词逻辑将有关命题符号化，特别要掌握个体域是全总个体域时含有量词命题的符号化方法，即式(6-3)和式(6-4)。
- 掌握消去量词的方法和量词的否定形式，即式(6-1)、式(6-2)和式(6-3)、式(6-4)。
- 理解谓词公式及其解释的概念。
- 理解谓词逻辑推理的概念，知道量词的消去、引入规则，会进行简单的谓词逻辑推理。

习　题

一、判断题(下列各命题中，哪些是正确的，哪些是错误的?)

6-1　含有联结词“和”的命题一定是复合命题。　(　　)

6-2　一般来说，排斥或不能用 $p\vee q$ 的方式表示。　(　　)

6-3　$p\to q$ 的逻辑关系是：p 是 q 的必要条件。　(　　)

6-4 $p \leftrightarrow q$ 的逻辑关系是：p 是 q 的充分必要条件。 ( )

6-5 重言式一定是可满足式，但可满足式不一定是重言式。 ( )

6-6 若 A 至少存在一种赋值是成真赋值，则称 A 为重言式。 ( )

6-7 命题逻辑中的推理定律和推理规则在谓词逻辑的推理中不一定都适用。

( )

6-8 在证明的任何步骤上，都可以引入前提。 ( )

二、单项选择题

6-1 设 p：小强聪明，q：小强用功；则命题“小强不是不聪明，而是不用功”的符号化应该是________。

A. $p \wedge q$　　B. $\neg p \wedge q$　　C. $\neg(\neg p) \wedge \neg q$　　D. $\neg p \wedge \neg q$

6-2 下列各解释中，只有________是公式 $p \vee q \rightarrow r$ 的成假赋值。

A. $(p,q,r)=(0,0,1)$　　B. $(p,q,r)=(1,0,1)$

C. $(p,q,r)=(1,1,1)$　　D. $(p,q,r)=(1,1,0)$

6-3 下列各解释中，只有________是公式 $(p \rightarrow q) \rightarrow r$ 的成真赋值。

A. $(p,q,r)=(0,0,0)$　　B. $(p,q,r)=(0,1,0)$

C. $(p,q,r)=(1,1,0)$　　D. $(p,q,r)=(1,0,1)$

三、填空题

6-1 设 p：小强聪明，q：小强用功；则命题“小强虽然聪明，但不用功”符号化为________。

6-2 命题公式 $\neg(A \vee B) \Leftrightarrow \neg B \wedge \neg B$ 的对偶式是________________。

6-3 判断两命题公式是否等值有________和________两种方法。

6-4 表示具体性质或关系的谓词称为________。表示抽象的、泛指的性质或关系的谓词称为________。

6-5 谓词变项和谓词常项统称为________。由个体变项和谓词组成的符号串称为________。

6-6 描述个体变项变化范围的谓词称为________。

6-7 设 $P(x)$：x 是计算机，$Q(x)$：x 中毒了，则在全总个体域中命题“所有的计算机都中毒了”符号化为________。

6-8 设 $P(x)$：x 是人，$Q(x)$：x 生病了，则在全总个体域中命题“有些人生病了”符号化为________________。

6-9 设：$S(x)$：x 是大学生，$F(x)$：x 要学外语，则在全总个体域中命题“所有的大学生都要学外语”符号化为________________。

6-10 消去下列各谓词公式中量词前的否定联结词：

(1) $\neg \forall x(A(x)) \vee B(x) \Leftrightarrow$____。

(2) $\neg \exists x(A(x)) \wedge B(x) \Leftrightarrow$____。

6-11 若下列谓词公式的个体域为 $D=\{a,b,c\}$，将量词消去，写出下列各命题的等价命题：

(1) $\forall x(A(x)) \vee B(x) \Leftrightarrow$____。

(2) $\exists x(P(x)) \rightarrow G(x) \Leftrightarrow$ ________________。

(3) $\exists x(A(x)) \wedge \exists y(\neg B(x) \Leftrightarrow$ ________________。

四、综合题

6-1 判断下列句子哪些是命题。

(1) 天上有3个月亮。

(2) 台湾是中国的一部分。

(3) 现在几点钟?

(4) 如果不刮风,我们就去打羽毛球。

(5) $2+3=6$。

6-2 将下列命题符号化。

(1) 地球上没有生物。

(2) 地球绕着太阳转。

(3) 小王既会游泳又会下棋。

(4) 小王或在游泳或在下棋。

(5) $3+2=6$,当且仅当美国位于亚洲。

(6) 阿兰和阿芳是两姐妹。

(7) 小明贫穷但乐观。

(8) 小红喜欢看书和画画。

(9) 如果天气炎热,小梅就去游泳。

(10) 除非天气炎热,否则小梅不去游泳。

6-3 构造下列公式的真值表,并指出各公式的类型。

(1) $p \rightarrow p \vee q$

(2) $(p \vee q) \leftrightarrow (q \rightarrow p)$

(3) $(p \vee (q \wedge r)) \wedge (p \vee r)$

(4) $(p \rightarrow q) \wedge (p \rightarrow r)$

6-4 用真值表判断下列各小题中的两个命题公式是否等值。

(1) $p \rightarrow q$ 与 $\neg p \rightarrow \neg q$

(2) $p \rightarrow (q \rightarrow r)$ 与 $(p \wedge q) \rightarrow r$

6-5 用等值演算验证下列等值式。

(1) $p \Leftrightarrow (p \wedge q) \vee (p \wedge \neg q)$

(2) $p \rightarrow (q \vee r) \Leftrightarrow (p \rightarrow q) \vee (p \rightarrow r)$

(3) $p \rightarrow (q \rightarrow r) \Leftrightarrow q \rightarrow (p \rightarrow r)$

(4) $p \rightarrow (q \rightarrow p) \Leftrightarrow \neg p \rightarrow (p \rightarrow q)$

6-6 用等值演算验证判别下列各公式的类型。

(1) $(p \rightarrow q) \wedge (\neg p \rightarrow q)$

(2) $((p \rightarrow q) \wedge (q \rightarrow r)) \rightarrow (p \rightarrow r)$

6-7 写出下列推理的形式结构:如果章蕾努力学习,那么她就能考上研究生。章蕾确实在努力学习。所以她一定能考上研究生。

6-8　构造下列推理的证明。

前提：$\neg(p\wedge\neg q)$，$\neg q\vee r$，$\neg r$

结论：$\neg p$

6-9　如果他晚上上班，他白天一定睡觉。如果他白天不上班，他晚上一定上班。现在，他白天没有睡觉，所以他一定白天上班。

判断上面的推理是否正确，并证明你的结论。

6-10　设下面谓词的个体域均为$\{a,b,c\}$，试将各表达式的量词消去，写成与之等价的命题。

(1) $\forall x(A(x)\rightarrow B(x))$

(2) $\exists x(A(x))\wedge\exists y(\neg B(y))$

6-11　用谓词将下列命题符号化。

(1) 那幢大楼建成了。

(2) 这个班的小朋友都会说简单英语。

6-12　已知解释如下：

(1) $D=\{2,3\}$；

(2) $a=3$；

(3) 函数 $f(2)=3$，$f(3)=2$；

(4) 谓词 $P(2)=1$，$P(3)=0$，$Q(2,2)=1$，$Q(2,3)=0$，$Q(3,2)=0$，$Q(3,3)=1$。求$\exists x(P(f(x))\wedge Q(f(x),a)$的真值。

6-13　证明下列推理的正确性。

凡是计算机系的学生都会安装系统软件。阿芳不会安装系统软件，所以阿芳不是计算机系的学生。

第 7 章

图　　论

本章要点

(1) 图、同构的图、简单图、完全图、带权图、生成子图、结点的度、通路、回路、图的连通性、欧拉图、哈密顿图、带权图的最短路、树、生成树、根树等重要概念。

(2) 握手定理。

(3) 欧拉通路、欧拉回路(欧拉图)的判别方法。

(4) 图的关联矩阵、邻接(相邻)矩阵。

(5) 最小生成树的生成方法。

(6) 根树的分类,二元有序正则树。

图论起源于数学游戏的难题研究。关于图论的最早论文是瑞士数学家欧拉在 1736 年发表的。该论文的背景是这样一个问题：当时在哥尼斯堡郊区的普雷格尔河中有两座小岛,有 7 座桥将这两个小岛与河两岸连接起来,如图 7-1 所示；有人想从 4 块陆地 a,b,c,d 中任一地出发不重复地走遍 7 座桥,但行走多次皆未成功。欧拉对此进行了深入研究。他用 4 个空心点表示陆地 a,b,c,d,每座桥用点与点间的连线表示,这样就得到了如图 7-2所示的图。哥尼斯堡 7 桥问题便抽象为从图 7-2 中任一点出发,不重复地经过每一条边而回到原来的点的通路是否存在。欧拉的研究得出了一些重要的结论,从而奠定了图论的基础。

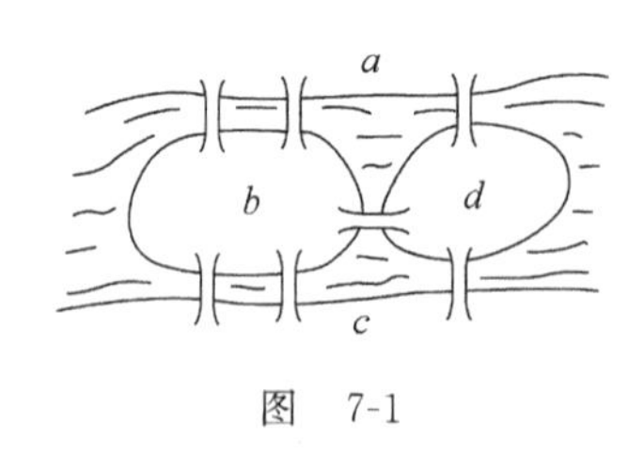

图 7-1

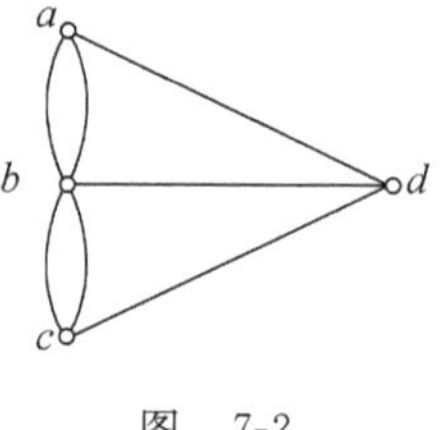

图 7-2

经过近 300 年的发展,图论的内容已经十分丰富,在许多学科都有广泛的运用。在计算机学科中,数据结构、计算机网络、数据库原理和人工智能等方面都需要图论知识。

7.1 图的基本概念

7.1.1 图的定义

在现实世界，许多事情都可以用由点和线组成的图来描述。

实例 7-1 图 7-3 用空心点表示城市，用空心点间的连线表示这两个城市间有航班。

实例 7-2 图 7-4 用空心点表示人，用空心点间的连线表示这两个人握过手。

实例 7-3 图 7-5 表示 7 个计算机程序 p_1,p_2,p_3,p_4,p_5,p_6 和 p_7 间的调用关系：p_1 调用 p_2 和 p_3，p_2 调用 p_4 和 p_5，p_3 调用 p_5，p_5 调用 p_6 和 p_7。

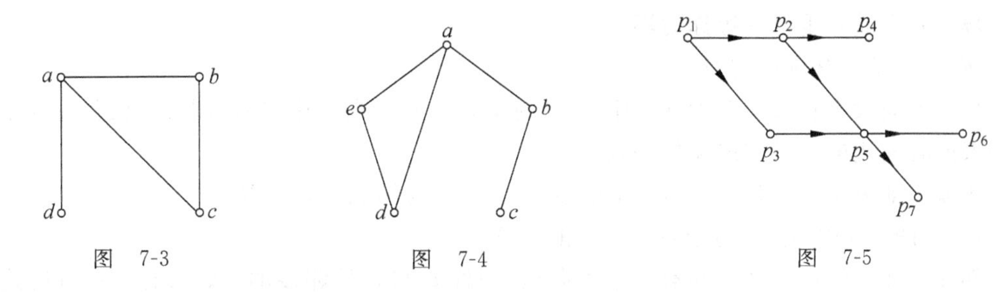

图 7-3　　图 7-4　　图 7-5

上述 3 个图与地图、交通图和数学上的函数图像有所不同，这 3 个图是二元关系的一种直观表达方式。它们没有形状、大小、比例的概念。

这种由**点集**和**边集**组成的整体就是下面定义的图。

定义 7-1 **图 G** 是由非空结点集合 $V=\{v_1,v_2,\cdots,v_n\}$ 以及边集合 $E=\{e_1,e_2,\cdots,e_m\}$ 两部分组成，简记为 $G=\langle V,E\rangle$。

下面介绍与图有关的术语。

结点 图 $G=\langle V,E\rangle$ 中集合 V 中的元素称为结点(或顶点)，简称**点**。

无向边 图中没有标方向的边称为**无向边**。

无向边可用一个结点对表示，例如：图 7-6 中，$e_2=(v_1,v_3)$。

有向边 图中标明方向的边称为**有向边**。

有向边也可用一个结点对表示，例如：图 7-7 中，$e_2=\langle v_2,v_3\rangle$。注意，用一个结点对表示有向边和无向边的方法不同。

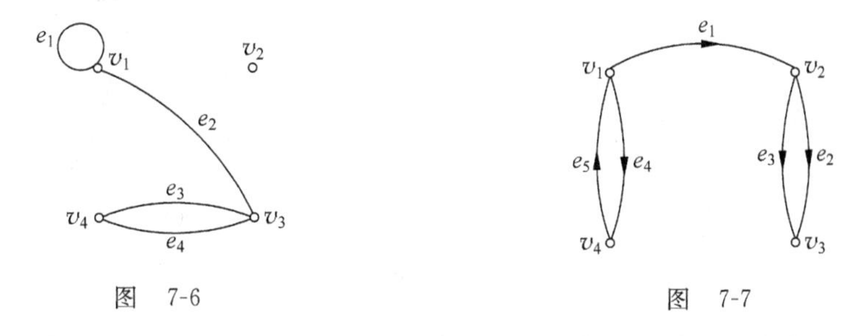

图 7-6　　图 7-7

边 无向边和有向边都可以简称为**边**(有些书籍将有向边简称为**弧**)。

本书用空心小圆圈表示结点，用直线段或一段弧线表示无向边，边上加箭头表示有向边。

端点 一条边连接的两个结点称为该边的两个**端点**。

始点和终点 一条有向边的起始点称为该边的**始点**,终了点称为该边的**终点**。

无向图 如果图中所有的边都是无向边,则称该图为**无向图**。

有向图 如果图中所有的边都是有向边,则称该图为**有向图**。

有向图一般用 $D=\langle V,E\rangle$ 表示。有时候,$G=\langle V,E\rangle$ 既表示无向图,也表示有向图。

平行边 如果无向图中两条边的两个端点相同,或有向图中两条边的始点和终点分别相同,则称这两条边为平行边。

例如,图 7-6 中的 e_3 和 e_4 是平行边,图 7-7 中的 e_2 和 e_3 也是平行边(注意:e_4 和 e_5 不是平行边)。

环 两个端点重合的边称为**环**。

例如,图 7-6 中的 e_1 是环。

环的方向没有意义。在无向图中,环不标方向。在有向图中,环标明方向仅仅是为了和一般的有向边的表示方法保持一致。

关联 如果结点 v 是边 e 的一个端点,则称边 e 与结点 v 相**关联**。

例如,图 7-6 中,边 e_2 与结点 v_1、v_3 相关联。

邻接 如果结点 u 和 v 间有一条无向边,则称 u 和 v 是**邻接**的;如果有一条有向边以结点 u 为始点,以结点 v 为终点,则称 u **邻接到** v,或 v **邻接于** u。若两条边有公共的结点,则称这两条边是**邻接**的。

例如,图 7-7 中,结点 v_1 邻接到结点 v_2,边 e_1 与边 e_2 邻接,边 e_2 与边 e_4 不邻接。

孤立点 与任何边都不关联的结点称为孤立点。

有限图和无限图 仅含有限个结点和有限条边的图称为**有限图**,否则称为**无限图**。

本书只介绍有限图,并称含有 n 个结点的图(包括无向图和有向图)为 $\boldsymbol{n}$ **阶图**。

对于图 7-8 中的(a)和(b)两个图,如果确定它们的结点 a 与 1、b 与 3、c 与 5、d 与 2、e 与 4 一一对应,则对应结点间的边也一一对应。根据定义 7-1 知,图 7-8 中的两个图实质上是一样的。这就是图的同构概念。

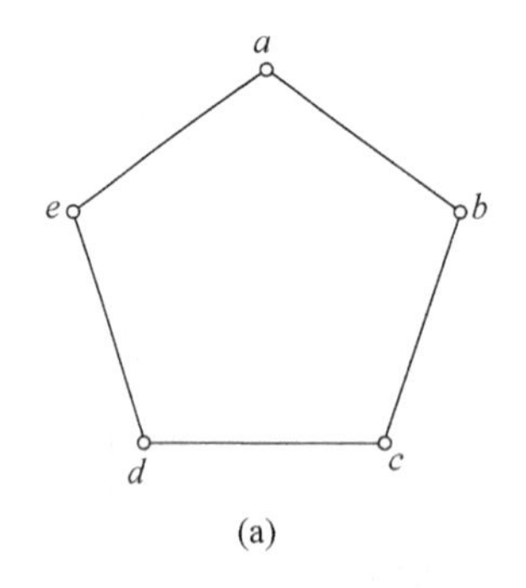

(a)

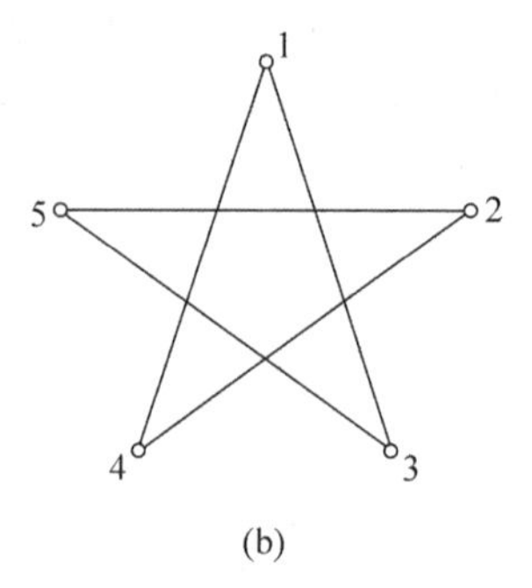

(b)

图 7-8

定义 7-2 设 $G=\langle V,E\rangle$ $(V=\{v_1,v_2,\cdots,v_n\},E=\{e_1,e_2,\cdots,e_m\})$ 和 $G'=\langle V',E'\rangle$ $(V'=\{v_1',v_2',\cdots,v_n'\},E'=\{e_1',e_2',\cdots,e_m'\})$ 是两个图,如果在两个图的每一条边以及它们所关联的结点之间存在一一对应的关系(有向图要区别始点和终点),则称 G 和 G' 是**同构的图**。

例 7-1　图 7-9 中哪些图是同构的?

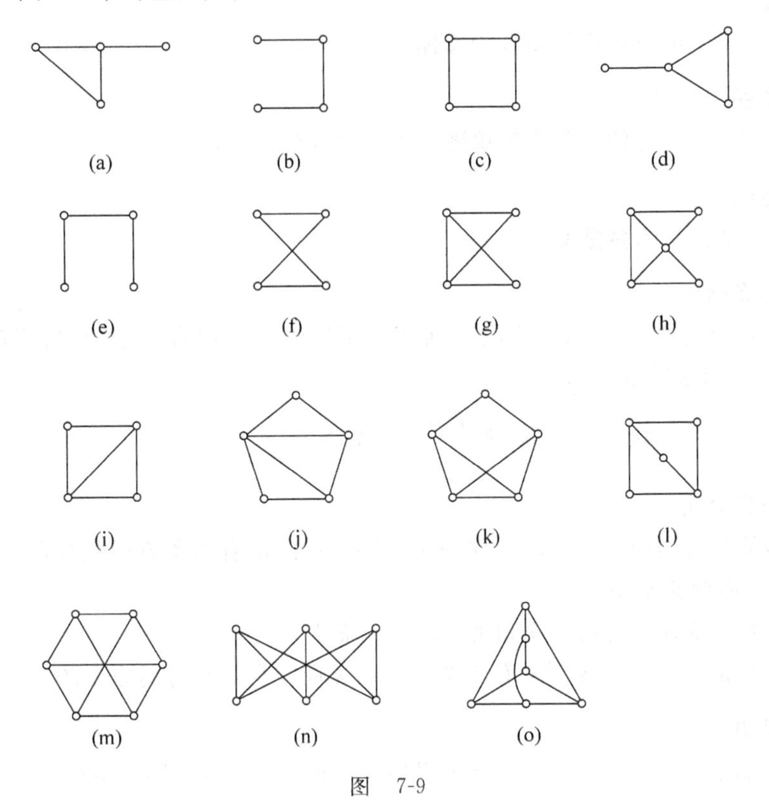

图　7-9

解　图 7-9(a)和图 7-9(d) 同构,图 7-9(b)和图 7-9(e)同构,图 7-9(c)和图 7-9(f) 同构,图 7-9(g)和图 7-9(i) 同构,图 7-9(h)和图 7-9(j) 同构,图 7-9(m)、图 7-9(n)和图 7-9(o)同构。

例 7-2　图 7-10 中哪些图是同构的?

解　图 7-10(a)和图 7-10(c) 同构,图 7-10(b)和图 7-10(d)同构。

【说明】　看两个有向图是否同构要注意对应有向边的方向是否一致。

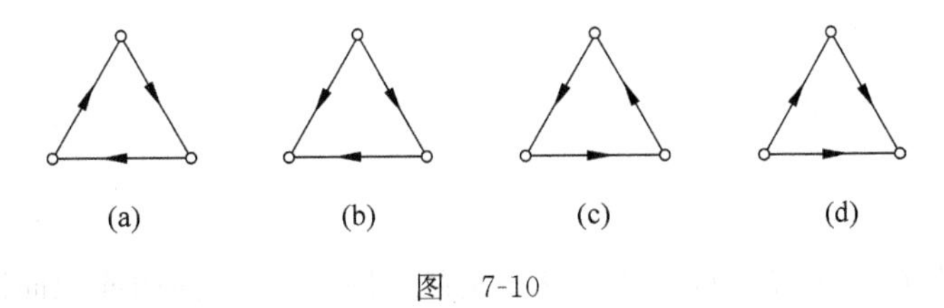

图　7-10

7.1.2　特殊的图

下面是几种特殊的图。

1. 平凡图

仅有一个结点的图称为**平凡图**。

2. 零图

仅由一些孤立的点组成的图称为**零图**。

3. 简单图

既无平行边又无环的图称为**简单图**。本书只介绍简单图。

4. 多重图

含平行边的图称为**多重图**。

5. 无向完全图

设 G 是 n 阶简单无向图,若它的任何两个不同结点间都有一条边,这样的无向图称为**无向完全图**,通常用 K_n 表示。

显然,n 阶简单无向完全图 K_n 有$\frac{n(n-1)}{2}$条边。

6. 有向完全图

设 D 是简单有向图。若它的任何两个不同结点间都有两条方向相反的有向边,这样的有向图称为**有向完全图**。

容易证明,n 阶简单有向完全图有 $n(n-1)$条边。

图 7-11 中的(a)和(b)分别是有 4 个结点的无向完全图和有向完全图。

7. 带权图

如果无向图或有向图 G 的每一条边附加一个正实数 $w(e)$,则称 $w(e)$为边 e 上的**权**;G 连同附加在各边上的实数 $w(e)$称为**带权图**。G 的所有边上权的总和称为 G 的**权**。图 7-12 就是一个带权图,其中每边上的权表示两城市(结点)间的航班数。根据所反映的实际问题,在带权图中,权可以表示产品数量、公路里程、上网时间等有实际意义的数。

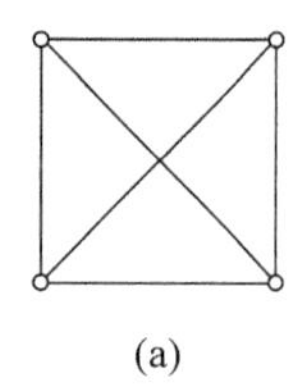

(a)

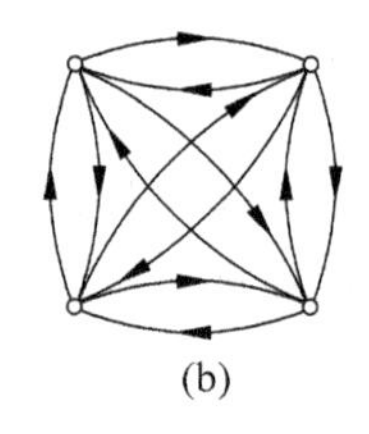

(b)

图 7-11

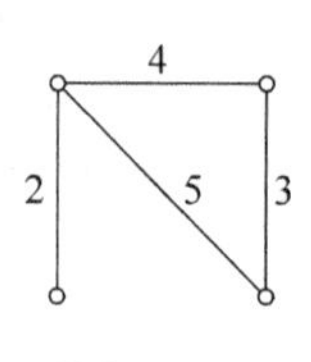

图 7-12

7.1.3 子图

定义 7-3 设 $G=\langle V,E\rangle$、$G_1=\langle V_1,E_1\rangle$是两个图(同为有向图或无向图)。

(1) 若 $V_1\subseteq V$,$E_1\subseteq E$,则称 G_1 是 G 的**子图**,记作 $G_1\subseteq G$;

(2) 若 $E_1\subset E$,则称 G_1 是 G 的**真子图**,记作 $G_1\subset G$;

(3) 若 $V_1=V$,$E_1\subseteq E$,则称 G_1 是 G 的**生成子图**。

(4) 若 G_1 中的边恰是 G 中与 V_1 中所有结点相关联的所有边,则称 G_1 是 G 的**导出子图**。

通俗地说,在原图中去掉一些边和结点(也可以没有去掉边和结点)所得的图就是原

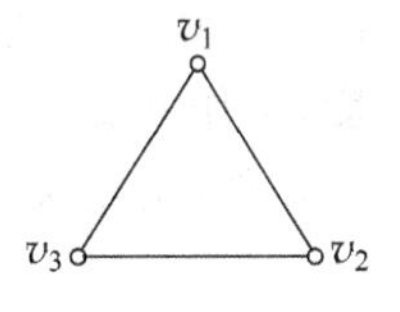

图　7-13

图的子图；保留原图中的所有结点，去掉一些边（也可以没有去掉边）得到的子图就是原图的生成子图；在原图中取一些结点（可以取全部结点）和与这些结点相关联的所有边所得的子图就是原图的导出子图。

【说明】 每个图都是本身的子图，并且既是生成子图，又是导出子图。

例 7-3　画出图 7-13 的全部不同构的生成子图。

解　全部不同构的生成子图共有 4 个，见图 7-14。

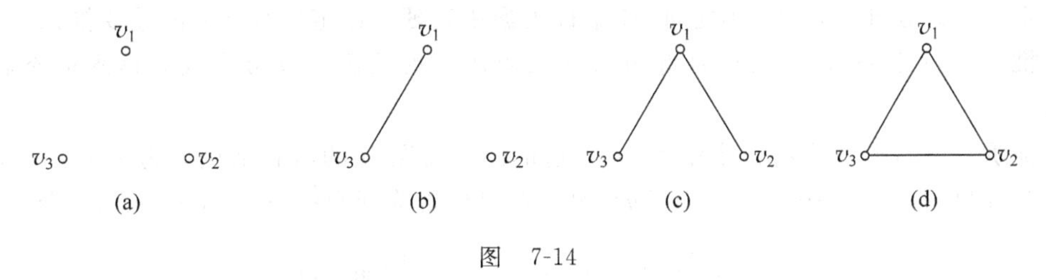

图　7-14

例 7-4　图 7-15 中的哪些图是图 7-15(a)的导出子图？

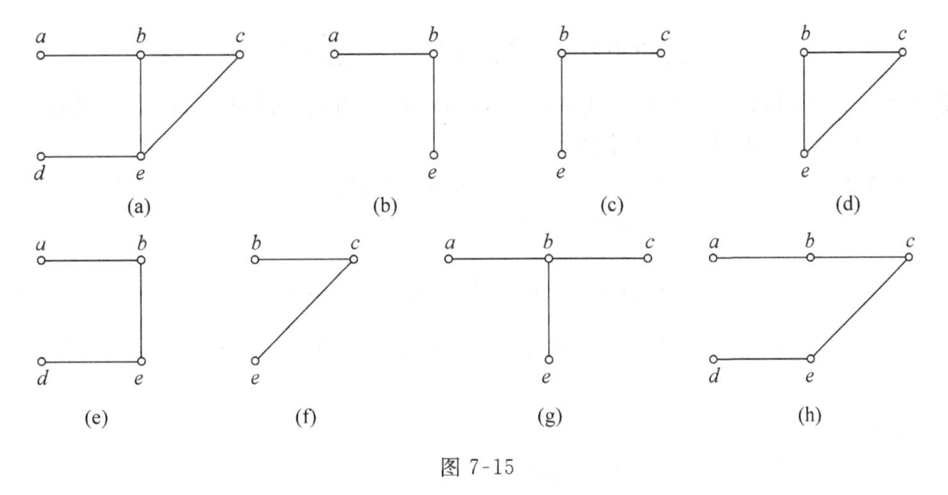

图 7-15

解　图 7-15(a)、图 7-15(b)、图 7-15(d)、图 7-15(e)是图 7-15(a)的导出子图。

7.1.4　结点的度

定义 7-4　设 $G=\langle V,E\rangle$ 为无向图或有向图，v 是 G 的结点，称以 v 为端点的边的数目为 v 的**度数**，简称**度**，记作 $\deg(v)$。

如果某结点有环，则一个环对该结点度数以 2 计，因为该结点可以看成一个环的两个端点。

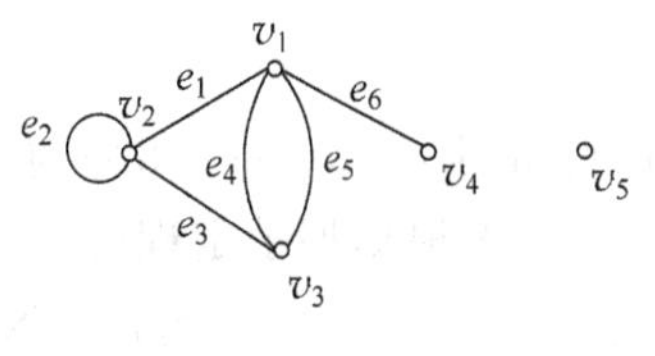

图　7-16

例 7-5　图 7-16 中，各点的度数是多少？

解　$\deg(v_1)=4$，$\deg(v_2)=4$，$\deg(v_3)=3$，$\deg(v_4)=1$，$\deg(v_5)=0$

定义 7-5　设 $D=\langle V,E\rangle$ 为一有向图，v 是 D 的结点，

称以 v 为始点的边的数目为 v 的**出度**,记作 $\deg^+(v)$;称以 v 为终点的边的数目为 v 的**入度**,记作 $\deg^-(v)$。

显然,由定义 7-4 和定义 7-5 可知,对于有向图的任一结点 v,有

$$\deg(v)=\deg^+(v)+\deg^-(v) \tag{7-1}$$

定理 7-1 设 G 是一个有 n 个结点、m 条边的图(无向图或有向图),则该图所有结点的度数之和等于边数的两倍,即

$$\sum_{i=1}^{n}\deg(v_i)=2m \tag{7-2}$$

定理 7-1 是图论中的基本定理,通常称为**握手定理**。该定理有下面的重要推论。

推论 对于任意一个图 G(有向图或无向图),则该图度数为奇数的结点的个数是偶数。

证明 设 G 是一个有 n 个结点、m 条边的图。将图 G 的所有结点分为两组:一组是度数为奇数的 $x_1,x_2,\cdots,x_p(0\leqslant p\leqslant n)$,另一组是度数为偶数的 $y_1,y_2,\cdots,y_{n-p}$。令

$$S=\sum_{i=1}^{p}\deg(x_i),\quad T=\sum_{i=1}^{n-p}\deg(y_i)$$

根据定理 7-1 有

$$S+T=\sum_{i=1}^{p}\deg(x_i)+\sum_{i=1}^{n-p}\deg(y_i)=\sum_{i=1}^{n}\deg(v_i)=2m$$

这表明,$S+T$ 是偶数。由于 T 是偶数的和,所以 T 是偶数。因此,S 必然是偶数。又因为 S 是 p 个奇数的和,所以 p 是偶数。

定理 7-2 设 D 是一个有 n 个结点、m 条边的有向图,则该图所有结点的出度之和等于所有结点的入度之和,且等于该图的边数,即

$$\sum_{i=1}^{n}\deg^+(v_i)=\sum_{i=1}^{n}\deg^-(v_i)=m \tag{7-3}$$

设 $V=\{v_1,v_2,\cdots,v_n\}$ 是图 G 的结点集,称 $(\deg(v_1),\deg(v_2),\cdots,\deg(v_n))$ 为图 G 的**度数序列**。

例 7-6 解答下列各题:

(1) 无向完全图 K_n 有 36 条边,问它的结点数 n 是多少?

(2) 图 G 的度数序列是(2,3,4,5,6,8),问边数 m 是多少?

(3) 图 G 有 12 条边,度数为 3 的结点共有 6 个。其余结点的度数均小于 3,问至少有多少个结点?

解 (1) 因为无向完全图 K_n 有 $\dfrac{n(n-1)}{2}$ 条边,所以

$$\frac{n(n-1)}{2}=36$$

由此解得 $n=9$($n=-8$ 不符合要求,舍去)。

(2) 根据握手定理有

$$2m=\sum\deg(v)=2+3+4+5+6+8=28$$

由此解得 $m=14$。

(3) 根据握手定理有

$$\sum \deg(v) = 2m = 2 \times 12 = 24$$

6 个度数为 3 的结点的度数和为 $3\times6=18$。因而,余下的度数是 $24-18=6$。

按题意,其余结点的度数只能是 0,1,2,当它们的度数都是 2 时,结点最少。由 $6\div2=3$可知,其余的结点最少是 3 个。所以,该图至少有 $9(=6+3)$个结点。

7.2 图的连通性

7.2.1 通路和回路

定义 7-6 给定无向图(或有向图)$G=\langle V,E\rangle$,设 G 中前后相互关联的点边序列为 $W=v_0e_1v_1e_2\cdots e_kv_k$,则称 W 为从结点 v_0 到结点 v_k 的**通路**,v_0 和 v_k 分别称为此通路的**起点**和**终点**。W 中边的数目 k 称为 W 的**长度**。特别地,当 $v_k=v_0$ 时,称此通路为**回路**。

如果通路 $v_0e_1v_1e_2\cdots e_kv_k$ 中所有边 $e_1,e_2,\cdots,e_k$ 互不相同,则称该通路为**简单通路**,否则称为**复杂通路**。

如果回路 $v_0e_1v_1e_2\cdots v_{k-1}e_kv_0$ 中所有边 $e_1,e_2,\cdots,e_k$ 互不相同,则称该通路为**简单回路**,否则称为**复杂回路**。

如果通路 $v_0e_1v_1e_2\cdots e_kv_k$ 中所有结点 $v_0,v_1,v_2,\cdots,v_k$ 互不相同,则称该通路为**初级通路**。

如果回路 $v_0e_1v_1e_2\cdots v_{k-1}e_kv_0$ 中除终点和起点相同($v_k=v_0$)外,其余结点各不相同,则称该通路为**初级回路**。

显然,在任何一条通路中,如果所有结点(终点和起点除外)互不相同,则必定所有边互不相同。因此,初级通路(回路)一定是简单通路(回路)。但是简单通路(回路)不一定是初级通路(回路)。

通路通常记为 π,π_1 等。例如,在图 7-17 中:

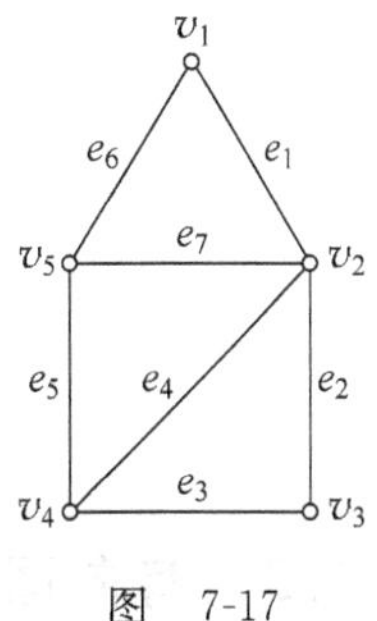

图 7-17

(1) $\pi_1: v_1e_6v_5e_5v_4e_4v_2e_2v_3e_3v_4e_4v_2$ 仅是一条通路,长度是 6。

(2) $\pi_2: v_2e_2v_3e_3v_4e_4v_2e_7v_5e_5v_4e_4v_2$ 是一条通路,也是一条回路,长度是 6。

(3) $\pi_3: v_1e_1v_2e_4v_4e_5v_5e_7v_2e_2v_3$ 是一条简单通路,但不是初级通路,长度是 5。

(4) $\pi_4: v_1e_1v_2e_4v_4e_5v_5$ 是一条初级通路,也是一条简单通路,长度是 3。

(5) $\pi_5: v_1e_1v_2e_2v_3e_3v_4e_4v_2e_7v_5e_6v_1$ 是一条简单回路,但不是初级回路,长度是 6。

(6) $\pi_6: v_1e_1v_2e_4v_4e_5v_5e_6v_1$ 既是一条简单回路,也是一条初级回路,长度是 4。

对于简单连通图,可以不写出通路和回路中的边。这样的表示方法更简单。例如,前面的 π_5 可以表示为

$$\pi_5: v_1v_2v_3v_4v_2v_5v_1$$

在一个 n 阶图中,无重复结点的初级通路最多含有 n 个结点,所以有下面的定理 7-3。

定理 7-3 在一个 n 阶图中,任一初级通路的长度均不大于 $n-1$,任一初级回路的长

度均不大于 n。

7.2.2 无向图的连通性

定义 7-7 设 u,v 是有向图(或无向图)的两个结点,如果存在一条从 u 到 v 的通路,则称结点 u 到 v 是**可达**的。

通常约定,图的任一结点到自身总是可达的。

在局域网中,任意两台计算机之间能否相互访问可以转化为图中任意两个结点之间是否可达。这就是定义 7-8 所述的连通的概念。

定义 7-8 若无向图 G 中任意两个结点之间都可达,则称此图是**连通图**,否则称 G 为**非连通图**。

通常约定,图的任一结点到自身总是连通的。

对非连通图,可以把它分成几部分,使每一部分都是连通的,且各部分之间无公共结点。这样分成的每一部分成为该非连通图的**连通分支**。

如果将结点的连通看做图中点集上的一个关系,由定义可知,此关系满足自反性、对称性和传递性。所以,无向图中结点之间的连通关系是等价关系。

定义 7-9 在无向连通图 G 中:

(1) 如果去掉某一条边,图 G 将不连通,则称这条边为图 G 的**割边**或**桥**;

(2) 与图 G 的任意一个割边相关联的结点称为图 G 的**割点**;

(3) 若 S 为图 G 的至少含有一条边的子集,图 G 去掉 S 则不连通,而去掉 S 的任一真子集仍然连通,则称 S 为图 G 的**割集**。

例如,在图 7-18 所示的图中,(b,c),(d,i)是割边,b,c,d,i 是割点,$\{(b,c)\}$,$\{(d,i)\}$,$\{(a,b),(a,f)\}$,$\{(a,f),(b,f),(f,g)\}$是割集,而$\{(a,b)\}$,$\{(a,b),(b,g)\}$不是割集。这里没有把割集和非割集全部列出。

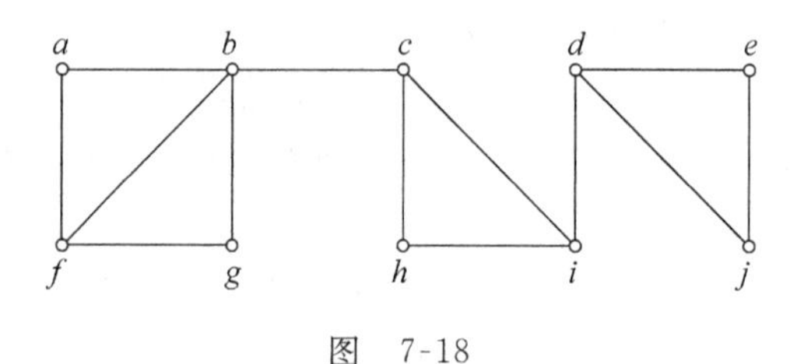

图 7-18

7.2.3 有向图的连通性

在有向图中,边是有方向性的。因此,有向图的连通性比无向图复杂,这由定义 7-10 给出。

定义 7-10 在简单有向图 $D=\langle V,E\rangle$ 中:

(1) 如果对 D 中任意两个结点 u 和 v,不但有从 u 到 v 的通路,而且也有从 v 到 u 的通路,则称图 D 是**强连通**的;

(2) 如果对 D 中任意两个结点 u 和 v,从 u 到 v 或者从 v 到 u 至少有一条通路,则称图 D 是**单向连通**的;

(3) 如果忽略 D 中全部有向边的方向后得到的无向图是连通的,则称图 D 是**弱连**

通的。

由定义 7-10 可知，强连通的一定是单向连通的。单向连通的一定是弱连通的。反之，则不然。

例 7-7　指出图 7-19 中所示各有向图中哪些是强连通的？哪些是单向连通的？哪些是弱连通的？

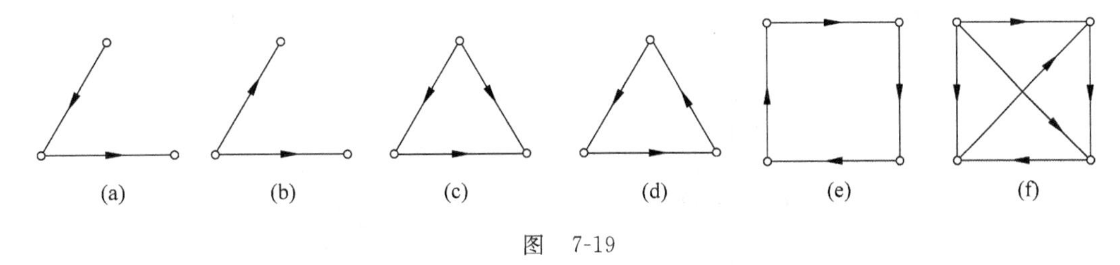

图　7-19

解　图 7-19(d)、图 7-19(e)是强连通的；图 7-19(a)、图 7-19(f) 是单向连通的，图 7-19(b)、图 7-19(c)是弱连通的。

7.2.4　欧拉图与哈密顿图

1. 欧拉图

有了前面介绍过的关于图的有关知识，现在可以讨论本章开头介绍的哥尼斯堡 7 桥问题了。

定义 7-11　设 $G=\langle V,E\rangle$是连通无向图。

(1) 如果 G 中存在一条通路，经过 G 中每一条边且只经过一次，则称该通路为**欧拉通路**；

(2) 如果 G 中存在一条回路，经过 G 中每一条边且只经过一次，则称该回路为**欧拉回路**，存在欧拉回路的图称为**欧拉图**。

定理 7-4　无向图 $G=\langle V,E\rangle$具有欧拉回路的充分必要条件是：G 是连通的，并且 G 中所有结点的度数都是偶数。

定理 7-5　无向图 $G=\langle V,E\rangle$具有欧拉通路的充分必要条件是：G 是连通的，并且 G 中恰有两个度数是奇数的结点或者没有度数是奇数的结点。

对于本章开头介绍的哥尼斯堡 7 桥问题，因为图 7-2 中所有 4 个结点的度数都是奇数，所以该图既不存在欧拉回路，也不存在欧拉通路。因此，不重复地走遍 7 座桥是不可能的。

例 7-8　指出图 7-20 中哪些图具有欧拉回路？哪些图具有欧拉通路？并说明原因。

解　图 7-20(a)、图 7-20(d)既没有欧拉回路，也没有欧拉通路，因为这两个图中度数为奇数的结点都超过 2 个。

图 7-20(b) 没有欧拉回路，但有欧拉通路，因为图中恰有两个度数为奇数的结点(a、c)。其中的一条欧拉通路是(c,a,b,c,d,e,b,d,a)。

图 7-20(c)、图 7-20(e)既有欧拉通路，也有欧拉回路，因为图中没有度数为奇数的点。图 7-20(c)中的一条欧拉回路是(a,b,c,e,b,f,e,d,f,a)。

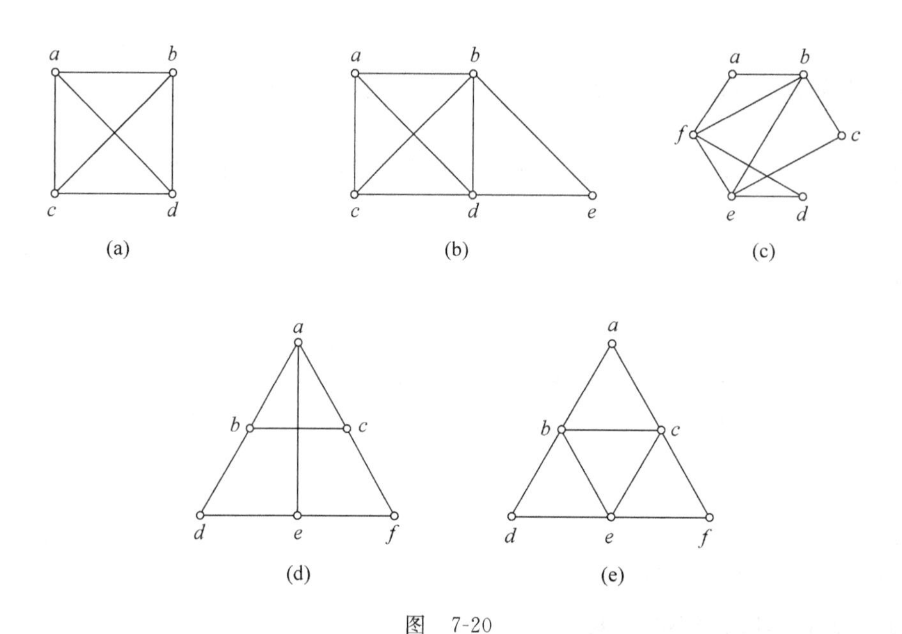

图 7-20

例 7-9 图 7-21 为一个街道图。邮递员从邮局 a 出发沿路投递邮件。问是否存在一条投递路线使邮递员从邮局出发通过所有街道一次再回到邮局?

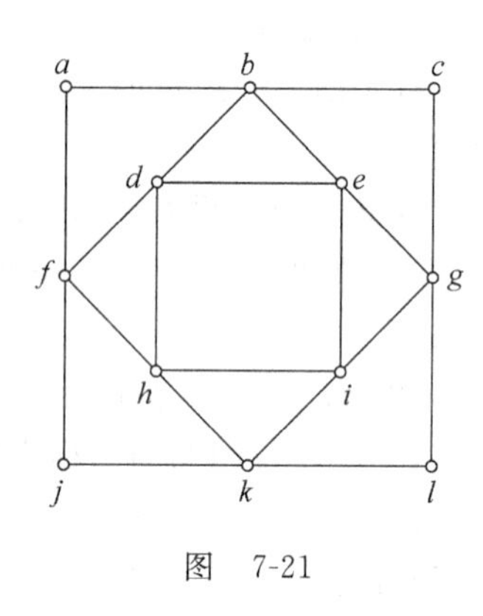

图 7-21

解 这实际上是判断图 7-21 是否欧拉图。由于该图是连通的,并且每一个结点的度数都是偶数。根据定理 7-4 可知,这是一个欧拉图,所求的投递线路是存在的。欧拉回路有多条,下面是其中的一条:

$(a,b,c,g,e,b,d,e,i,g,l,k,i,h,k,j,f,h,d,f,a)$

有一种叫一笔画的智力游戏,实际上就是求欧拉通路或判断欧拉图问题。

例 7-10 判断图 7-22 中的 4 个图哪些可以一笔画?并说明原因。

解 图 7-22(a)、图 7-22(b) 两个图中都只有两点的度数是奇数,所以存在欧拉通路,但不存在欧拉回路。从其中的一个奇数度数的点开始可以一笔画到另一个奇数度数的点结束,并且每条边只经过一次。

图 7-22(c)、图 7-22(d) 两个图中每个点的度数都是偶数,所以存在欧拉回路。从其中的任何一个结点开始都可以一笔画回该点结束。

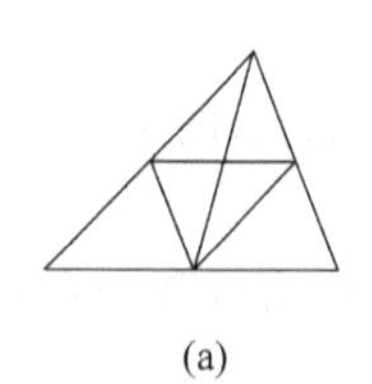
(a)

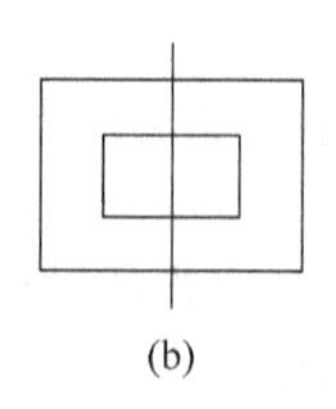
(b)

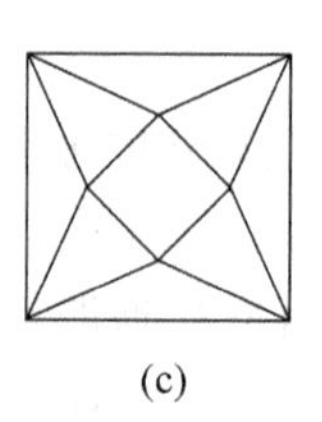
(c)

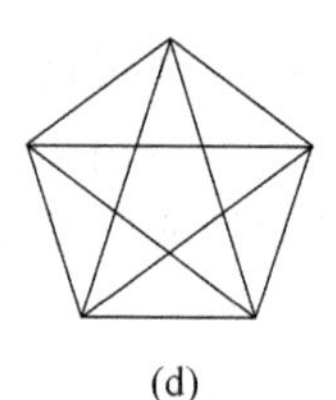
(d)

图 7-22

2. 哈密顿图

哈密顿图是与欧拉图性质类似的另一类连通图。

定义 7-12 设 $G=\langle V,E\rangle$ 是连通无向图。

(1) 如果 G 中存在一条通路，经过 G 中每个结点且只经过一次，则称该通路为**哈密顿通路**；

(2) 如果 G 中存在一条回路，经过 G 中每个结点且只经过一次，则称该回路为**哈密顿回路**，存在哈密顿回路的图称为**哈密顿图**。

到目前为止，还没有找到无向图具有哈密顿通路和哈密顿回路的充分必要条件，只能具体问题具体分析。

例 7-11 图 7-23 中哪些图具有哈密顿回路？在没有哈密顿回路的图中哪些图具有哈密顿通路？

解 图 7-23(a)有哈密顿回路(a,b,c,d,e,a)；图 7-23(b)没有哈密顿回路，但有哈密顿通路(b,a,c,d)；图 7-23(c)既没有哈密顿回路，也没有哈密顿通路。

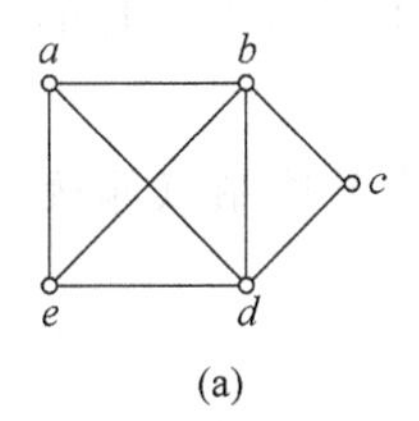

(a)

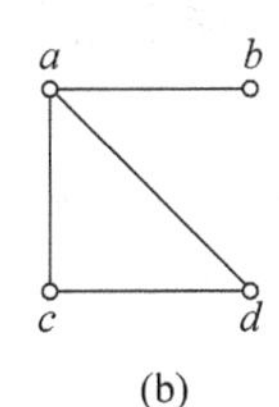

(b)

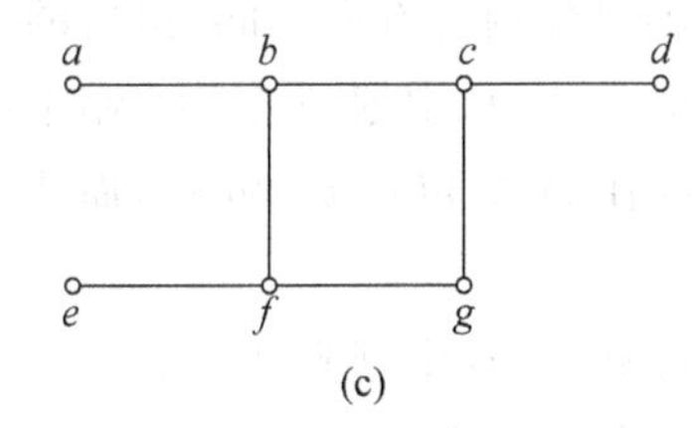

(c)

图 7-23

7.2.5 带权图的最短路

定义 7-13 设 $G=\langle V,E\rangle$ 是带权无向图，如果两个结点可达，则这两个结点间的一条通路上所有权的和称为这条通路的**长度**。两个结点间长度最小的通路称为这两个结点间的**最短路**。

带权图的最短路问题很有实际意义。例如，两座城市间怎样的高速公路最短和邮递员送一份特快专递沿怎样的线路最近都是最短路问题。

下面介绍迪克斯特拉(Dijkstra)提出的求两个结点间最短路的一种算法。为了叙述方便，先做些必要的说明。

将原图看成 A 和 B 两部分和连接 A、B 两部分的边：A 包括原图的部分结点以及这些结点间原来存在的边；B 包括原图中不属于 A 的那部分结点以及这些结点间原来存在的边；原图中连接 A、B 两部分的边既不属于 A，也不属于 B。B 中某结点 v 到起点长度最小的通路就是 v 与起点间的最短路，记作 $d(v)$。

下面是这种算法的步骤。

(1) 开始时 A 只包括最短路的起点，其余的结点以及这些结点间原来存在的边属于 B。

(2) 对 B 中直接和 A 中某些结点邻接的那些结点(记作结点集 C)进行考察，找出 C 中与起点距离最短的一个结点 v(如果存在多个这样的结点，任选其中一个)，并记录这条

最短路的长度 $d(v)$。

(3) 将找到的结点 v 从 B 中划到 A 中。并且在 A 中增加原来的结点与刚划入的结点 v 间在原图中存在的所有边；在 B 中减少与刚划出的结点 v 间的所有边。

(4) 重复(2)、(3)两步，直到终点出现在 A 中为止。

上述过程中不但找出了起点到终点的最短路，同时也找出了该最短路的长度。

下面以例 7-12 具体说明迪克斯特拉算法。

例 7-12 图 7-24 表示一个带权图，求出该图中结点 v_1 到其余各结点的最短路。

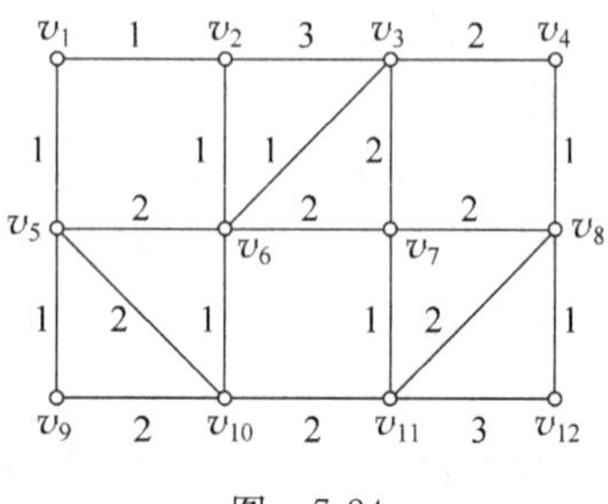

图 7-24

解 按本题的要求，直到将所有结点都划入 A 中为止。下面是部分步骤：

(1) 开始时 A 只包括结点 v_1，其余的结点属于 B。

(2) B 中只有 v_2，v_5 和 A 中 v_1 邻接。记录到 $d(v_2)=1$(选 $d(v_5)=1$ 也可以，只不过后面每步的具体内容有所不同，最后的结果也可能不完全相同，但实质是一样的)。

(3) 将 v_2 从 B 中划到 A 中(见图 7-25(a))。

(4) 现在 A 中包括 v_1 和 v_2，而 B 中只有 v_3，v_5，v_6 和 A 中某些结点邻接。记录到 $d(v_5)=1$。

(5) 将 v_5 从 B 中划到 A 中。

(6) 现在 A 中包括 v_1，v_2 和 v_5，而 B 中只有 v_3，v_6，v_9，v_{10} 和 A 中某些结点邻接。记录到 $d(v_6)=2$。

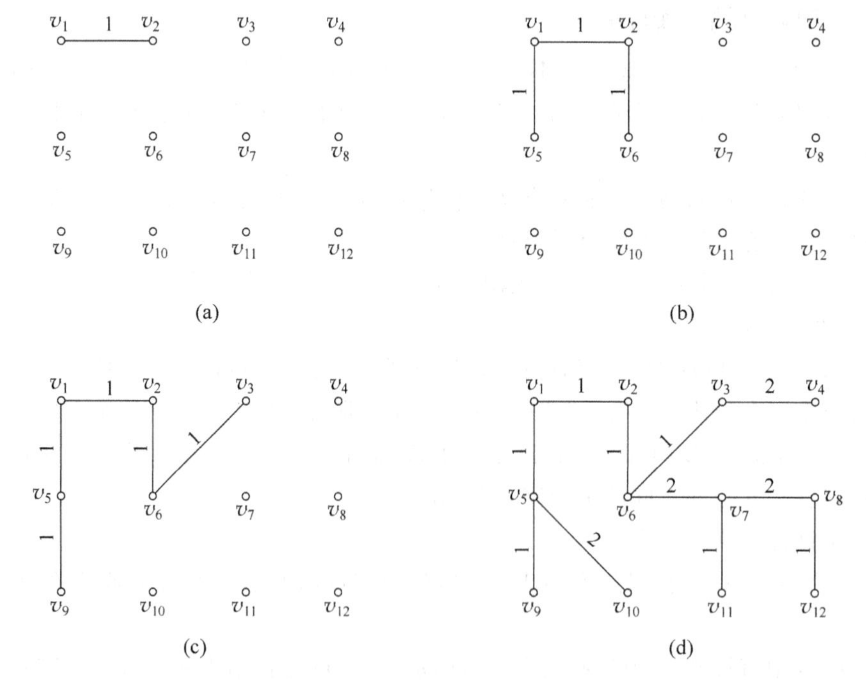

图 7-25

(7) 将 v_6 从 B 中划到 A 中。

为了节省篇幅，后面的步骤省略。只把记录到的各个最短路的长度顺序列出：$d(v_9)=2$，$d(v_3)=3$，$d(v_{10})=3$（有两条不同的通路），$d(v_7)=4$，$d(v_4)=5$，$d(v_{11})=5$，$d(v_8)=6$，$d(v_{12})=7$。

为了便于读者理解，图 7-25 画出了 11 个步骤中的 4 个，分别如图 7-25(a)、图 7-25(b)、图 7-25(c)和图 7-25(d)所示。

从例 7-12 可以看出，完全用人工找，越到后来越困难。所幸的是，有了电子计算机，即使是很复杂的图，也可以通过编写程序很快得到结果。

7.3　图的矩阵表示

本节介绍用矩阵表示图的方法。用矩阵表示图，可以把图的信息存储在计算机中，以便对图进行各种运算，并揭示图的有关性质。

由于矩阵的行和列有固定的顺序，因此，要先将图的所有结点和边顺序编号，才能写出有关矩阵。下面介绍的每一种矩阵都可以完全描述一个图。

7.3.1　无向图的关联矩阵

定义 7-14　设无向图 $G=\langle V,E\rangle$ 的结点集为 $V=\{v_1,v_2,\cdots,v_n\}$，边集为 $E=\{e_1,e_2,\cdots,e_m\}$，则矩阵 $\boldsymbol{M}(G)=(m_{ij})_{n\times m}$ 称为 G 的**关联矩阵**，其中：

$$m_{ij}=\begin{cases}1 & (v_i \text{ 与 } e_j \text{ 关联})\\ 0 & (v_i \text{ 与 } e_j \text{ 不关联})\end{cases}$$

无向图的关联矩阵具有下列性质。

(1) 矩阵的每一行各元素的和等于相应结点的度；

(2) 矩阵的每一列恰有两个 1，其余元素都是 0。

例 7-13　写出图 7-26 所示无向图的关联矩阵。

解　图 7-26 所示无向图的关联矩阵为

$$\boldsymbol{M}(G)=\begin{pmatrix}1&0&1&1&0&0&0\\1&1&0&0&1&0&0\\0&1&0&0&0&1&0\\0&0&1&0&0&0&1\\0&0&0&1&1&1&1\end{pmatrix}$$

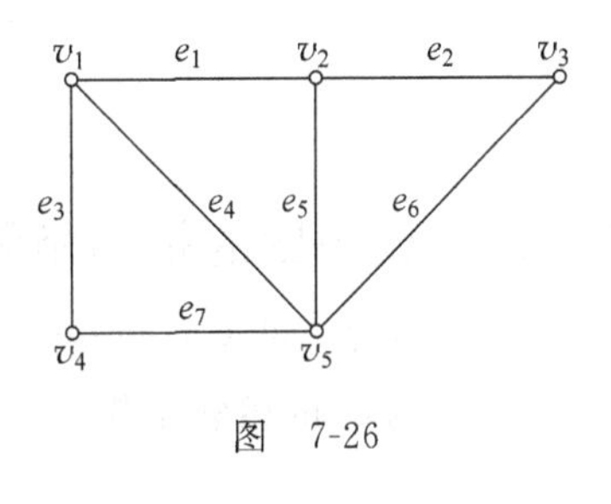

图　7-26

7.3.2　有向图的关联矩阵

定义 7-15　设有向图 $D=\langle V,E\rangle$ 的结点集为 $V=\{v_1,v_2,\cdots,v_n\}$，边集为 $E=\{e_1,e_2,\cdots,e_m\}$，则矩阵 $\boldsymbol{M}(D)=(m_{ij})_{n\times m}$ 称为 D 的**关联矩阵**，其中：

$$m_{ij}=\begin{cases}1 & (v_i \text{ 为 } e_j \text{ 的始点})\\ 0 & (v_i \text{ 与 } e_j \text{ 不关联})\\ -1 & (v_i \text{ 为 } e_j \text{ 的终点})\end{cases}$$

有向图的关联矩阵具有下列性质。

(1) 矩阵的每一行中等于1的元素的个数等于相应结点的出度,每一行中等于−1的元素的个数等于相应结点的入度;

(2) 矩阵的每一列恰有一个1和一个−1,其余元素都是0。

例 7-14 写出图7-27所示有向图的关联矩阵。

解 图7-27所示有向图的关联矩阵为

$$\boldsymbol{M}(D)=\begin{pmatrix}1&0&-1&0&0&0&0\\-1&1&0&1&0&0&0\\0&-1&0&0&-1&1&0\\0&0&1&0&0&0&-1\\0&0&0&-1&1&-1&1\end{pmatrix}$$

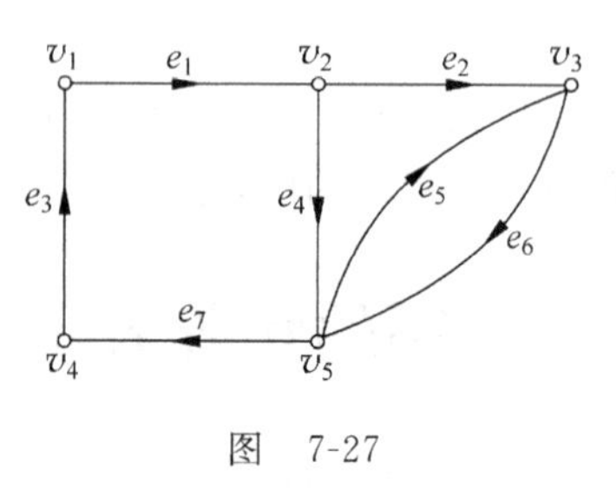

图 7-27

7.3.3 有向图的邻接矩阵

定义 7-16 设有向图 $D=\langle V,E\rangle$ 的结点集 $V=\{v_1,v_2,\cdots,v_n\}$,则 n 阶方阵 $\mathbf{A}(D)=(a_{ij})_{n\times n}$ 称为 D 的**邻接矩阵**,其中

$$a_{ij}=\begin{cases}1 & ((v_i,v_j)\in E)\\ 0 & ((v_i,v_j)\notin E)\end{cases}$$

简单有向图的邻接矩阵具有下列性质:主对角线元素皆为0,每一行中等于1的元素的个数等于相应结点的出度,每一列中等于1的元素的个数等于相应结点的入度。

例 7-15 写出图7-27所示有向图的邻接矩阵。

解 图7-27所示有向图的邻接矩阵为

$$\mathbf{A}(D)=\begin{pmatrix}0&1&0&0&0\\0&0&1&0&1\\0&0&0&0&1\\1&0&0&0&0\\0&0&1&1&0\end{pmatrix}$$

7.3.4 无向图的相邻矩阵

定义 7-17 设无向图 $G=\langle V,E\rangle$ 的结点集 $V=\{v_1,v_2,\cdots,v_n\}$,则 n 阶方阵 $\mathbf{A}(G)=(a_{ij})_{n\times n}$ 称为 G 的**相邻矩阵**。其中:

$$a_{ij}=\begin{cases}1 & ((v_i,v_j)\in E)\\ 0 & ((v_i,v_j)\notin E)\end{cases}$$

简单无向图的相邻矩阵是对称矩阵,主对角线元素皆为0,且每一行(以及每一列)各元素的和等于相应结点的度。

例 7-16 写出图7-26所示无向图的相邻矩阵。

解 图7-26所示无向图的相邻矩阵

$$\mathbf{A}(G)=\begin{pmatrix}0&1&0&1&1\\1&0&1&0&1\\0&1&0&0&1\\1&0&0&0&1\\1&1&1&1&0\end{pmatrix}$$

例 7-13～例 7-16 表明，如果给出了图的有关矩阵，就可以画出该图。

例 7-17　已知无向图的相邻矩阵为

$$\mathbf{A}(G)=\begin{pmatrix}0&1&0&1&1&0\\1&0&1&0&1&1\\0&1&0&0&0&1\\1&0&0&0&1&0\\1&1&0&1&0&1\\0&1&1&0&1&0\end{pmatrix}$$

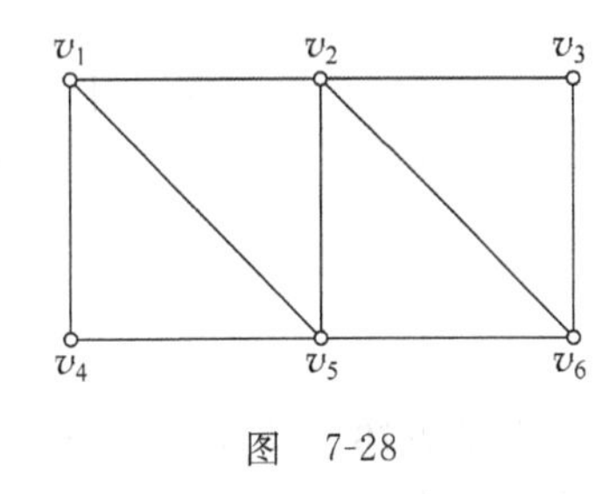

图　7-28

画出相应的无向图。

解　该无向图如图 7-28 所示。

7.4　树

树是一类特殊的图，有着广泛的应用。例如，计算机技术中的各种数据结构都可以用树方便地表达。

7.4.1　无向树与生成树

定义 7-18　不含回路的简单连通无向图称为**无向树**，简称**树**，通常用 T 表示。

树中度数为 1 的结点称为**树叶**，度数大于 1 的结点称为**分支点**。树中的边称为**树枝**。

连通分支数大于 1 且每个连通分支均是树的非连通图称为**森林**。

定理 7-6　设 G 是含有 n 个结点、m 条边的简单无向图，则下列命题等价。

(1) G 是树；

(2) G 连通且不含回路；

(3) G 中任意两结点间有唯一的简单通路；

(4) G 连通，且去掉任意一条边就不再连通；

(5) G 连通，且 $n=m+1$；

(6) G 中无回路，且 $n=m+1$；

(7) G 中无回路，但在任意两个不相邻结点加一条边就形成一个回路。

定义 7-19　设 $G=\langle V,E\rangle$ 是无向连通图，T 是 G 的生成子图，并且 T 是树，则称 T 是 G 的**生成树**，G 的不在 T 中的边称为 T 的弦。

定理 7-7　设 $G=\langle V,E\rangle$ 是无向连通图，则 G 至少有一棵生成树。

推论　设 G 是含有 n 个结点、m 条边的简单无向连通图，则 $m\geqslant n-1$。

根据定理 7-6，可以得到生成树的一种算法：逐步去掉图 G 中的回路的任意一条边，直至破掉图 G 中原来的所有回路。这样得到的图就是图 G 的一棵生成树。这种方法通常称为破圈法。

例 7-18 画出图 7-29 所示的简单无向图的 3 个生成树。

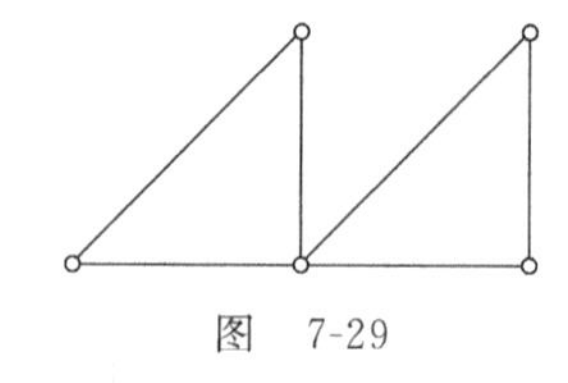

图 7-29

解 用破圈法,可以得到如图 7-30 所示的 3 个生成树。

显然,图 7-29 所示的简单无向图的生成树不只上述 3 个。

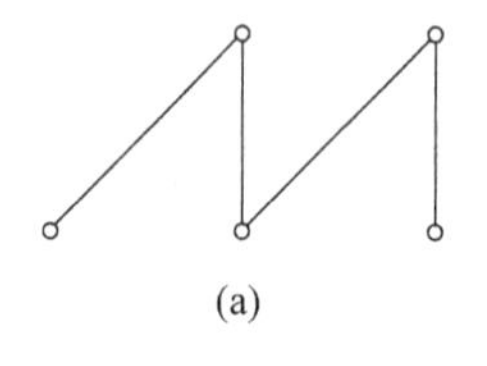

(a)

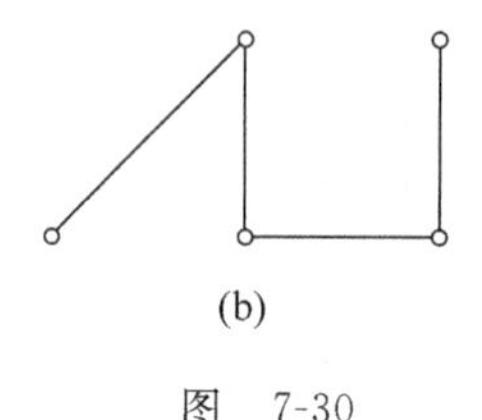

(b)

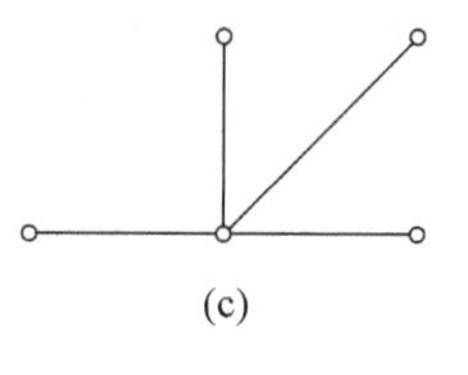

(c)

图 7-30

定义 7-20 设 $G=\langle V,E\rangle$ 是带权无向连通图,则 G 中具有最小权的生成树 T_G 称为 G 的**最小生成树**。

最小生成树很有实际意义。例如,在一座大楼里敷设一个局域网线路,将各个房间内的计算机连起来。如何设计线路才能够使敷设的总长最短就是一个最小生成树问题。

求带权无向连通图 G 最小生成树有两种算法:**避圈法**和**破圈法**。

避圈法的步骤如下。

(1) 在图 G 中选取权最小的一条边(如果存在多个权最小的边,任选其中一个),并记该边连同其两个端点为图 A。

(2) 在图 G 中与图 A 邻接的所有边中找权最小的一条边,把它连同其端点添加到图 A 中。

(3) 重复第(2)步,但要在保证图 A 不出现回路的前提下找权最小的一条边,直至包含了图 G 中是所有结点。

最后的图 A 就是图 G 的最小生成树 T_G。

求最小生成树的破圈法本质上与求最小生成树的避圈法一样,只是要尽可能去掉权大的边。

例 7-19 图 7-31 是一个局域网的示意图,图中每个结点表示一台计算机,每一条边表示关联的两台计算机之间可以直接敷设网络线,边上的数字表示该网络线的敷设距离。问选择怎样的线路使敷设的网络线总长最短。

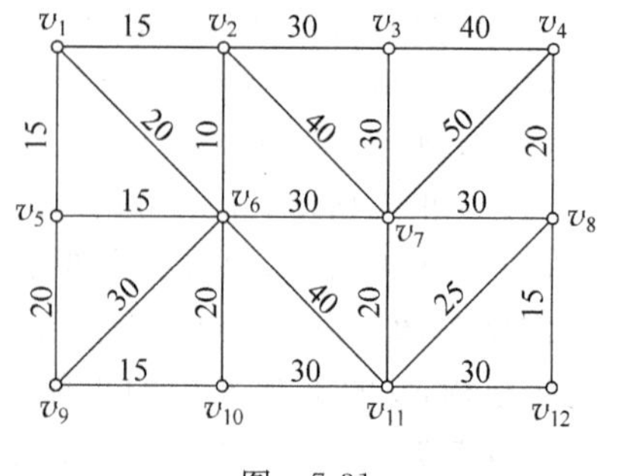

图 7-31

解 这实质上是求该图的最小生成树。用避圈法,步骤如下。

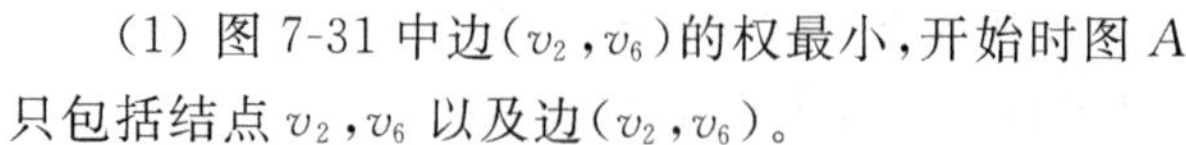

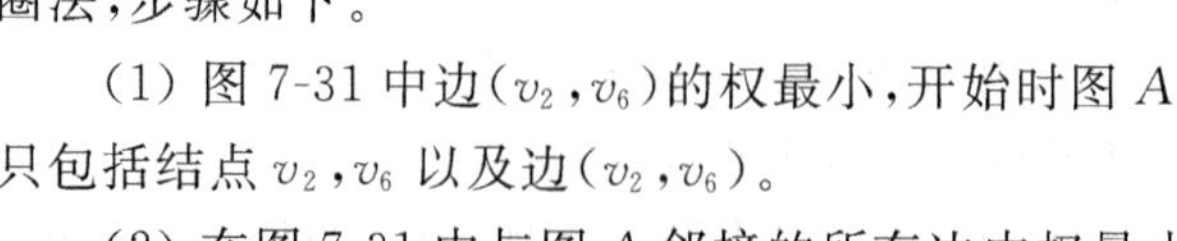

(1) 图 7-31 中边 (v_2,v_6) 的权最小,开始时图 A 只包括结点 v_2,v_6 以及边 (v_2,v_6)。

(2) 在图 7-31 中与图 A 邻接的所有边中权最小的一条边是 (v_1,v_2)。将 (v_1,v_2) 连同其一个端点 v_1 添加到图 A 中。

(3) 在图 7-31 中与图 A 邻接的所有边中权最小的一条边是(v_5, v_6)。将(v_5, v_6)连同其一个端点 v_5 添加到图 A 中。到现在为止的图 A 如图 7-32(a)所示。

为了节省篇幅,后面的步骤省略。图 7-32 画出了全部步骤中的 3 个。最后的图 7-32(c)就是所求的最小生成树。或者说,沿这样的线路敷设网络线总长最短。

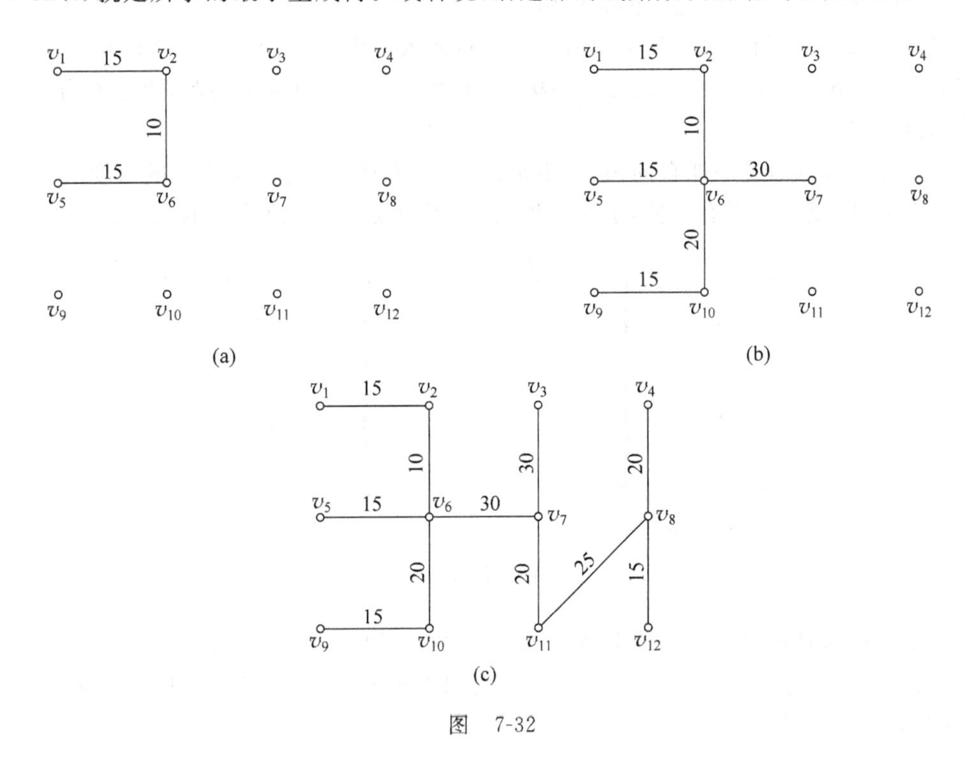

图　7-32

利用破圈法解本题的步骤如下。

(1) 首先去掉权大于或等于 40 的边。去掉这些边后,图仍然连通,如图 7-33(a)所示。

(2) 再去掉一些权等于 30 的边。为了保证图仍然连通,必须保留一条权等于 30 的边,如图 7-33(b)中保留了边(v_6, v_7)。

(3) 为了破掉剩下的圈,并保证图仍然连通,再去掉 5 条权较大的边,最后得到图 7-32(c)。

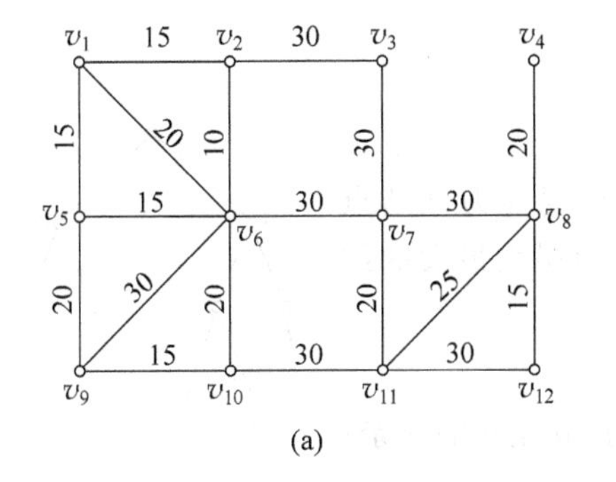

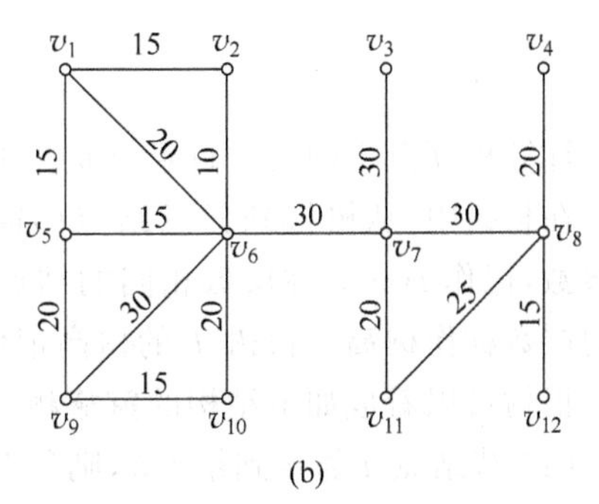

图　7-33

7.4.2 有向树及其应用

定义 7-21 如果一个有向图在不考虑边的方向时是树,则称此有向图为**有向树**,简称为**树**。

在有向图中,最有实际意义的是根树。

定义 7-22 一棵有向树,如果仅有一个结点的入度为0,其余结点的入度均为1,则称此有向树为**根树**。入度为0的结点称为**树根**,出度为0的结点称为**树叶**,出度不为0的结点称为**分支点**。

例如,图 7-34(a)是一棵有向树,但不是根树,因为有两个结点 b 和 c 的入度是0。

图 7-34(b)既是一棵有向树,也是一棵根树,因为仅有一个结点 b 的入度为0。

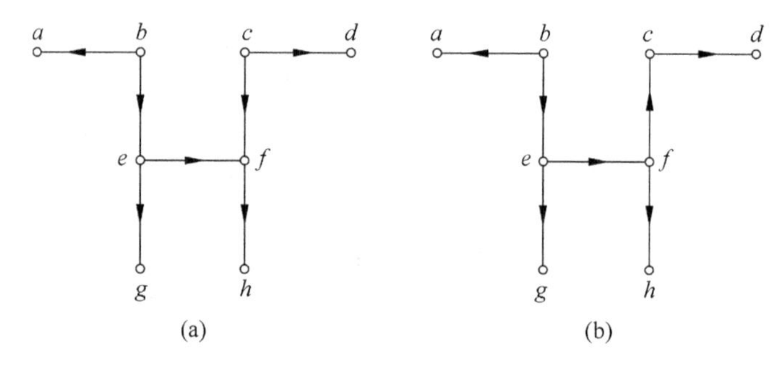

图 7-34

如果在画树时把树根放在最上面,分支点及树叶顺序一层一层往下放置,则根树中有向边的方向均一致向下。所以,这样画树时,可以不把方向标出。这样图面就显得很清晰(参看图 7-35 和图 7-36)。

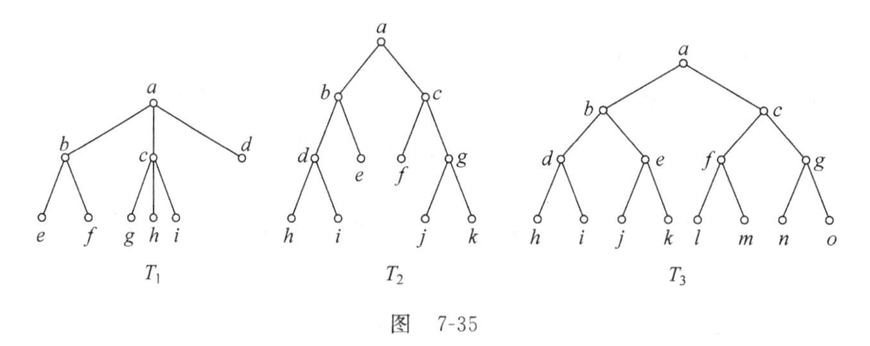

图 7-35

计算机硬盘中的文件目录就是树形结构。

在根树中,从树根到任意结点的简单通路的长度称为该结点的**层数**,记作 $l(v)$;称层数相同的结点在**同一层**上,层数最大的结点的层数称作**树高**。根树 T 的树高记作 $h(T)$。

根树可以看成如下结构的**家族树**。

(1) 若结点 a 邻接到结点 b,则称 b 是 a 的儿子,a 是 b 的**父亲**;

(2) 若 b,c 同是 a 的儿子,则称 b,c 是**兄弟**;

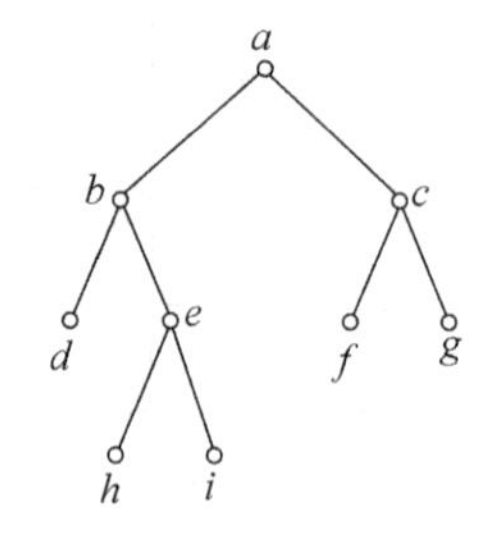

图 7-36

(3) 若结点 $d \neq a$，而 a 可达 d，则称 d 是 a 的**后代**，a 是 d 的**祖先**。

例如，在图 7-35 的根树 T_1 中，g 是 c 的儿子，c 是 h 的父亲，b、c、d 是兄弟，g 是 a 的后代，a 是 f 的祖先。

定义 7-23　设 T 为一棵根树，a 为 T 中一个分支点，称 a 及其后代构成的子图 T' 为 **T 的以 a 为根的子树**，简称**根子树**。

在图 7-35 的根树 T_1 中，b 及其儿子 e、f 就构成 T_1 的一棵根子树。

定义 7-24　如果在根树中将每一层次上的结点都规定次序，这样的根树称为**有序树**。

根据每个分支点的儿子数以及是否有序，可将根树分成定义 7-25 所述的几类。

定义 7-25　设 T 是根树。

(1) 如果 T 的每个分支点至多有 s 个儿子，则称 T 为 **s 元树**；

(2) 如果 T 的每个分支点都恰好有 s 个儿子，则称 T 为 **s 元正则树**；

(3) 如果 s 元树 T 是有序的，则称 T 为 **s 元有序树**；

(4) 如果 s 元正则树 T 是有序的，则称 T 为 **s 元有序正则树**；

(5) 如果 T 是 s 元正则树，且所有树叶的层数相同，都等于树高，则称 T 为 **s 元完全正则树**；

(6) 如果 s 元完全正则树 T 是有序的，则称 T 为 **s 元有序完全正则树**。

例 7-20　图 7-35 中的几个根树各属于哪一类?

解　T_1 是三元树，T_2 是二元正则树，T_3 是二元完全正则树。

在所有的 n 元有序正则树中，二元有序正则树最重要，在实际问题中有广泛的应用。

对于根树中的每个结点都只访问一次称为可**遍历**或**周游**一棵树，对于二元有序正则树主要有以下 3 种遍历方法。

(1) **中序遍历法**　其访问次序为：左子树、树根、右子树。

(2) **前序遍历法**　其访问次序为：树根、左子树、右子树。

(3) **后序遍历法**　其访问次序为：左子树、右子树、树根。

对同一棵根树，按不同的遍历法进行访问，其结果不同。对于图 7-36 所示的根树，按上述 3 种遍历法访问的结果如下。

按中序遍历法访问的结果为

$$(db(hei))a(fcg)$$

按前序遍历法访问的结果为

$$a(bd(ehi))(cfg)$$

按后序遍历法访问的结果为

$$(d(hie)b)(fgc)a$$

利用二元有序树可以表示各种算式，然后根据不同的遍历法可以产生不同的算法。

用二元有序树表达算式时必须符合下面的规定。

(1) 运算符必须放在分支点上；

(2) 数字或表示数值的字母放在树叶上；

(3) 被减数或被除数左枝树树叶上。

计算机中存储非线性数据结构主要用树，其中更多的是二元树。下面的例 7-21 就是一个典型的例子。

例 7-21 用二元有序树(中序行遍法)表示下面的算式:

$$((a\times(b-c))\div d+b)-(c-d)$$

解 所得根树如图 7-37 所示。

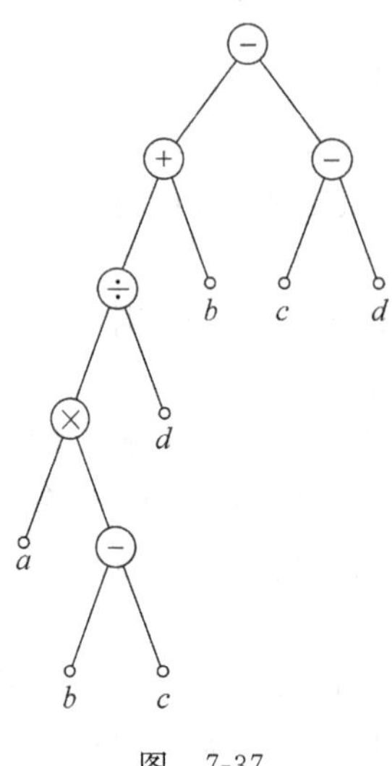

图 7-37

7.5 本章小结

本章介绍了图和树的基本知识。重点是:图、简单图、图的连通性、树、生成树、根数等概念;握手定理等重要定理;欧拉图;最短路问题;用矩阵表示图;最小生成树。

下面是本章的知识要点和要求:

- 知道图、同构的图、简单图、完全图、带权图、生成子图等概念。
- 会判断图是否同构。
- 懂得结点的度;掌握握手定理等关于图的结点与边的数量间的关系。
- 知道通路、回路、图的连通性等概念。
- 知道欧拉通路、欧拉回路(欧拉图)的判别方法。
- 会找带权图的最短路。
- 会写出图的关联矩阵、邻接(相邻)矩阵;会根据图的有关矩阵画出图。
- 知道树、生成树、根树等概念;知道根树的分类。
- 会找带权无向连通图的最小生成树。
- 掌握二元有序正则树的应用。

习 题

一、判断题(下列各命题中,哪些是正确的,哪些是错误的?)

7-1 图的生成子图不可能又是它的导出子图。 ( )

7-2　每一个图所有结点的度数之和等于该图边数的两倍。（　　）

7-3　存在这样的图，它有 5 个度数为奇数的顶点。（　　）

7-4　无向图中结点之间的连通关系是等价关系。（　　）

7-5　强连通的一定是弱连通的。（　　）

7-6　弱连通的一定是单向连通的。（　　）

7-7　无向图的关联矩阵的每一行各元素的和等于相应结点的度。（　　）

7-8　无向图的关联矩阵的每一行恰有两个 1，其余元素都是 0。（　　）

7-9　简单有向图的邻接矩阵的主对角线元素皆为 1。（　　）

7-10　简单无向图的相邻矩阵是对称矩阵，且每一行（以及每一列）各元素的和等于相应结点的度。（　　）

7-11　任何简单无向图都是树。（　　）

7-12　树中任意两结点间有唯一的简单通路。（　　）

7-13　任何图都有生成树。（　　）

7-14　含有 5 个结点的树只能有 6 根树枝。（　　）

二、单项选择题

7-1　本题所说的图都是简单无向图，下列各命题中错误的是________。

A. 五角星和五边形同构

B. 任意两个四边形同构

C. 两个图都含有 4 个结点和 4 条边，这两个图同构

D. 两个图都含有 3 个结点和 3 条边，这两个图同构

7-2　图 G 的度数序列是(1,2,3,3,4,4,5)，则________中的数与图 G 的边数相等。

A. 9　　B. 10　　C. 11　　D. 12

7-3　以下不属于用二元有序树表达算式时必须符合的规定的是________。

A. 运算符必须放在分支点上

B. 数字或表示数值的字母放在树叶上

C. 只能进行四则运算

D. 被减数或被除数左支树树叶上

三、填空题

7-1　在一个具有 6 个结点的图中，任何初级回路的长度均不大于________。

7-2　一个无向完全图有 36 条边，它的结点数是________。

7-3　图 G 的度数序列是(1,1,2,2,3,5)，则该图的边数是________。

7-4　如果 G 中存在一条回路，经过 G 中每一条边且只经过一次，则称该通路为________。

7-5　如果 G 中存在一条回路，经过 G 中每个结点且只经过一次，则称该通路为________。

7-6　求带权无向连通图的最小生成树的两种算法是________和________。

7-7　有向树的入度为 0 的结点称为________，出度为 0 的结点称为________，出度不为 0 的结点称为________。

四、综合题

7-1 设 $V=\{a,b,c,d,e\}$,画出下列图:

(1) 无向图 $G=(V,E)$,其中 $V=\{a,b,c,d,e\}$,$E=\{(a,b),(a,c),(a,e),(b,c),(c,d),(c,e)\}$。

(2) 有向图 $D=(V,E)$,其中 $V=\{a,b,c,d,e\}$,$E=\{\langle a,b\rangle,\langle a,e\rangle,\langle b,a\rangle,\langle b,c\rangle,\langle c,d\rangle,\langle c,e\rangle,\langle d,c\rangle\}$。

7-2 设无向图 G 有 5 个结点、4 条边,在不同构的前提下,画出简单无向图 G 的所有形式。

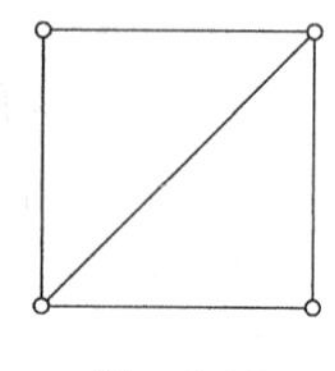

图 7-38

7-3 分别画出无向完全图 K_2、K_3 和 K_5。

7-4 画出图 7-38 的全部生成子图。

7-5 是否可以画出一个 6 阶无向图,使该图的度数序列与下面的序列一致?如能,画出一个符合条件的图;如不能,说明理由。

(1) 2,2,2,2,2,2

(2) 1,2,3,4,4,5

(3) 1,2,3,4,5,5

(4) 3,3,3,3,3,3

7-6 解答下列各题:

(1) 无向完全图 K_n 有 28 条边,问它的结点数 n 是多少?

(2) 图 G 的度数序列是(1,2,3,3,4,4,5),问边数 m 是多少?

(3) 一个简单图 G 有 14 条边,度数为 3 的结点共有 8 个,其他结点度数只可能为 1 或 2,问该图最少有多少个结点?

7-7 指出图 7-39 中哪些图具有欧拉回路?在没有欧拉回路的图中哪些图具有欧拉通路?在有欧拉回路或欧拉通路的图中,各列举一条欧拉回路或欧拉通路。

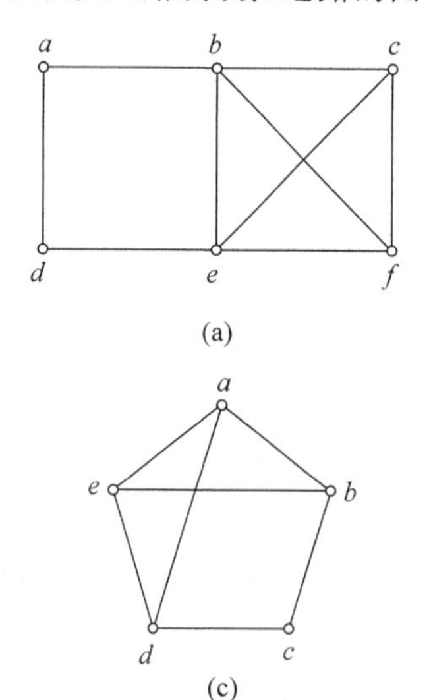

(a)

(c)

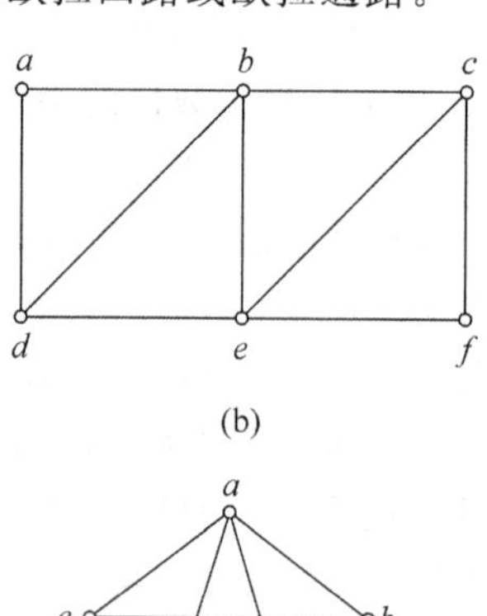

(b)

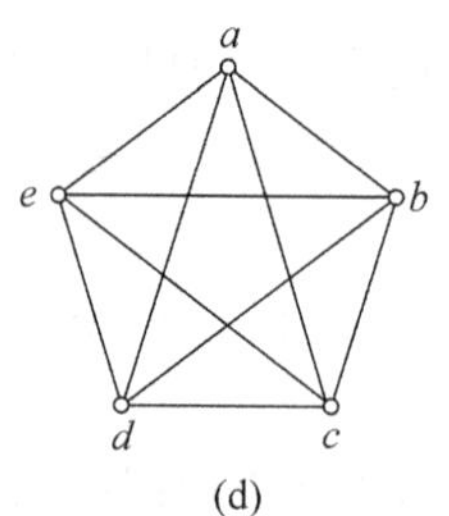

(d)

图 7-39

7-8　例 7-12 的图 7-24 表示一个权图，求出该图中结点 v_7 到其余所有结点的最短路，将结果用一个完整的图表示。

7-9　一个城市的街道及长度如图 7-40 所示，求 a、l 两点的最短路，将结果用一个完整的图表示。

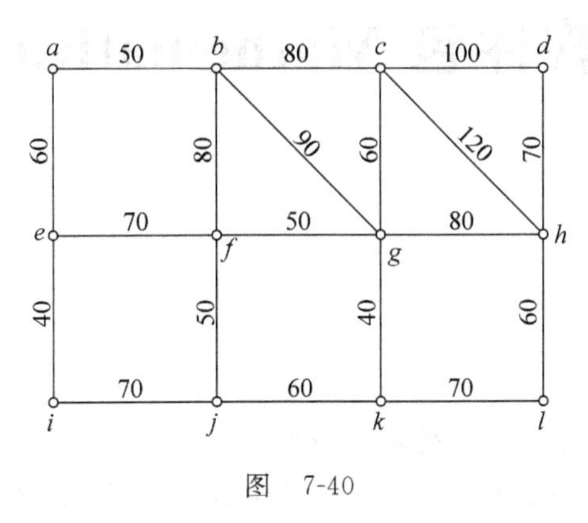

图　7-40

7-10　已知无向图的关联矩阵为

$$\boldsymbol{M}(G)=\begin{pmatrix}1&1&1&0&0&0&0\\1&0&0&1&0&0&0\\0&0&1&1&1&1&0\\0&1&0&0&1&0&1\\0&0&0&0&0&1&1\end{pmatrix}$$

画出相应的无向图。

7-11　已知无向图的相邻矩阵为

$$\boldsymbol{A}(G)=\begin{pmatrix}0&1&0&0&1&0\\1&0&1&1&0&1\\0&1&0&0&0&0\\0&1&0&0&1&0\\1&0&0&1&0&1\\0&1&0&0&1&0\end{pmatrix}$$

画出相应的无向图。

7-12　求图 7-40 的最小生成树，将结果用一个完整的图表示。

7-13　用二元有序树（中序遍历法）表示下面的算式

$$((2\times x)-(3\times y))\div(a-((2\times b)+(4\div c)))$$

第 8 章

数学软件包 Mathematica 介绍

本章要点

(1) 数学软件包 Mathematica 的基本知识。

(2) 用数学软件包 Mathematica 做初等数学、高等数学、线性代数运算等。

随着计算机技术的飞速发展,科学工作者陆续开发出了一些功能强大的数学应用软件,如 Mathematica、Matlab、MathCAD 等。这些数学软件不仅能够为科技工作者解答工程实际问题提供强有力的工具,也给在校学生学习数学课程提供很大帮助。

不同的数学软件虽然各有自己的功能和特点,但这些软件的使用方法有许多相同或相近之处。掌握其中一种,也就为掌握其他数学软件打下基础。

数学软件包 Mathematica 可以用来做初等数学、高等数学和线性代数等方面的数学问题。本章仅介绍如何用数学软件包 Mathematica 做初等数学、高等数学、线性代数题。

8.1 Mathematica 的基本知识

Mathematica 是由美国 Wolfram 公司研究开发的一个著名的数学软件,是一种强大的数学计算、处理和分析的工具,可以解决各种各样的数学问题。它的主要特点是:

(1) 有精确的数值计算功能,它允许用户指定任意精度。例如,它能迅速地求出 lg5 的 100 位近似值等。

(2) 具有突出的符号运算功能,能像人一样进行带字母的运算,并得到准确的结果。例如,能求函数的极限、导数、积分,进行矩阵运算等。

(3) 有快捷的数学作图功能,能绘制二维和三维彩色图形。

(4) 具有简单的命令操作功能。只需要简单的命令即可实现上述各功能,免去了复杂的编程。

需要特别指出的是,学生在学习数学时,必须准确理解重要数学概念,熟练掌握基本数学方法,认真动手解答习题,不能直接用 Mathematica 解答习题。对于任何数学问题,Mathematica 只给出最后结果,没有中间的运算、推导过程。Mathematica 可以作为检查自己解答是否正确的辅助工具。当然,在学习以数学为基础的后续课程时或以后工作中解答问题时可以直接使用 Mathematica。

8.1.1 Mathematica 的基本操作

Mathematica 是标准的 Windows 程序。启动 Mathematica 最常用的方法是双击桌面上的 Mathematica 图标。

Mathematica 启动后，屏幕上出现称为 Notebook 的 Mathematica 系统集成界面：上面是 Mathematica 的菜单栏，下面是 Mathematica 的工作区。

工作区是显示一切输入、输出的窗口，它相当于一张长长的草稿纸，无论直接输入各种算式或命令，还是运行已编好的程序，所有操作都在该窗口中进行。该窗口不仅可以显示文字与数学表达式，还可以显示图形、按钮等对象，这种类型的窗口称为 Notebook。单击工作区窗口右上方的关闭按钮可以关闭工作区；通过单击菜单命令 File→New 可以新建一个工作区。Mathematica 允许同时有多个工作区存在。

为了方便使用，Mathematica 还设置了几个特殊字符的输入模板（窗口），这些输入模板都可通过菜单命令让它们显示。例如，通过单击菜单命令 File→Palettes→BasicInput 可显示 BasicInput 选项，还可显示其他选项。当然，不用时，可以将这些输入模板关闭。

单击菜单栏最右边的关闭按钮，或单击 File→Exit 命令，都可以退出 Mathematica。

如果窗口中的内容没有保存（通常不保存），在退出时前会出现“Save changes to ‘Untitled-1’before quitting?”的对话框。如果不需要保存，就单击 Don’t Save 按钮退出；如果需要保存，就单击 Save 按钮，按你输入的文件名保存为 Notebooks 类型的文件（扩展名为.nb）后退出；如果不要退出，就单击 Cancel 按钮。

从启动 Mathematica 系统到退出该系统称为 Mathematica 的一个工作期。

Mathematica 有功能强大的联机帮助。打开 Help 菜单，单击前七个子菜单中的任何一个，都会弹出一个窗口；记不清或不了解某些操作时，可以查看有关帮助。Master Index 是字典式查询，其他是分类的帮助内容。

为了介绍 Mathematica 的基本知识，下面先对一个简单例题列出具体步骤。

例 8-1 用 Mathematica 求表达式 $8!+3^5$ 的值。

解 本题的具体步骤如下。

（1）在工作区输入：8!+3^5。

（2）同时按下 Shift 键与 Enter 键，即按组合键 Shift+Enter（注意：按键时光标必须在该输入行）。

这时，工作区中显示如下内容。

In[1]:=8!+3^5

Out[1]=40563

【说明】 ①工作区显示的蓝色字符“In[1]:=”和“Out[1]=”是系统自动给出的，不需要人工输入，只有“8!+3^5”是人工输入的。②同时按下 Shift 键与 Enter 键是 Mathematica 执行当前输入的运行结果。40 563 是自动显示的运算结果。

8.1.2 Mathematica 中的常数与运算符

Mathematica 中的所有表示特定常数和内置函数名的字符串或单词（或其缩写）的第一个字符都必须是大写英文字母。例如，Pi（表示常数 π）、E（表示常数 e）、Log（表示自然对数 ln)、Sin(表示正弦函数 sin)、ArcCos(表示反余弦函数 arccos)中的 P、E、L、S、A 和 C 都必须大写。

注意：Mathematica 中的所有运算符号都必须是半角字符(即在英文状态下由键盘直接输入的字符)。例如，+、-、=、:、(、)、[、]和.(小数点)等。

Mathematica 中的一些重要常数用特定的字符或字符串表示，如表 8-1 所示。

表 8-1

常数名称	常数含义	常数名称	常数含义
Pi	π	Infinity	∞
E	e	Degree	$\pi/180$
I	$\sqrt{-1}$		

Mathematica 中的运算符如表 8-2 所示。

表 8-2

运算符	示例	运算符	示例
+	2.13+4.56,+5.4	^	5^3(=5^3)
-	5.72-3.84,-2.38	!	4!(=1×2×3×4)
*	4*3.2	!!	9!!(=1×3×5×7×9)
/	5/2.5		

通常会在工作区输入多次和输出多次，系统会自动依次显示“In[1]:=”、“In[2]:=”、“In[3]:=”等，以及自动依次显示“Out[1]=”、“Out[2]=”、“Out[3]=”等。

下面结合具体例题逐步介绍 Mathematica 的各种功能和具体的操作方法。

例 8-2 求表达式 20÷3 的值。

解 在工作区输入“20/3”，然后按下 Shift+Enter 键，则工作区中显示如下内容。

In[2]:=20/3

Out[2]=$\frac{20}{3}$

显然，上述结果不是理想的结果。如果想得到用小数表示的近似值，就要输入“N[20/3]”，这样就可以得到答案：6.666 67。

在 Mathematica 中，N[expr,n]为求值函数命令，其中 expr 为被求值的表达式，n 为求值精度，即要求其值含 n 位有效数字。若省略 n，则默认含 6 位有效数字。对于例 8-2，输入“N[20/3]”或“N[20/3,6]”效果一样。

如果整个计算式中至少有一个小数或在某个整数后面输入小数点“.”，就可以得到最多 6 位有效数字(除非计算结果不足 6 位)的结果。如果要得到多余 6 位或少于 6 位有效数字的结果，就只能用 N[expr,n]了。对于例 8-2，输入“20./3”或“20/3.”或“20./3.”都能得到 6.666 67。

得到最多 6 位有效数字(除非计算结果不足 6 位)的结果的另一个方法是在输入的结尾加上“//N”。对于例 8-2,输入“20/3//N”也能得到 6.666 67。

【说明】 用 Mathematica 解任何一道数学题都可能有多种输入方式。为了避免重复叙述,后面的例题解答中只给出一种(或两种)输入方式。

例 8-3 求表达式 $8!+e^3-4\pi$ 的值,要求含 8 位有效数字。

解 In[1]:=N[8!+E^3-4*Pi,8]

Out[1]=40 327.519

【说明】 Mathematica 的表达式中,数字系数与后面的表达式间的 * 号(乘号)可以省略。

例如,输入“3x^2+2x-1”与输入“3*x^2+2*x-1”效果一样;输入“3Sin[x]+2Cos[x]”与输入“3*Sin[x]+2*Cos[x]”效果一样。

8.1.3 Mathematica 内置函数与自定义函数

Mathematica 设定了一些内置函数,这些内置函数用特定的字符串作为函数名。表 8-3 列出了其中的一部分。Mathematica 内置函数中的自变量或常数都必须放在放括号“[ ]”内。

表 8-3

函数名及格式	函数功能
Abs[x]	求 x 的绝对值,即 $\lvert x\rvert$
Sqrt[x]	求 x 的算术平方根,即 $\sqrt{x}$
Exp[n]	求 e 的 n 次方,即 e^n
Log[x]	求 x 的自然对数,即 $\ln x$
Log[a,x]	求以 a 为底的 x 的对数,即 $\log_a x$
Sin[x]	求 x 的正弦值,即 $\sin x$
Cos[x]	求 x 的余弦值,即 $\cos x$
Tan[x]	求 x 的正切值,即 $\tan x$
Cot[x]	求 x 的余切值,即 $\cot x$
ArcSin[x]	求 x 的反正弦值,即 $\arcsin x$
ArcCos[x]	求 x 的反余弦值,即 $\arccos x$
ArcTan[x]	求 x 的反正切值,即 $\arctan x$
ArcCot[x]	求 x 的反余切值,即 $\operatorname{arccot} x$
Random[]	产生一个 0~1 间的随机数
Binomial[n,m]	从 n 个元素中选 m 个元素的组合数,即 $C(n,m)$
Permutation[n,m]	从 n 个元素中选 m 个元素的排列数,即 $A(n,m)$
Max[a,b,...]	求 a,b,…中的最大值
Min[a,b,...]	求 a,b,…中的最小值

例 8-4 求表达式 $\cos\frac{\pi}{6}$的值。

解 In[1]:=Cos[Pi/6]

Out[1]= $\frac{\sqrt{3}}{2}$

【说明】 在必须要精确值答案时,不应输出近似值。

经常会在工作区输入多次并得到多次输出。Mathematica 可以在多次输入后重新输出前面某次输入的结果,并可以作为新的表达式的组成部分。具体方法如下:

%m 表示对第 m 个输入语句的表达式求值;%表示对该输入语句前最后一个输入语句的表达式求值;%%%表示对从该输入语句往前数第 3 个输入语句的表达式求值;以此类推。

需要时,可输入 N[%m]、N[%]和 N[%%%]等形式。

例 8-5 求 $\sin\frac{\pi}{6}$,$\sqrt{3}$,ln5,arctan2 的值,并要求得到的结果为近似值。

解 In[1]:=Sin[Pi/6.]

Out[1]=0.5

In[2]:=Sqrt[3.]

Out[2]=1.73205

In[3]:=Log[5.]

Out[3]=1.609 44

In[4]:=ArcTan[2.]

Out[4]=1.10715

In[5]:=%

Out[5]=1.10715

In[6]:= %2+%3

Out[6]= 3.34149

在本题的解答中,%就是输入语句(In[5]:=)前最后一个输入语句(In[4]:=)的表达式 ArcTan[2.];%2 就是第 2 个输入语句(In[2]:=)的表达式 Sqrt[3.]。

Mathematica 的表达式中的括号只能用“( )”,无论有多少层。

例 8-6 求表达式(1+sin35°)(2−log25)的值,要求含 4 位有效数字。

解 In[1]:=N[(1+Sin[35 * Degree]) * (2−Log[2,5]),4]

Out[1]=−0.5066

Mathematica 还允许自定义函数。

内置函数和自定义函数的一般形式如下:

函数名[参数 1,参数 2,…, 参数 *n*]

自定义函数的函数名可以是单个字符或是由英文字母开头的字母数字字符串,字母大小写均可,且第一个字符必须是英文字母。自定义函数不能与内置函数同名。

自定义函数的函数名的第一个字母不用大写,以区别内部函数。所有参数可以是单个字符或是由英文字母开头的字母数字字符串，并由下划线“_”结尾。例如，f[x_]：=x^2。其中，f 是自定义函数的函数名，x 是参数名，“：=”是自定义函数的延迟赋值符，x^2 是自定义的具体函数。

延迟赋值只是定义了赋值模式，而没有立即给变量赋值(以后每调用一次才实际赋一次值)，所以使用延迟赋值不显示赋值结果。

例 8-7　先定义两个函数：$f(x)=2x^2+3x-1$ 和 $g(x,y)=2x^2+3xy-y^2$，再求 $f(3)$，$g(2,3)$和 $4f(3)-3g(2,3)$的值。

解

```
In[1]:=f[x_ ]:=2x^2+3x-1
In[2]:=g[x_, y_ ]:=2x^2+3x*y-y^2
In[3]:=f[3]
Out[3]=26
In[4]:=g[2, 3]
Out[4]=17
In[5]:=4%3-3%
Out[5]=53
```

8.2　用 Mathematica 做初等数学题

用 Mathematica 做各种数学题都是通过命令来调用的。这些命令具有与函数类似的格式。

用 Mathematica 不但可以求函数值(上节各例题)，还可以做分解因式、求两个多项式的乘积和求方程的根等。下面分别介绍解答这些问题的方法。

1. 分解因式

分解因式的命令是 Factor，其调用格式如下。

```
Factor[expr]
```

其中，expr 是要分解因式的表达式。

Mathematica 只能在有理数范围内对因式进行分解，而且无论给出的多项式如何排列，分解后的因式都按自变量的升幂排列。

例 8-8　分解下列各因式。

(1) $1-x^2$　　(2) $1-x-2x^2$

(3) $1+x^2$　　(4) $3+4x+x^2+5y+3xy+2y^2$

解

(1)
```
In[1]:=Factor[1-x^2]
Out[1]=-(-1+x)(1+x)
```

(2)
```
In[2]:=Factor[1-x-2x^2]
Out[2]=-(1+x)(-1+2x)
```

(3)
```
In[3]:=Factor[1+x^2]
```
Out[3]=$1+x^2$

```
(4) In[4]:=Factor[2-x-x^2-y+4x*y-3y^2]
    Out[4]=-(2+x-3y)(-1+x-y)
```

2. 多项式运算

用 Mathematica 求两个多项式的乘积的命令是 Expand,其调用格式如下。

```
Expand[expr]
```

其中,expr 是要求乘积的多项式的表达式。

展开的结果按自变量的升幂排列。下面的例题同时介绍中间变量和它的调用方式,还介绍临时赋值标志和临时赋值方式。

例 8-9 设两个多项式:$p(x)=x^2+x+1$,$q(x)=x^3-x+2$。求这两个多项式的积 $g(x)$和 $g(x)$在 $x=2$ 处的值。

解
```
In[1]:=p:= x^2+x+1
In[2]:=q:= x^3-x+2
In[3]:=g= p*q
```
$\text{Out}[3]=(1+x+x^2)(2-x+x^3)$
```
In[4]:=Expand[g]
```
$\text{Out}[4]=2+x+x^2+x^4+x^5$
```
In[5]:=g/. x->2
Out[5]=56
```

【说明】 本题中,p,q 是中间变量;求 $g(x)$在 $x=2$ 处的值使用了临时赋值标志"/."(斜杠后接一个小数点)。被临时赋值的变量只在该语句中取所赋的值,在其他地方不保留该值。临时赋值方式是"->"(减号后接一个大于号)。

3. 求方程的根

用 Mathematica 求代数方程的根的命令分别是 Roots,其调用格式如下。

```
Roots[eq,x]
```

其中,x 是未知元,eq 是关于 x 的方程。

【说明】 在 Mathematica 中,方程中的等号用"=="。

例 8-10 求方程 $x^3-4x^2+9x-10=0$ 的根。

解
```
In[1]:=eq1=x^3-4x^2+9x -10==0;
In[2]:=Roots[eq1,x]
Out[2]=x==1-2i||x==1+2i||x==2
```

【说明】 ①本题第一个输入语句用";"结尾的作用是不输出该语句的结果,这样便于用户观察所需的结果。②最后的输出中的"||"的作用是分割各个根。

8.3 用 Mathematica 做高等数学题

用 Mathematica 做高等数学题,包括求极限、求导、求积分、幂级数展开、求极值、求微分方程的解等;还可以画函数图像和解包括各种超越方程在内的方程和方程组。本节仅介绍用 Mathematica 做一元微积分的几个主要问题。

1. 求极限

用 Mathematica 求极限、左极限和右极限的命令是 Limit，其调用格式如下。

```
Limit[f,x->a]
Limit[f,x->a,Direction->1]
Limit[f,x->a,Direction->-1]
```

其中，x 是自变量，f 是自变量 x 的函数，->a 表示自变量 x 趋向 a(a 可以是无穷大)；Direction->1 和 Direction->-1 分别表示左极限和右极限。即 Limit[f,x->a]、Limit[f,x->a,Direction->1]、Limit[f,x->a,Direction->-1]分别表示$\lim\limits_{x\to a}f(x)$、$\lim\limits_{x\to a^-}f(x)$和$\lim\limits_{x\to a^+}f(x)$。

例 8-11 求下列各极限。

(1) $\lim\limits_{x\to 0}\dfrac{\sin 3x}{2x}$ (2) $\lim\limits_{x\to 0^+}e^{\frac{1}{x}}$ (3) $\lim\limits_{x\to 0^-}e^{\frac{1}{x}}$ (4) $\lim\limits_{x\to -\infty}x^2e^x$

解

(1) In[1]:=Limit[Sin[3x]/(2x),x->0]

Out[1]= $\dfrac{3}{2}$

(2) In[2]:=Limit[Exp[1/x],x->0,Direction->-1]

Out[2]=∞

(3) In[2]:=Limit[Exp[1/x],x->0,Direction->1]

Out[2]=0

(4) In[4]:=Limit[x^2 * Exp[x]],x->-Infinity]

Out[4]=0

【说明】 当所求极限不存在时(不包括无穷大)，系统会有恰当提示；当左极限与右极限不相等或左右极限至少有一个不存在时，Limit[expr,x->a]默认是求右极限。第(4)小题输入中的 Infinity 可以用∞代替。通过单击菜单命令 File→Palettes→BasicInput，显示 BasicInput 选项，在打开的输入模板中选择∞就可将其输入。并且，Infinity 和∞都只表示正无穷大。

2. 求导和求微分

Mathematica 可以求一元函数的一阶和 n 阶导数。

用 Mathematica 求导的命令是 D，其调用格式有如下几种。

```
D[f,x]
D[f,{x,n}]
```

其中，x 是自变量，f 是自变量 x 的函数；D[f,x]是求函数 f 关于自变量 x 的一阶导数；D[f,{x,n}]是求函数 f 关于自变量 x 的 n 阶导数。

以上各命令实际上是求已知函数的各阶导函数。如果要求已知函数在指定点的导数值，则应先求出其导函数，然后对导函数中的自变量赋值，求该导函数的值就是所求的答案。

例 8-12 设 $y=2x^3-5x^2+3x-1$,求 y'和 y''。

解
```
In[1]:=y=2x^3-5x^2+3x-1;
In[2]:=D[y,x]
Out[2]=3-10x+6x^2
In[3]:=D[y,{x,2}]
Out[3]=-10+12x
```

【说明】 第三个输入也可以改为 D[%,x]或 D[D[y,x],x],都能得到同样的结果。

例 8-13 设 $y=e^x(\sin x+\cos x)$,求 y'和 $y'|_{x=0}$。

解
```
In[1]:=y=E^x*(Sin[x] +Cos[x]);
In[2]:=D[y,x]
Out[2]=e^x(Cos[x]-Sin[x])+ e^x(Cos[x]+Sin[x])
In[3]:= %/. x->0
Out[3]=2
```

【说明】 本题的输入输出表明,如果输入的函数带括号,其输出也带括号,不会去括号合并同类项。对于本题,如果输入改为 E^x * Sin[x] + E^x * Cos[x],则输出为 Out[2]=2e^x Cos[x]。

求微分和求导是密切相关的,这里介绍求一元函数的微分。用 Mathematica 求微分的命令是 Dt,其调用格式如下。

```
Dt[f]
```

其中,f 是自变量的函数。

例 8-14 设 $y=2x^3-5x^2+3x-1$,求 dy。

解
```
In[1]:=y=2x^3-5x^2+3x-1;
In[2]:=Dt[y]
Out[2]=3Dt[x]-10xDt[x]+6x^2 Dt[x]
```

3. 求极值

Mathematica 可以求函数的极小值点和极小值,但只能求给定点附近的一个极小值点及其极小值。这就是说,用 Mathematica 求函数的极小值点和极小值必须预先给定一个点。显然,给定的点越接近极小值点运算越迅速。

用 Mathematica 求函数的极小值点和极小值的命令是 FindMinimum,其调用格式如下:

```
FindMinimum[f,{x,x0}]
```

其中,x 是自变量,f 是自变量 x 的函数,x_0 是预先给定的一个点。

FindMinimum[f,{x,x_0}]同时求出函数在 x_0 附近的极小值点和极小值。

例 8-15 求函数 $f(x)=x^2-5x+3$ 在 $x=0$ 附近的一个极小值点及其极小值。

解
```
In[1]:=FindMinimum[x^2-5x+3,{x,0}]
Out[1]={-3.25,{x->2.5}}
```

Out[1]中的 x->2.5 表示 2.5 是极小值点,-3.25 是极小值。

【说明】 求函数 $f(x)$的极大值点和极大值可以通过求函数$-f(x)$的极小值点和极小值解答。

4. 求积分

Mathematica 可以求不定积分和定积分。

用 Mathematica 求积分的命令是 Intergrate。求不定积分和定积分调用格式分别如下。

```
Intergrate[f,x]
Intergrate[f,{x,a,b}]
```

其中,x 是自变量,f 是自变量 x 的函数,a 和 b 分别是积分的下限和上限。

Intergrate[f,x]是求表达式 f 关于自变量 x 的不定积分,即$\int f(x)\mathrm{d}x$。

Intergrate[f,{x,a,b}]是求表达式 f 关于自变量 x 的定积分,其下限和上限分别为 a 和 b,即$\int_a^b f(x)\mathrm{d}x$。

例 8-16 求不定积分$\int \frac{x}{\sqrt{1+x^2}}\mathrm{d}x$。

解 In[1]:= Intergrate[x/Sqrt[1+x^2],x]+C

Out[1]=C+ $\sqrt{1+x^2}$

【说明】 Intergrate[f,x]的结果是不带积分常数的,所以本题的输入+C 是保证输出中含有积分常数。

例 8-17 计算定积分$\int_1^2\left(x+\frac{1}{x}\right)^2\mathrm{d}x$。

解 In[1]:=Integrate[(x+1/x)^2,{x,1,2}]

Out[1]=$\frac{29}{6}$

5. 画函数图像

Mathematica 既可以画一元函数的二维图像,也可以画二元函数的三维图像,还可以在一个坐标系里同时画两个函数的图像。

用 Mathematica 画一元函数的二维图像和画二元函数的三维图像的命令分别是 Plot 和 Plot3D,其调用格式如下。

```
Plot[expr,{x,a,b}]
Plot3D[expr,{x,a,b},{y,c,d}]
```

其中,expr 是要画图像的函数;自变量是 x(或 x 和 y);{x,a,b}指明自变量 x 的区间是[a,b];{y,c,d}指明自变量 y 的区间是[c,d]。

例 8-18 画出 x^3-3x+1 在区间[-2,2]上的图像。

解 In[1]:=Plot[x^3-3x+1,{x,-2,2}]

Out[1]=-Graphics-

输出的图像如图 8-1 所示。

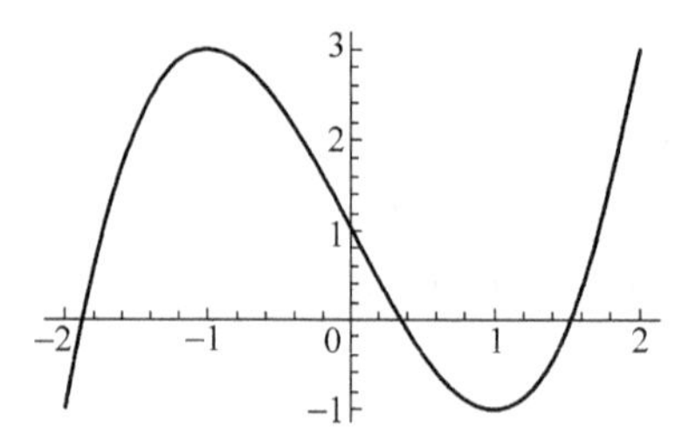

图 8-1　例 8-18 输出的图像

例 8-19　在同一个坐标系里画出 $\sin x$ 和 $\cos x$ 在区间$[-2\pi,2\pi]$上的图像。

解　In[1]:=Plot[{Sin[x],Cos[x]},{x,-2Pi,2Pi}]

输出的图像如图 8-2 所示。

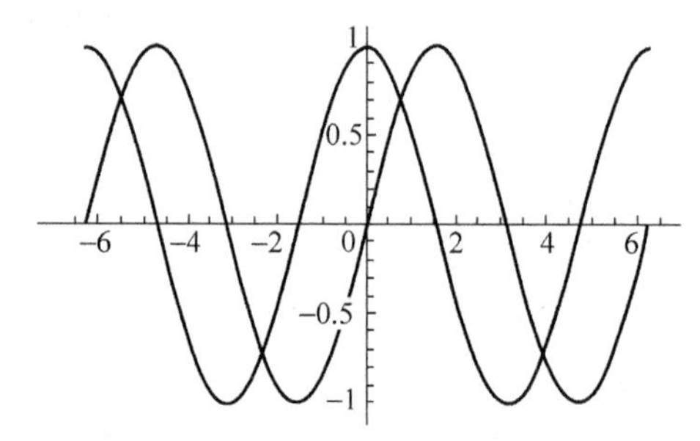

图 8-2　例 8-19 输出的图像

Out[1]= -Graphics-

【说明】　同时画多个函数的图像需要将它们放在一对{}内,相互间用号隔开。

例 8-20　画出 x^2-y^2 在$-1\leqslant x\leqslant 1,-1\leqslant y\leqslant 1$上的三维图像。

解　In[1]:=Plot[{x^2-y^2},{x,-1,1},{y,-1,1}]

Out[1]=-SurfaceGraphics-

输出的图像如图 8-3 所示。

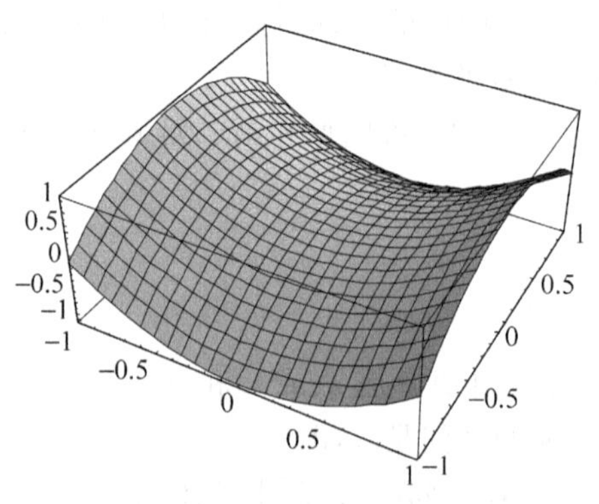

图 8-3　例 8-20 输出的图像

8.4　用 Mathematica 做线性代数题

在 Mathematica 中，表是一个重要的表示方式，线性代数中的矩阵是用表表示的。现在简要介绍表。

在 Mathematica 中，任何用一对花括号括起来的一组元素称为**表**。表中的元素用逗号“,”分隔，并且各元素可以具有不同的类型；特别地，其中的元素还可以是表。

表的一般形式如下。

```
函数名[元素 1, 元素 2,…, 元素 n]
```

例如，{1,3,5}，{3,x,{1,y},4}都是表。

【说明】 Mathematica 中的表实际上是一个集合。但是，为了使用的需要，表中的元素是有顺序的。

在 Mathematica 中，矩阵

$$\begin{pmatrix} a_{11} & a_{12} & \cdots & a_{1n} \\ a_{21} & a_{22} & \cdots & a_{2n} \\ \vdots & \vdots & & \vdots \\ a_{m1} & a_{m2} & \cdots & a_{mn} \end{pmatrix}$$

用表$\{\{a_{11},a_{12},\cdots,a_{1n}\},\{a_{21},a_{22},\cdots,a_{2n}\},\cdots,\{a_{m1},a_{m2},\cdots,a_{mn}\}\}$表示。例如，对于矩阵$\begin{pmatrix} 1 & -1 \\ 2 & 3 \end{pmatrix}$，Mathematica 用表{{1,−1},{2,3}}表示。

在 Mathematica 中，矩阵的元素既可以是数字，也可以是字母。

用 Mathematica 做线性代数题，包括求行列式的值、求矩阵的逆矩阵、求矩阵的秩、解线性方程组等。下面分别介绍。

1. 生成矩阵

在 Mathematica 中，生成矩阵的方法有多种，这里仅作简单的介绍。

一般的矩阵直接用表的形式输入，特殊的矩阵有专门的命令。

生成对角矩阵和单位矩阵的命令分别是 DiagonalMatrix 和 IdentityMatrix，其格式如下。

```
DiagonalMatrix[list]
IdentityMatrix[n]
```

其中，list 是对角矩阵中的对角线元素列表，n 是单位矩阵的阶数。

例 8-21　用专门命令生成对角矩阵$\begin{pmatrix} 1 & 0 & 0 & 0 \\ 0 & -2 & 0 & 0 \\ 0 & 0 & 2 & 0 \\ 0 & 0 & 0 & 3 \end{pmatrix}$和单位矩阵 $\boldsymbol{E}_4$。

解　In[1]:=DiagonalMatrix[{1,−2,2,3}]

Out[1]={{1,0,0,0},{0,−2,0,0},{0,0,2,0},{0,0,0,3}}
In[2]:=IdentityMatrix[4]
Out[2]={{1,0,0,0},{0,1,0,0},{0,0,1,0},{0,0,0,1}}
In[3]:=MatrixForm[%1]

Out[3]//MatrixForm = $\begin{pmatrix} 1 & 0 & 0 & 0 \\ 0 & -2 & 0 & 0 \\ 0 & 0 & 2 & 0 \\ 0 & 0 & 0 & 3 \end{pmatrix}$

【说明】 本题解答中的 MatrixForm 是以通常的形式查看矩阵的命令。

2. 求行列式的值

在 Mathematica 中,求行列式的值是通过求方阵的行列式进行的。方阵的元素既可以是数字,也可以是字母。

用 Mathematica 求行列式的值的命令是 Det,其调用格式如下:

```
Det[A]
```

其中,A 是方阵。

例 8-22 求下列行列式的值。

(1) $\begin{vmatrix} 2 & -5 & 1 & 2 \\ -3 & 7 & -1 & 4 \\ 5 & -9 & 2 & 7 \\ 4 & -6 & 1 & 2 \end{vmatrix}$　　(2) $\begin{vmatrix} a & b & b & b \\ b & a & b & b \\ b & b & a & b \\ b & b & b & b \end{vmatrix}$

解 (1) In[1]:=Det[{{2,−5,1,2},{−3,7,−1,4},{5,−9,2,7},{4,−6,1,2}}]
Out[1]=−9

(2) In[2]:=Det[{{a,b,b,b},{b,a,b,b},{b,b,a,b},{b,b,b,a}}]
Out[2]=$a^4-6a^2b^2+8ab^3-3b^4$

3. 矩阵的基本运算

这里说的矩阵的基本运算包括矩阵的加法、减法、数乘,矩阵的乘法和矩阵的转置。

在 Mathematica 中,矩阵的加法、减法、数乘和矩阵的乘法是直接用运算符完成的。矩阵的加法、减法、数乘和矩阵的乘法的运算符分别是+、−、*(可以省略不写)和.(键盘上的小数点)。

用 Mathematica 求矩阵的转置的命令是 Transpose,其调用格式如下:

```
Transpose[A]
```

其中,A 是矩阵。

例 8-23 设

$$\boldsymbol{A}=\begin{pmatrix} 3 & 2 & -2 \\ -1 & 3 & 1 \end{pmatrix},\quad \boldsymbol{B}=\begin{pmatrix} 2 & -1 & 3 \\ 1 & -2 & 2 \end{pmatrix}$$

求：$\boldsymbol{B}-3\boldsymbol{A}$。

解　In[1]:={{2,−1,3},{1,−2,2}}−3{{3,2,−2},{−1,3,1}}

Out[1]={{−7,−7,9},{4,−11,−1}}

例 8-24　设

$$\boldsymbol{A}=\begin{pmatrix}3 & 2 & -2\\ -1 & 3 & 1\end{pmatrix},\quad \boldsymbol{B}=\begin{bmatrix}-1 & 2\\ 2 & 0\\ 3 & -2\end{bmatrix}$$

求：$\boldsymbol{AB}$。

解　In[1]:=a={{3,2,−2},{−1,3,1}};

In[2]:=b={{−1,2},{2,0},{3,−2}};

In[3]:=a.b

Out[3]={{−5,10},{10,−4}}

例 8-25　求矩阵 $\boldsymbol{A}=\begin{pmatrix}3 & 2 & -2\\ -1 & 3 & 1\end{pmatrix}$的转置矩阵。

解　In[1]:=a={{3,2,−2},{−1,3,1}};

In[2]:=Transpose[a]

Out[2]={{3,−1},{2,3},{−2,1}}

4. 求逆矩阵

用 Mathematica 求逆矩阵的命令是 Inverse,其调用格式如下。

```
Inverse[A]
```

其中,A 是方阵。

例 8-26　求矩阵$\begin{bmatrix}1 & 1 & 2\\ -1 & 2 & 0\\ 2 & 1 & 3\end{bmatrix}$的逆矩阵。

解　In[1]:=Inverse[{{1,1, 2},{−1,2,0},{2,1,3}}]

Out[1]={{−6,1,4},{−3,1,2},{5,−1,−3}}

【说明】　如果输入的矩阵不存在逆矩阵,则系统会给出相应的提示。

5. 求矩阵的秩

用 Mathematica 求矩阵的秩的命令是 MatrixRank,其调用格式如下。

```
MatrixRank[A]
```

其中,A 是矩阵。

例 8-27　求矩阵$\begin{bmatrix}1 & 1 & -1 & 2\\ 2 & -2 & 1 & -3\\ 3 & -1 & 0 & -1\end{bmatrix}$的秩。

解　In[1]:=MatrixRank[{{1,1,−1,2},{2,−2,1,−3},{3,−1,0,−1}}]

Out[1]=2

6. 求方程组的解

用 Mathematica 求方程组的解的命令是 Solve,其调用格式如下。

```
Solve[{eq1,eq2,…},{x,y,…}]
```

其中,x,y,…是未知元,eq1,eq2,…是关于 x,y,…的几个方程。

例 8-28 求方程组$\begin{cases}x+3y=1\\2x-y=-5\end{cases}$的解。

解 In[1]:=Solve[{x+3y==1,2x−y==−5}, {x, y}]

Out[1]= {{x→−2,y→1}}

例 8-29 解以下线性方程组。

$$\begin{cases}x_1+x_2-3x_3=1\\-x_1+x_2-x_3-2x_4=-1\\x_1-2x_2+3x_3+3x_4=1\end{cases}$$

解 In[1]:=Solve[{x1+x2−3x3==1, −x1+x2−x3−2x4==−1, x1−2x2+3x3+3x4==1}, {x1, x2,x3,x4}]

Out[1]={{x1→1+x3−x4,x2→2x3+x4}}

例 8-30 解以下线性方程组。

$$\begin{cases}x_1+x_2-2x_3=5\\2x_1+3x_2-7x_3=13\\x_1+2x_2-5x_3=10\end{cases}$$

解 In[1]:=Solve[{x1+x2−2x3==5, 2x1+3x2−7x3==13, x1+2x2−5x3==10}, {x1, x2,x3}]

Out[1]={}

【说明】 Out[1]={}表示该方程组无解。

附录A　公　式　表

一、微分学

1. 极限的运算法则。

设 $\lim f(x)=A$，$\lim g(x)=B$，则

(1) $\lim[f(x)\pm g(x)]=\lim f(x)\pm\lim g(x)=A\pm B$

(2) $\lim[f(x)\cdot g(x)]=\lim f(x)\cdot\lim g(x)=A\cdot B$

(3) $\lim[C\cdot f(x)]=C\cdot\lim f(x)=C\cdot A$　（C 为常数）

(4) $\lim\dfrac{f(x)}{g(x)}=\dfrac{\lim f(x)}{\lim g(x)}=\dfrac{A}{B}$　（$B\neq 0$）

2. 重要极限。

(1) $\lim\limits_{\square\to 0}\dfrac{\sin\square}{\square}=1$

(2) $\lim\limits_{\square\to\infty}\left(1+\dfrac{1}{\square}\right)^{\square}=\mathrm{e}$

(3) $\lim\limits_{\square\to 0}(1+\square)^{\frac{1}{\square}}=\mathrm{e}$

(4) $\lim\limits_{\square\to 0}\dfrac{\ln(1+\square)}{\square}=1$

(5) $\lim\limits_{\square\to 0}\dfrac{\mathrm{e}^{\square}-1}{\square}=1$

3. 曲线 $y=f(x)$ 在点 $P(x_0,y_0)$ 处的切线方程为 $y-y_0=f'(x_0)(x-x_0)$。

4. 导数的四则运算法则。

(1) $(u\pm v)'=u'\pm v'$

(2) $(uv)'=u'v+uv'$

(3) $\left(\dfrac{u}{v}\right)'=\dfrac{u'v-uv'}{v^2}$　（$v(x)\neq 0$）

5. 复合函数的求导法则：设 $y=f(u)$，$u=g(x)$，且 $g(x)$，$f(u)$ 在对应点处可导，则

$$\frac{\mathrm{d}y}{\mathrm{d}x}=\frac{\mathrm{d}y}{\mathrm{d}u}\cdot\frac{\mathrm{d}u}{\mathrm{d}x}$$

6. 基本初等函数的导数公式。

(1) $C'=0$　（C 为常数）

(2) $(x^{\mu})'=\mu x^{\mu-1}$

(3) $(a^x)'=a^x\ln a$

(4) $(\mathrm{e}^x)'=\mathrm{e}^x$

(5) $(\ln x)'=\dfrac{1}{x}$

(6) $(\log_a x)'=\dfrac{1}{x\ln a}$

(7) $(\sin x)'=\cos x$

(8) $(\cos x)'=-\sin x$

(9) $(\tan x)'=\sec^2 x$

(10) $(\cot x)'=-\csc^2 x$

(11) $(\arcsin x)'=\frac{1}{\sqrt{1-x^2}}$　　(12) $(\arccos x)'=-\frac{1}{\sqrt{1-x^2}}$

(13) $(\arctan x)'=\frac{1}{1+x^2}$　　(14) $(\text{arccot}\,x)'=-\frac{1}{1+x^2}$

7. 函数 $y=f(x)$的微分：$\mathrm{d}y=f'(x)\mathrm{d}x$。

8. 微分在近似计算中的应用：如果 $y=f(x)$在点 x_0 处有导数 $y=f'(x_0)$，且$|\Delta x|$很小时，有

$$\Delta y \approx f'(x_0)\Delta x$$

9. 几个常用的近似公式。

(1) $\sqrt[n]{1+x}\approx 1+\frac{1}{n}x$　　(2) $\sin x\approx x$　(x 用弧度)

(3) $\tan x\approx x$　(x 用弧度)　　(4) $\mathrm{e}^x\approx 1+x$

(5) $\ln(1+x)\approx x$

二、积分学

1. 不定积分的两个关系式。

(1) $\left(\int f(x)\mathrm{d}x\right)' = f(x)$　或　$\mathrm{d}\left[\int f(x)\mathrm{d}x\right] = f(x)\mathrm{d}x$

(2) $\int F'(x)\mathrm{d}x = F(x)+C$　或　$\int \mathrm{d}F(x) = F(x)+C$

2. 基本积分公式。

(1) $\int 1\mathrm{d}x = \int \mathrm{d}x = x+C$　　(2) $\int x^{\mu}\mathrm{d}x = \frac{x^{\mu+1}}{\mu+1}+C$

(3) $\int \frac{\mathrm{d}x}{x} = \ln|x|+C$　　(4) $\int a^x\mathrm{d}x = \frac{a^x}{\ln a}+C$

(5) $\int \mathrm{e}^x\mathrm{d}x = \mathrm{e}^x+C$　　(6) $\int \sin x\mathrm{d}x = -\cos x+C$

(7) $\int \cos x\mathrm{d}x = \sin x+C$　　(8) $\int \frac{\mathrm{d}x}{\cos^2 x} = \int \sec^2 x\mathrm{d}x = \tan x+C$

(9) $\int \frac{\mathrm{d}x}{\sin^2 x} = \int \csc^2 x\mathrm{d}x = -\cot x+C$

(10) $\int \frac{\mathrm{d}x}{1+x^2} = \arctan x+C = -\text{arccot}\,x+C_1$

(11) $\int \frac{\mathrm{d}x}{\sqrt{1-x^2}} = \arcsin x+C = -\arccos x+C_1$

3. 不定积分的线性运算法则。

(1) $\int kf(x)\mathrm{d}x = k\int f(x)\mathrm{d}x$　(k 是非零常数)

(2) $\int [f(x)\pm g(x)]\mathrm{d}x = \int f(x)\mathrm{d}x \pm \int g(x)\mathrm{d}x$

4. 求不定积分的第一类换元法。

$$\int f[\varphi(x)]\varphi'(x)\mathrm{d}x = \int f[\varphi(x)]\mathrm{d}\varphi(x) = F[\varphi(x)]+C$$

其中，$\int f(u)\mathrm{d}u = F(u)+C$，并且 $u=\varphi(x)$是可微函数。

5. 求不定积分的第二类换元法：

$$\int f(x)\mathrm{d}x = \int f[\psi(t)]\psi'(t)\mathrm{d}t$$

其中，$x=\psi(t)$。

6. 分部积分公式：

$$\int u(x)v'(x)\mathrm{d}x = u(x)v(x) - \int v(x)u'(x)\mathrm{d}x$$

其中，$u=u(x)$及 $v=v(x)$的一阶导数连续。

7. 定积分的性质。

(1) $\int_a^b 1\mathrm{d}x = \int_a^b \mathrm{d}x = (b-a)$。

(2) $\int_a^b [f(x) \pm g(x)]\mathrm{d}x = \int_a^b f(x)\mathrm{d}x \pm \int_a^b g(x)\mathrm{d}x$。

(3) $\int_a^b kf(x)\mathrm{d}x = k\int_a^b f(x)\mathrm{d}x$ （k 为常数）。

(4) $\int_a^b f(x)\mathrm{d}x = \int_a^c f(x)\mathrm{d}x + \int_c^b f(x)\mathrm{d}x$。

(5) 如果在区间$[a,b]$上 $f(x)\geqslant 0$，则$\int_a^b f(x)\mathrm{d}x \geqslant 0$。

(6) 如果在区间$[a,b]$上 $f(x)\leqslant g(x)$，则$\int_a^b f(x)\mathrm{d}x \leqslant \int_a^b g(x)\mathrm{d}x$。

(7) 积分中值定理。

$$\int_a^b f(x)\mathrm{d}x = f(\xi)(b-a) \quad (a\leqslant \xi \leqslant b)$$

其中，$f(x)$在闭区间$[a,b]$上连续，ξ是区间$[a,b]$上的某个点。

8. 变上限定积分的导数。

$$\frac{\mathrm{d}}{\mathrm{d}x}\int_a^x f(t)\mathrm{d}t = f(x) \quad (a\leqslant x\leqslant b)$$

其中，$f(x)$在区间$[a,b]$上连续。

9. 微积分基本公式。

$$\int_a^b f(x)\mathrm{d}x = F(b) - F(a)$$

其中，$f(x)$在区间$[a,b]$上连续，$F(x)$是 $f(x)$在$[a,b]$上的任一原函数。

10. 定积分的换元公式。

$$\int_a^b f(x)\mathrm{d}x = \int_\alpha^\beta f[\varphi(t)]\varphi'(t)\mathrm{d}t$$

其中，函数 $f(x)$在区间$[a,b]$上连续，函数 $x=\varphi(t)$在区间$[\alpha,\beta]$上有连续的导数 $\varphi'(t)$，且当 t 在区间$[\alpha,\beta]$上变化时，$x=\varphi(t)$的值在$[a,b]$上变化，且 $\varphi(\alpha)=a$，$\varphi(\beta)=b$。

11. 定积分的分部积分法。

$$\int_a^b u(x)v'(x)\mathrm{d}x = u(x)v(x)\Big|_a^b - \int_a^b v(x)u'(x)\mathrm{d}x$$

或

$$\int_a^b u(x)\mathrm{d}v(x) = u(x)v(x)\Big|_a^b - \int_a^b v(x)\mathrm{d}u(x)$$

其中,$u=u(x)$与$v=v(x)$在区间$[a,b]$上具有连续的导数$u'(x)$与$v'(x)$。

三、线性代数

1. n阶行列式。

$$D_n = \begin{vmatrix} a_{11} & a_{12} & \cdots & a_{1n} \\ a_{21} & a_{22} & \cdots & a_{2n} \\ \vdots & \vdots & & \vdots \\ a_{n1} & a_{n2} & \cdots & a_{nn} \end{vmatrix} = \sum_{j=1}^{n} a_{1j}A_{1j}$$

其中,A_{ij}是元素a_{ij}的代数余子式。

2. D_n的转置行列式。

$$D_n^{\mathrm{T}} = \begin{vmatrix} a_{11} & a_{21} & \cdots & a_{n1} \\ a_{12} & a_{22} & \cdots & a_{n2} \\ \vdots & \vdots & & \vdots \\ a_{1n} & a_{2n} & \cdots & a_{nn} \end{vmatrix}$$

3. 行列式的性质。

(1) $D_n^{\mathrm{T}} = D_n$。

(2) 互换行列式的任意两行,行列式仅改变符号。

(3) $\begin{vmatrix} a_{11} & a_{12} & \cdots & a_{1n} \\ \vdots & \vdots & & \vdots \\ ka_{i1} & ka_{i2} & \cdots & ka_{in} \\ \vdots & \vdots & & \vdots \\ a_{n1} & a_{n2} & \cdots & a_{nn} \end{vmatrix} = k\begin{vmatrix} a_{11} & a_{12} & \cdots & a_{1n} \\ \vdots & \vdots & & \vdots \\ a_{i1} & a_{i2} & \cdots & a_{in} \\ \vdots & \vdots & & \vdots \\ a_{n1} & a_{n2} & \cdots & a_{nn} \end{vmatrix}$。

(4) 如果行列式有两行(或两列)的对应元素相等,则这个行列式等于零。

(5) $\begin{vmatrix} a_{11} & a_{12} & \cdots & a_{1n} \\ \vdots & \vdots & & \vdots \\ b_1+c_1 & b_2+c_2 & \cdots & b_n+c_n \\ \vdots & \vdots & & \vdots \\ a_{n1} & a_{n2} & \cdots & a_{nn} \end{vmatrix} = \begin{vmatrix} a_{11} & a_{12} & \cdots & a_{1n} \\ \vdots & \vdots & & \vdots \\ b_1 & b_2 & \cdots & b_n \\ \vdots & \vdots & & \vdots \\ a_{n1} & a_{n2} & \cdots & a_{nn} \end{vmatrix} + \begin{vmatrix} a_{11} & a_{12} & \cdots & a_{1n} \\ \vdots & \vdots & & \vdots \\ c_1 & c_2 & \cdots & c_n \\ \vdots & \vdots & & \vdots \\ a_{n1} & a_{n2} & \cdots & a_{nn} \end{vmatrix}$。

(6) 行列式中如果有一行(列)的所有元素都是零,则这个行列式等于零。

(7) 行列式中如果有两行(或两列)的对应元素成比例,则这个行列式等于零。

(8) $\begin{vmatrix} a_{11} & a_{12} & \cdots & a_{1n} \\ \vdots & \vdots & & \vdots \\ a_{i1} & a_{i2} & \cdots & a_{in} \\ \vdots & \vdots & & \vdots \\ a_{j1}+ka_{i1} & a_{j2}+ka_{i2} & \cdots & a_{jn}+ka_{in} \\ \vdots & \vdots & & \vdots \\ a_{n1} & a_{n2} & \cdots & a_{nn} \end{vmatrix} = \begin{vmatrix} a_{11} & a_{12} & \cdots & a_{1n} \\ \vdots & \vdots & & \vdots \\ a_{i1} & a_{i2} & \cdots & a_{in} \\ \vdots & \vdots & & \vdots \\ a_{j1} & a_{j2} & \cdots & a_{jn} \\ \vdots & \vdots & & \vdots \\ a_{n1} & a_{n2} & \cdots & a_{nn} \end{vmatrix}$。

(9) $D_n = a_{i1}A_{i1} + a_{i2}A_{i2} + \cdots + a_{in}A_{in} = \sum_{k=1}^{n} a_{ik}A_{ik} (i = 1,2,\cdots,n)$。

(10) $D_n = a_{1j}A_{1j} + a_{2j}A_{2j} + \cdots + a_{nj}A_{nj} = \sum_{k=1}^{n} a_{kj}A_{kj} (j = 1,2,\cdots,n)$。

(11) $a_{j1}A_{i1} + a_{j2}A_{i2} + \cdots + a_{jn}A_{in} = 0 \quad (i \neq k)$。

4. 矩阵的加法与数乘满足以下运算法则(假定下列矩阵都是 $m \times n$ 矩阵)。

(1) $\boldsymbol{A}+\boldsymbol{B}=\boldsymbol{B}+\boldsymbol{A}$

(2) $\boldsymbol{A}+(\boldsymbol{B}+\boldsymbol{C})=(\boldsymbol{A}+\boldsymbol{B})+\boldsymbol{C}$

(3) $\boldsymbol{A}+\boldsymbol{O}=\boldsymbol{O}+\boldsymbol{A}=\boldsymbol{A}$

(4) $k(\boldsymbol{A}+\boldsymbol{B})=k\boldsymbol{A}+k\boldsymbol{B}$

(5) $(k+l)\boldsymbol{A}=k\boldsymbol{A}+l\boldsymbol{A}$

(6) $(kl)\boldsymbol{A}=k(l\boldsymbol{A})$

5. 矩阵乘法运算满足下列性质(假定所有的矩阵乘法都能进行)。

(1) $(\boldsymbol{AB})\boldsymbol{C}=\boldsymbol{A}(\boldsymbol{BC})$

(2) $k(\boldsymbol{AB})=(k\boldsymbol{A})\boldsymbol{B}=\boldsymbol{A}(k\boldsymbol{B})$

(3) $(\boldsymbol{A}+\boldsymbol{B})\boldsymbol{C}=\boldsymbol{AC}+\boldsymbol{BC}$

(4) $\boldsymbol{A}(\boldsymbol{B}+\boldsymbol{C})=\boldsymbol{AB}+\boldsymbol{AC}$

(5) $\boldsymbol{E}_m\boldsymbol{A}_{m\times n}=\boldsymbol{A}_{m\times n}$; $\boldsymbol{A}_{m\times n}\boldsymbol{E}_n=\boldsymbol{A}_{m\times n}$

(6) 当 $\boldsymbol{A}$ 是 n 阶方阵时, $\boldsymbol{E}_n\boldsymbol{A}=\boldsymbol{A}\boldsymbol{E}_n=\boldsymbol{A}$

(7) $\boldsymbol{A}^k\boldsymbol{A}^l=\boldsymbol{A}^{k+l}$, $(\boldsymbol{A}^k)^l=\boldsymbol{A}^{kl}$

6. 矩阵的转置运算满足下列性质。

(1) $(\boldsymbol{A}^{\mathrm{T}})^{\mathrm{T}}=\boldsymbol{A}$

(2) $(\boldsymbol{A}+\boldsymbol{B})^{\mathrm{T}}=\boldsymbol{A}^{\mathrm{T}}+\boldsymbol{B}^{\mathrm{T}}$

(3) $(k\boldsymbol{A})^{\mathrm{T}}=k\boldsymbol{A}^{\mathrm{T}}$

(4) $(\boldsymbol{AB})^{\mathrm{T}}=\boldsymbol{B}^{\mathrm{T}}\boldsymbol{A}^{\mathrm{T}}$

7. n 阶矩阵的行列式有下列性质。

(1) $\det\boldsymbol{A}=\det(\boldsymbol{A}^{\mathrm{T}})$

(2) $\det(k\boldsymbol{A})=k^n\det\boldsymbol{A}$

(3) $\det(\boldsymbol{AB})=\det\boldsymbol{A}\det\boldsymbol{B}$

8. 逆矩阵的性质。

(1) 若 $\boldsymbol{A}$ 可逆,则 $\boldsymbol{A}^{-1}$ 是唯一的

(2) $(\boldsymbol{A}^{-1})^{-1}=\boldsymbol{A}$

(3) $(\boldsymbol{AB})^{-1}=\boldsymbol{B}^{-1}\boldsymbol{A}^{-1}$

(4) $(\boldsymbol{A}^{\mathrm{T}})^{-1}=(\boldsymbol{A}^{-1})^{\mathrm{T}}$

(5) $\det(\boldsymbol{A}^{-1})=(\det\boldsymbol{A})^{-1}$

9. 如果矩阵 $\boldsymbol{A}$ 为 n 阶方阵,且 $\det\boldsymbol{A}\neq 0$,则它的逆矩阵 $\boldsymbol{A}^{-1}$ 为

$$\boldsymbol{A}^{-1} = \frac{1}{\det A}\boldsymbol{A}^*$$

其中，$\boldsymbol{A}^* = \begin{pmatrix} A_{11} & A_{21} & \cdots & A_{n1} \\ A_{12} & A_{22} & \cdots & A_{n2} \\ \vdots & \vdots & & \vdots \\ A_{1n} & A_{2n} & \cdots & A_{nn} \end{pmatrix}$。

10. 运用初等行变换求逆矩阵的方法如下。

$$(\boldsymbol{A} \mid \boldsymbol{E}) \xrightarrow{\text{经初等行变换}} (\boldsymbol{E} \mid \boldsymbol{A}^{-1})$$

11. 解线性方程组的高斯—约当消元法：对方程组所有系数和常数组成的矩阵进行行变换，使其化成阶梯形矩阵，然后求解。

12. 线性方程组的基本定理。

对于线性方程组 $\boldsymbol{AX}=\boldsymbol{b}$，若

(1) $r(\boldsymbol{A}) < r((\boldsymbol{A} \mid \boldsymbol{b}))$，则方程组无解；

(2) $r(\boldsymbol{A}) = r(\boldsymbol{A} \mid \boldsymbol{b}) = n$，则方程组有唯一一组解；

(3) $r(\boldsymbol{A}) = r(\boldsymbol{A} \mid \boldsymbol{b}) < n$，则方程组有无穷多组解。

四、概率论

1. 排列。

$$A_n^m = n \cdot (n-1) \cdot (n-2) \cdots (n-m+1)$$

2. 组合。

$$C_n^m = \frac{n!}{m!(n-m)!} = \frac{n \cdot (n-1) \cdot (n-2) \cdots (n-m+1)}{m!}$$

3. 组合的性质。

$$C_n^m = C_n^{n-m}$$

4. 概率的性质。

(1) $P(A+B)=P(A)+P(B)-P(AB)$

(2) $P(A+B)=P(A)+P(B)$ (A,B 为互不相容事件)

(3) $P(A)+P(\overline{A})=1$

(4) $P(B-A)=P(B)-P(A)$ ($A \subset B$)

5. 条件概率。

$$P(A \mid B) = \frac{P(AB)}{P(B)}$$

6. 概率的乘法公式。

(1) $P(AB)=P(A)P(B|A)$ ($P(A)>0$)

(2) $P(AB)=P(B)P(A|B)$ ($P(B)>0$)

7. 事件的相互独立性：若 A,B 相互独立，则

(1) $P(A|B)=P(A)$ ($P(B)>0$)

(2) $P(B|A)=P(B)$ ($P(A)>0$)

(3) $P(AB)=P(A)P(B)$

8. 全概率公式。

$$P(B) = P(A_1)P(B \mid A_1) + P(A_2)P(B \mid A_2) + \cdots + P(A_n)P(B \mid A_n)$$

$$= \sum_{i=1}^{n} P(A_i)P(B \mid A_i)$$

9. 贝叶斯公式。

$$P(A_i \mid B) = \frac{P(A_i)P(B \mid A_i)}{\sum_{j=1}^{n} P(A_j)P(B \mid A_j)} \quad (i,j = 1,2,\cdots,n)$$

10. 离散型随机变量的典型分布。

(1) 二项分布 $X \sim B(n,\ p)$的概率分布。

$$P\{X = k\} = C_n^k p^k q^{n-k} \quad (k = 0,1,2,\cdots,n)$$

(2) 两点分布 $X \sim (0\text{-}1)$ 的概率分布。

$$P\{X = 1\} = p, \quad P\{X = 0\} = q$$

(3) 泊松分布 $X \sim P(\lambda)$的概率分布。

$$P\{X = k\} = \frac{\lambda^k}{k!}e^{-\lambda} \quad (k = 0,1,2,\cdots,\lambda > 0)$$

11. 连续型随机变量的概率 $\varphi(x)$。

$$P\{a < X < b\} = \int_a^b \varphi(x)\mathrm{d}x$$

其中,函数 $\varphi(x)$为 X 的概率密度。

12. 连续型随机变量概率密度的性质。

(1) $\varphi(x) \geqslant 0 \quad (-\infty < x < \infty)$。

(2) $\int_{-\infty}^{+\infty} \varphi(x)\mathrm{d}x = 1$。

(3) 连续型随机变量 X 取任一实数的概率等于 0。

13. 连续型随机变量的典型分布。

(1) 均匀分布 $X \sim U(a,b)$。

$$\varphi(x) = \begin{cases} \dfrac{1}{b-a} & a < x < b \\ 0 & \text{其他} \end{cases}$$

(2) 正态分布 $X \sim N(\mu,\sigma^2)$。

$$\varphi(x) = \frac{1}{\sqrt{2\pi}\sigma}e^{-\frac{(x-\mu)^2}{2\sigma^2}} \quad (-\infty < x < +\infty, \sigma > 0)$$

14. 数学期望。

(1) $E(X) = \sum_{k=1}^{\infty} x_k p_k$ (离散型)

(2) $E(X) = \int_{-\infty}^{+\infty} x\varphi(x)\mathrm{d}x$ (连续型)

15. 方差。

$$D(X) = E[X - E(X)]^2$$

16. 几个重要分布的数学期望与方差。

(1) 二项分布 $X \sim B(n,\ p)$。

$$E(X)=np,\quad D(X)=np(1-p)$$

(2) 泊松分布 $X\sim P(\lambda)$。

$$E(X)=\lambda,\quad D(X)=\lambda$$

(3) 均匀分布 $X\sim U(a,b)$。

$$E(X)=\frac{b+a}{2},\quad D(X)=\frac{(b-a)^2}{12}$$

(4) 正态分布 $X\sim N(\mu,\sigma^2)$。

$$E(X)=\mu,\quad D(X)=\sigma^2$$

五、集合论

1. 双重否定律。

$$\sim(\sim A)=A$$

2. 幂等律。

$$A\cup A=A,\quad A\cap A=A$$

3. 交换律。

$$A\cup B=B\cup A,\quad A\cap B=B\cap A$$

4. 结合律。

$$(A\cup B)\cup C=A\cup(B\cup C)$$
$$(A\cap B)\cap C=A\cap(B\cap C)$$

5. 分配律。

$$A\cup(B\cap C)=(A\cup B)\cap(A\cup C)$$
$$A\cap(B\cup C)=(A\cap B)\cup(A\cap C)$$

6. 德·摩根律。

$$\sim(A\cup B)=\sim A\cap\sim B,\quad \sim(A\cap B)=\sim A\cup\sim B$$

7. 吸收律。

$$A\cup(A\cap B)=A,\quad A\cap(A\cup B)=A$$

8. 零律。

$$A\cup E=E,\quad A\cap\varnothing=\varnothing$$

9. 同一律。

$$A\cup\varnothing=A,\quad A\cap E=A$$

10. 排中律。

$$A\cup\sim A=E$$

11. 矛盾律。

$$A\cap\sim A=\varnothing$$

12. 补交转换律。

$$A-B=A\cap\sim B$$

13. $$|A\cup B|=|A|+|B|-|A\cap B|$$

特别地,当 $A\cap B=\varnothing$ 时,有 $|A\cup B|=|A|+|B|$。

六、数理逻辑

1. $\forall xF(x) \Leftrightarrow F(a_1) \wedge F(a_2) \wedge \cdots \wedge F(a_n)$。
2. $\exists xF(x) \Leftrightarrow F(a_1) \vee F(a_2) \vee \cdots \vee F(a_n)$。
3. $\neg \forall xA(x) \Leftrightarrow \exists x \neg A(x)$。
4. $\neg \exists xA(x) \Leftrightarrow \forall x \neg A(x)$。
5. 全称量词消去规则。

$$\frac{\forall xA(x)}{A(c)}$$

其中,c 是个体域 D 中的任意一个个体。

6. 全称量词引入规则。

$$\frac{A(y)}{\forall xA(x)}$$

其中,y 是个体域 D 中的每一个个体。

7. 存在量词消去规则。

$$\frac{\exists xA(x)}{A(c)}$$

其中,c 是个体域 D 中使 $A(x)$ 为真的个体。

8. 存在量词引入规则。

$$\frac{A(c)}{\exists xA(x)}$$

其中,c 是个体域 D 中使 $A(x)$ 为真的个体。

七、图论

1. 对于任意一个有 n 个结点、m 条边的有向图,则

$$\sum_{i=1}^{n} d^{+}(v_i) = \sum_{i=1}^{n} d^{-}(v_i) = m$$

2. 握手定理:对于任意一个有 n 个结点、m 条边的图(无向图或有向图),则

$$\sum_{i=1}^{n} d(v_i) = 2m$$

附录B 综合题答案

第1章

1-1 (1) $[-4,3)$ (2) $[-1,0)\cup(0,1]$

1-2 (1) $4,-4,2$ (2) $3\sin t-2, 9a-8$

1-3 (1) $y=\log_2(x-1)$ (2) $y=\frac{x+1}{x-1}$

1-4 (1) $f(u)=e^u, u=x^{-1}$ (2) $w=\ln t, t=\cos x$

(3) $y=u^2, u=\sin\alpha, \alpha=\omega t$

1-5 $f[g(x)]=\sin^2 x$, $g[f(x)]=\sin(x^2)$,

$h[g(x)]=\ln(\sin x)$, $g\{h[f(x)]\}=\sin[\ln(x^2)]$

1-6 (1) 有极限,极限为0 (2) 没有极限

1-7 (1) 2 (2) $\frac{\sqrt{2}}{2}+1$

(3) 0 (4) $2x$

1-8 (1) 6 (2) $\frac{4}{3}$

(3) $\frac{5}{3}$ (4) ∞

1-9 (1) $\frac{3}{2}$ (2) $\frac{1}{2}$

(3) $e^2\sqrt{e}$ (4) 2

1-10 3

1-11 $2x-y-4=0$

1-12 (1) $6x^2-6x$ (2) $1-\frac{2}{x^2}$

(3) $\ln x-2$ (4) $6(2t+5)^2$

(5) $\sin\omega t+\omega t\cos\omega t$ (6) $\frac{1}{2x^2-2x+1}$

(7) $\frac{1+2\sqrt{x}}{4\sqrt{x}\cdot\sqrt{x+\sqrt{x}}}$ (8) $\frac{3(1+\sin 3t-\cos 3t)}{(1+\sin 3t)^2}$

1-13 (1) $\frac{\sqrt{3}-1}{2}$ (2) $f'(0)=\frac{3}{25}, f'(2)=\frac{4}{3}$ (3) $\frac{\sqrt{2}}{8}\pi$

1-14 $-\frac{1}{2}$

1-15 $3x-y-4=0$

1-16　$24x$

1-17　e^x

1-18　0.515

1-19　5.04

第 2 章

2-1　(1) $\sqrt{\frac{2h}{g}}+C$　(2) $\frac{1}{4}x^4-\cos x+C$

(3) $x^3+2\arctan x+C$　(4) $\frac{1}{2}x-\frac{1}{4}\sin 2x+C$

2-2　(1) $-\frac{1}{3}\cos 3x+C$　(2) $\arcsin\frac{x}{a}+C$

(3) $-\ln|\cos x|+C$　(4) $-\frac{1}{5}\ln|2-5t^2|+C$

2-3　(1) $-x^2\cos x+2x\sin x+2\cos x+C$

(2) $\frac{x10^x}{\ln x}-\frac{10^x}{\ln^2 x}+C$

(3) $-(x+1)e^{-x}+C$

(4) $x\arcsin x+\sqrt{1-x^2}+C$

2-4　(1) 0　(2) $\frac{\pi}{2}$　(3) e^2-e-1

(4) $\frac{\pi}{4}$　(5) $\frac{28}{3}$　(6) 2

2-5　(1) 6　(2) $\ln\frac{1+e}{2}$　(3) $\frac{1}{3}$　(4) π

2-6　(1) 0　(2) $2\arctan 2$

2-7　(1) $3\ln 3-2$　(2) $\frac{\pi^2}{2}-4$

2-8　(1) $7\frac{5}{6}$　(2) $\frac{1}{2}$

2-9　$\frac{1}{2}$

2-10　(1) $\frac{1}{3}$　(2) e^2

第 3 章

3-1　(1) 42　(2) -48　(3) $2(x+y)(x^2-xy+y^2)$或$2(x^3+y^3)$

(4) 160

3-2　$x_1=1, x_2=1, x_3=2$

3-3　(1) -21　(2) 11

3-4　$x_1=1, x_2=-2, x_3=0, x_4=1$

3-5　当 $a\neq 0$，且 $a\neq\pm 1$ 时有唯一解

3-6 $\boldsymbol{A}+\boldsymbol{B}=\begin{pmatrix}1&4&4&7\\4&0&5&4\\2&0&3&5\end{pmatrix}$， $2\boldsymbol{A}+3\boldsymbol{B}=\begin{pmatrix}2&10&9&17\\12&1&10&10\\4&-3&8&15\end{pmatrix}$

3-7 $\boldsymbol{X}=\begin{pmatrix}1&2\\0&-1\end{pmatrix}$

3-8 $\boldsymbol{AB}=\begin{pmatrix}-10&11\\32&24\end{pmatrix}$， $\boldsymbol{BA}=\begin{pmatrix}9&-7&14\\-7&-22&25\\21&-12&27\end{pmatrix}$

3-9 略

3-10 略

3-11 $\boldsymbol{A}^{-1}=\begin{pmatrix}\frac{2}{5}&-\frac{1}{5}&-\frac{1}{5}\\-\frac{1}{5}&\frac{3}{5}&-\frac{2}{5}\\\frac{3}{5}&\frac{1}{5}&\frac{1}{5}\end{pmatrix}$

3-12 $\boldsymbol{A}^{-1}=\begin{pmatrix}1&0&0&0\\-\frac{1}{2}&\frac{1}{2}&0&0\\0&-\frac{2}{3}&\frac{1}{3}&0\\-\frac{1}{2}&\frac{5}{4}&-\frac{1}{2}&\frac{1}{4}\end{pmatrix}$

3-13 $r(\boldsymbol{A})=2$

3-14 略

3-15 (1) $x_1=x_3-x_4+1, x_2=2x_3+x_4$

(2) $x_1=0, x_2=0, x_3=0$

3-16 (1) 有唯一一组解 (2) 有无穷多组解 (3) 无解

3-17 (1) $k\neq5$ 时只有零解，$k=5$ 时有非零解

(2) $k\neq3$ 时只有零解，$k=3$ 时有非零解

3-18 (1) 当 $a-4\neq0$，即 $a\neq4$ 时，$r(\boldsymbol{A})=r(\boldsymbol{A}\mid\boldsymbol{B})=n=3$，方程组有唯一一组解

(2) 当 $a-4=0$，且 $b-7\neq0$，即 $a=4$，且 $b\neq7$ 时，$r(\boldsymbol{A})=2<r(\boldsymbol{A}\mid\boldsymbol{B})=3$，方程组无解

(3) 当 $a-4=0$，且 $b-7=0$，即 $a=4$，且 $b=7$ 时，$r(\boldsymbol{A})=r(\boldsymbol{A}\mid\boldsymbol{B})=2<3$，方程组有无穷多组解

第 4 章

4-1 840

4-2 48

4-3 (1) $\Omega=\{0,1,2,3,4,5,6\}$ (2) $\Omega=\{0,1,2,3,4,5\}$

(3) $\Omega=\{t|0<t<50\}$

4-4 (1) $A+C=\{1,2,3,5\}$ (2) $AB=\{1\}$

(3) $CD=\{2,4,6\}$ (4) $D-C=\varnothing$

4-5 $\frac{3}{8},\frac{1}{8}$

4-6 (1) 0.1 (2) 0.6 (3) 0.9

4-7 大约是200头。

4-8 0.6

4-9 $\frac{8}{15}$

4-10 (1) 0.36 (2) 0.48

4-11 (1) 0.3 (2) 0.6

4-12 (1) $\frac{1}{2}$ (2) $\frac{5}{6}$

4-13 $\frac{1}{3}$

4-14 $\frac{2}{3}$

4-15 (1) 0.726 75 (2) 0.273 25

4-16 0.017

4-17 0.257 2

4-18 0.75

4-19 $X=\begin{cases}1 & (\text{A型})\\ 2 & (\text{B型})\\ 3 & (\text{AB型})\\ 4 & (\text{O型})\end{cases}$

4-20 0.737 3

4-21 $P(1<x<2)=0.1359$, $P(x<-2)=0.0228$, $P(|x|<1)=0.6826$

4-22 0.818 5

4-23 $E(X)=15$, $D(X)=3.4$

4-24 $E(X)=2$, $D(X)=\frac{4}{3}$

第5章

5-1 $P(A)=\{\varnothing,\{a\},\{b\},\{a,b\}\}$

5-2 $A\cap B=\{2,8\}$, $B-A=\{0,4,6\}$, $A-B=\{1,3,7\}$, $A\oplus B=\{0,1,3,4,6,7\}$, $\sim B=\{1,3,5,7,9,10\}$

5-3 略

5-4 $\varnothing$

5-5 28

5-6 $A\times B=\{\langle a,\{1,2\}\rangle,\langle a,3\rangle,\langle b,\{1,2\}\rangle,\langle b,3\rangle,\langle c,\{1,2\}\rangle,\langle c,3\rangle\}$

$B\times A=\{\langle\{1,2\},a\rangle,\langle\{1,2\},b\rangle,\langle\{1,2\},c\rangle,\langle 3,a\rangle,\langle 3,b\rangle,\langle 3,c\rangle\}$

$B^2=\{\langle\{1,2\},\{1,2\}\rangle,\langle\{1,2\},3\rangle,\langle 3,\{1,2\}\rangle,\langle 3,3\rangle\}$

5-7 $E_A=\{\langle 1,1\rangle,\langle 1,2\rangle,\langle 2,1\rangle,\langle 2,2\rangle\}$, $I_A=\{\langle 1,1\rangle,\langle 2,2\rangle\}$

5-8 $R=\{\langle 1,1\rangle,\langle 1,3\rangle,\langle 1,5\rangle,\langle 2,2\rangle,\langle 2,4\rangle,\langle 3,1\rangle,\langle 3,3\rangle,\langle 3,5\rangle,\langle 4,2\rangle,\langle 4,4\rangle,\langle 5,1\rangle,\langle 5,3\rangle,\langle 5,5\rangle\}$

关系图略。其等价类是：$M_1=\{1,3,5\}$，$M_2=\{2,4\}$。

5-9 (1) $R=\{\langle 2,4\rangle,\langle 2,6\rangle,\langle 4,4\rangle,\langle 4,6\rangle,\langle 5,3\rangle,\langle 5,5\rangle,\langle 7,3\rangle,\langle 7,5\rangle\}$

(2) $\boldsymbol{M}_R=\begin{pmatrix}0&1&0&1\\0&1&0&1\\1&0&1&0\\1&0&1&0\end{pmatrix}$

(3) R 的关系图略。

第6章

6-1 (1)、(2)、(4)、(5)是命题，(3)不是命题

6-2 (1) 设 p：地球上有生物，则该命题符号化为$\neg p$

(2) 设 p：地球绕着太阳转，则该命题符号化为 p

(3) 设 p：小王会游泳，q：小王会下棋；则该命题符号化为 $p\wedge q$

(4) 设 p：小王在游泳，q：小王在下棋；则该命题符号化为$(p\wedge\neg q)\vee(\neg p\wedge q)$

(5) 设 p：美国位于亚洲，q：$3+2=6$；则该命题符号化为 $p\leftrightarrow q$

(6) 设 p：阿兰和阿芳是两姐妹；则该命题符号化为 p

(7) 设 p：小明贫穷，q：小明乐观；则该命题符号化为 $p\wedge q$

(8) 设 p：小红喜欢看书，q：小红喜欢画画；则该命题符号化为 $p\wedge q$

(9) 设 p：天气炎热，q：小梅去游泳；则该命题符号化为 $p\rightarrow q$

(10) 设 p：天气炎热，q：小梅去游泳；则该命题符号化为 $q\rightarrow p$

6-3 (1)、(2)、(3)、(4)的真值表分别如下。由各自的真值表(见习题表 6-3(1)～习题表 6-3(4))可知，(1)是重言式，(2)、(3)、(4)是可满足式。

习题表 6-3(1)

p	q	$p\vee q$	$p\rightarrow p\vee q$
0	0	0	1
0	1	1	1
1	0	1	1
1	1	1	1

习题表 6-3(2)

p	q	$p\vee q$	$q\rightarrow p$	$(p\vee q)\leftrightarrow(q\rightarrow p)$
0	0	0	1	0
0	1	1	0	0
1	0	1	1	1
1	1	1	1	1

习题表 6-3(3)

p	q	r	$p\vee(q\wedge r)$	$p\vee r$	$(p\vee(q\wedge r))\wedge(p\vee r)$
0	0	0	0	0	0
0	0	1	0	1	0
0	1	0	0	0	0
0	1	1	1	1	1
1	0	0	1	1	1
1	0	1	1	1	1
1	1	0	1	1	1
1	1	1	1	1	1

习题表 6-3(4)

p	q	r	$p\to q$	$p\to r$	$(p\to q)\wedge(p\to r)$
0	0	0	1	1	1
0	0	1	1	1	1
0	1	0	1	1	1
0	1	1	1	1	1
1	0	0	0	0	0
1	0	1	0	1	0
1	1	0	1	0	0
1	1	1	1	1	1

6-4 (1) 由真值表(习题表 6-4(1))可知，$p\to q$ 与 $\neg p\to\neg q$ 是不等值的

(2) 由真值表(习题表 6-4(2))可知，$p\to(q\to r)$ 与 $(p\wedge q)\to r$ 是等值的

习题表 6-4(1)

p	q	$p\to q$	$\neg p\to\neg q$
0	0	1	1
0	1	1	0
1	0	0	1
1	1	1	1

习题表 6-4(2)

p	q	r	$q\to r$	$p\wedge q$	$p\to(q\to r)$	$(p\wedge q)\to r$
0	0	0	1	0	1	1
0	0	1	1	0	1	1
0	1	0	0	0	1	1
0	1	1	1	0	1	1
1	0	0	1	0	1	1
1	0	1	1	0	1	1
1	1	0	0	1	0	0
1	1	1	1	1	1	1

6-5 略

6-6 (1) $(p\to q)\wedge(\neg p\to q)$ 为可满足式

(2) $((p \to q) \land (q \to r)) \to (p \to r)$为重言式

6-7 p：章蕾努力学习；q：章蕾能考上研究生

前提：$p \to q, p$

结论：q

推理的形式结构为：$((p \to q) \land p) \to q$

6-8 略

6-9 该推理是正确的(证明略)

6-10 (1) $\forall x(A(x) \to B(x)) \Leftrightarrow (A(a) \to B(a)) \land (A(b) \to B(b)) \land (A(c) \to b(c))$

(2) $\exists x(A(x)) \land \exists y(\neg B(y)) \Leftrightarrow (A(a) \lor A(b) \lor A(c)) \land (\neg B(a) \lor \neg B(b) \lor \neg B(c))$

6-11 (1) 如果令 $F(x)$：x 是大的，$G(x)$：x 是楼，$H(x)$：x 建成了，a：那幢，则这个命题可以符号化为

$$F(a) \land G(a) \land H(a)$$

(2) 个体域为全总个体域。如果令 $C(x)$：x 是这个班的小朋友，$H(x)$：x 会说简单英语，则这个命题可以符号化为

$$\forall x(C(x) \to H(x))$$

6-12 0

6-13 略

第7章

7-1 略

7-2 略

7-3 略

7-4 略

7-5 (1)、(4)能，(2)、(3)不能

7-6 (1) 8　　(2) 11　　(3) 10

7-7 图 7-37(d) 既有欧拉通路，也有欧拉回路。列举欧拉回路略

图 7-37(a)和图 7-37(b) 没有欧拉回路，但有欧拉通路。列举欧拉通路略

图 7-37(c) 既没有欧拉回路，也没有欧拉通路

7-8 最后结果为

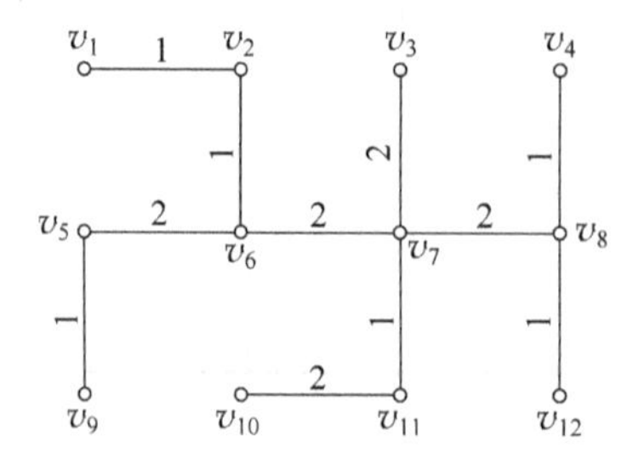

7-9 最后结果为

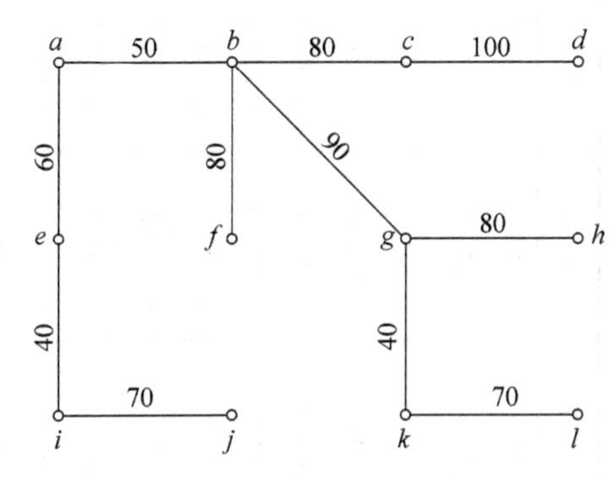

从 a 到 l 的最短路为(a,b,g,k,l)。

7-10 略

7-11 略

7-12 最后结果为

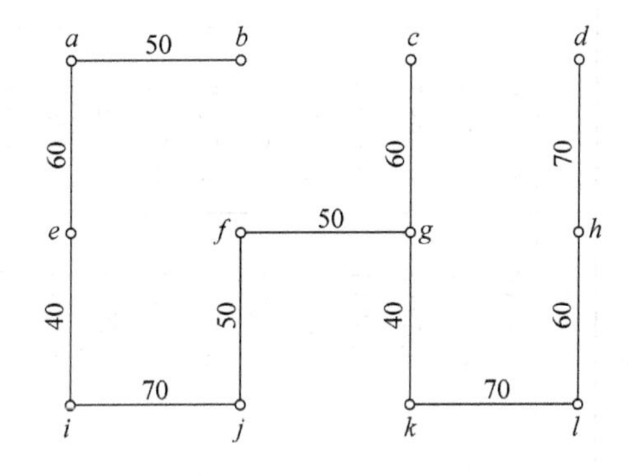

7-13 略

附录C 标准正态分布表

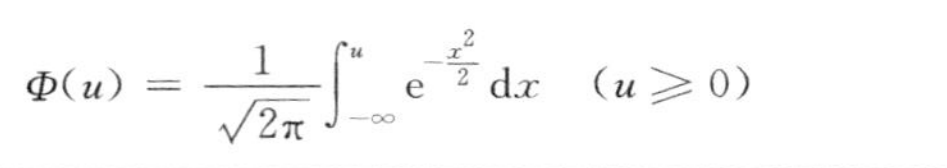

$$\Phi(u)=\frac{1}{\sqrt{2\pi}}\int_{-\infty}^{u}\mathrm{e}^{-\frac{x^2}{2}}\mathrm{d}x \quad (u\geqslant 0)$$

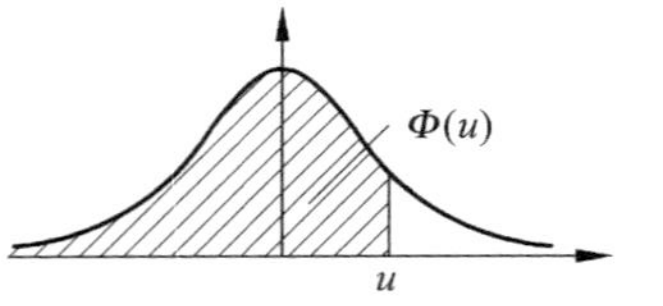

u	0.00	0.01	0.02	0.03	0.04	0.05	0.06	0.07	0.08	0.09
0.0	0.500 0	0.504 0	0.508 0	0.512 0	0.516 0	0.519 9	0.523 9	0.527 9	0.531 9	0.535 9
0.1	0.539 8	0.543 8	0.547 8	0.551 7	0.555 7	0.559 6	0.563 6	0.567 5	0.571 4	0.575 3
0.2	0.579 3	0.583 2	0.587 1	0.591 0	0.594 8	0.598 7	0.602 6	0.606 4	0.610 3	0.614 1
0.3	0.617 9	0.621 7	0.625 5	0.629 3	0.633 1	0.636 8	0.640 6	0.644 3	0.648 0	0.651 7
0.4	0.655 4	0.659 1	0.662 8	0.666 4	0.670 0	0.673 6	0.677 2	0.680 8	0.684 4	0.687 9
0.5	0.691 5	0.695 0	0.698 5	0.701 9	0.705 4	0.708 8	0.712 3	0.715 7	0.719 0	0.722 4
0.6	0.725 7	0.729 1	0.732 4	0.735 7	0.738 9	0.742 2	0.745 4	0.748 6	0.751 7	0.754 9
0.7	0.758 0	0.761 1	0.764 2	0.767 3	0.770 3	0.773 4	0.776 4	0.779 4	0.782 3	0.785 2
0.8	0.788 1	0.791 0	0.793 9	0.796 7	0.799 5	0.802 3	0.805 1	0.807 8	0.810 6	0.813 3
0.9	0.815 9	0.818 6	0.821 2	0.823 8	0.826 4	0.828 9	0.831 5	0.834 0	0.836 5	0.838 9
1.0	0.841 3	0.843 8	0.846 1	0.848 5	0.850 8	0.853 1	0.855 4	0.857 7	0.859 9	0.862 1
1.1	0.864 3	0.866 5	0.868 6	0.870 8	0.872 9	0.874 9	0.877 0	0.879 0	0.881 0	0.883 0
1.2	0.884 9	0.886 9	0.888 8	0.890 7	0.892 5	0.894 4	0.896 2	0.898 0	0.899 7	0.901 47
1.3	0.903 20	0.904 90	0.906 58	0.908 24	0.909 88	0.911 49	0.913 09	0.914 66	0.916 21	0.917 74
1.4	0.919 24	0.920 73	0.922 20	0.923 64	0.925 07	0.926 47	0.927 85	0.929 22	0.930 56	0.931 89
1.5	0.933 19	0.934 48	0.935 74	0.936 99	0.938 22	0.939 43	0.940 62	0.941 79	0.942 95	0.944 08
1.6	0.945 20	0.946 30	0.947 38	0.948 45	0.949 50	0.950 53	0.951 54	0.952 54	0.953 52	0.954 49

续表

u	0.00	0.01	0.02	0.03	0.04	0.05	0.06	0.07	0.08	0.09
1.7	0.955 43	0.956 37	0.957 28	0.958 18	0.959 07	0.959 94	0.960 80	0.961 64	0.962 46	0.963 27
1.8	0.964 07	0.964 85	0.965 62	0.966 38	0.967 12	0.967 84	0.968 56	0.969 26	0.969 95	0.970 62
1.9	0.971 28	0.971 93	0.972 57	0.973 20	0.973 81	0.974 41	0.975 00	0.975 58	0.976 15	0.976 70
2.0	0.977 25	0.977 78	0.978 31	0.978 82	0.979 32	0.979 82	0.980 30	0.980 77	0.981 24	0.981 69
2.1	0.982 14	0.982 57	0.983 00	0.983 41	0.983 82	0.984 22	0.984 61	0.985 00	0.985 37	0.985 74
2.2	0.986 10	0.986 45	0.986 79	0.987 13	0.987 45	0.987 78	0.988 09	0.988 40	0.988 70	0.988 99
2.3	0.989 28	0.989 56	0.989 83	0.9^{2}00 97*	0.9^{2}03 58	0.9^{2}06 13	0.9^{2}08 63	0.9^{2}11 06	0.9^{2}13 44	0.9^{2}15 76
2.4	0.9^{2}18 02	0.9^{2}20 24	0.9^{2}22 40	0.9^{2}24 51	0.9^{2}26 56	0.9^{2}28 57	0.9^{2}30 53	0.9^{2}32 44	0.9^{2}34 31	0.9^{2}36 13
2.5	0.9^{2}37 90	0.9^{2}39 63	0.9^{2}41 32	0.9^{2}42 97	0.9^{2}44 57	0.9^{2}46 14	0.9^{2}47 66	0.9^{2}49 15	0.9^{2}50 60	0.9^{2}52 01
2.6	0.9^{2}53 39	0.9^{2}54 73	0.9^{2}56 04	0.9^{2}57 31	0.9^{2}58 55	0.9^{2}59 75	0.9^{2}60 93	0.9^{2}62 07	0.9^{2}63 19	0.9^{2}64 27
2.7	0.9^{2}65 33	0.9^{2}66 36	0.9^{2}67 36	0.9^{2}68 33	0.9^{2}69 28	0.9^{2}70 20	0.9^{2}71 10	0.9^{2}71 97	0.9^{2}72 82	0.9^{2}73 65
2.8	0.9^{2}74 45	0.9^{2}75 23	0.9^{2}75 99	0.9^{2}76 73	0.9^{2}77 44	0.9^{2}78 14	0.9^{2}78 82	0.9^{2}79 48	0.9^{2}80 12	0.9^{2}80 74
2.9	0.9^{2}81 34	0.9^{2}81 93	0.9^{2}82 50	0.9^{2}83 05	0.9^{2}83 59	0.9^{2}84 11	0.9^{2}84 62	0.9^{2}85 11	0.9^{2}85 59	0.9^{2}86 05
3.0	0.9^{2}86 50	0.9^{2}86 94	0.9^{2}87 36	0.9^{2}87 77	0.9^{2}88 17	0.9^{2}88 56	0.9^{2}88 93	0.9^{2}89 30	0.9^{2}89 65	0.9^{2}89 99
3.1	0.9^{3}03 24	0.9^{3}06 46	0.9^{3}09 57	0.9^{3}12 60	0.9^{3}15 53	0.9^{3}18 36	0.9^{3}21 12	0.9^{3}23 78	0.9^{3}26 36	0.9^{3}28 86
3.2	0.9^{3}31 29	0.9^{3}33 63	0.9^{3}35 90	0.9^{3}38 10	0.9^{3}40 24	0.9^{3}42 30	0.9^{3}44 29	0.9^{3}46 23	0.9^{3}48 10	0.9^{3}49 91
3.3	0.9^{3}51 66	0.9^{3}53 35	0.9^{3}54 99	0.9^{3}56 58	0.9^{3}58 11	0.9^{3}59 59	0.9^{3}61 03	0.9^{3}62 42	0.9^{3}63 76	0.9^{3}65 05
3.4	0.9^{3}66 31	0.9^{3}67 52	0.9^{3}68 69	0.9^{3}69 82	0.9^{3}70 91	0.9^{3}71 97	0.9^{3}72 99	0.9^{3}73 98	0.9^{3}74 93	0.9^{3}75 85
3.5	0.9^{3}76 74	0.9^{3}77 59	0.9^{3}78 42	0.9^{3}79 22	0.9^{3}79 99	0.9^{3}80 74	0.9^{3}81 46	0.9^{3}82 15	0.9^{3}82 82	0.9^{3}83 47
3.6	0.9^{3}84 09	0.9^{3}84 69	0.9^{3}85 27	0.9^{3}85 83	0.9^{3}86 37	0.9^{3}86 89	0.9^{3}87 39	0.9^{3}87 87	0.9^{3}88 34	0.9^{3}88 79
3.7	0.9^{3}89 22	0.9^{3}89 64	0.9^{4}00 39	0.9^{4}04 26	0.9^{4}07 99	0.9^{4}11 58	0.9^{4}15 04	0.9^{4}18 38	0.9^{4}21 59	0.9^{4}24 68
3.8	0.9^{4}27 65	0.9^{4}30 52	0.9^{4}33 27	0.9^{4}35 93	0.9^{4}38 48	0.9^{4}40 94	0.9^{4}43 31	0.9^{4}45 58	0.9^{4}47 77	0.9^{4}49 88
3.9	0.9^{4}51 90	0.9^{4}53 85	0.9^{4}55 73	0.9^{4}57 53	0.9^{4}59 26	0.9^{4}60 92	0.9^{4}62 53	0.9^{4}64 06	0.9^{4}65 54	0.9^{4}66 96

注：0.9^{2}00 97=0.990 097，下同。例如，0.9^{3}03 24=0.999 032 4，0.9^{4}00 39=0.999 900 39。

参考文献

[1] 周忠荣.应用数学[M].北京：清华大学出版社，2005.
[2] 盛祥耀.高等数学(上、下册)[M].3版.北京：高等教育出版社，2004.
[3] 钱椿林.线性代数[M].2版.北京：高等教育出版社，2004.
[4] 刘祖光.概率论与应用数理统计[M].北京：高等教育出版社，2000.
[5] 屈婉玲，等.离散数学[M].清华大学出版社，2005.
[6] 耿素云，等.离散数学[M].3版.清华大学出版社，2004.
[7] 蔡英，刘均梅.离散数学[M].西安：西安电子科技大学出版社，2003.
[8] 李盘林，等.离散数学[M].2版.高等教育出版社，2005.
[9] 刘卫江，等.概率论与数理统计[M].北京：清华大学、北京交通大学出版社，2005.
[10] 于义良，王玉津.概率论与数理统计基础教程[M].北京：中国人民大学出版社，2004.
[11] 王礼萍，等.离散数学简明教程[M].北京：清华大学出版社，2005.
[12] 叶东毅，等.计算机数学基础[M].北京：高等教育出版社，2004.
[13] 刘树利，等.计算机数学基础[M].北京：高等教育出版社，2001.
[14] 颜文勇，柯善军.高等应用数学[M].北京：高等教育出版社，2004.
[15] 王忠.高等应用数学[M].北京：科学出版社，2004.